城市群人居环境演化与调控

The Evolution and Regulation of Human Settlements in Urban Agglomerations

马仁锋　梁贤军　李林衡
王慧君　王建庆　窦思敏　著

ZHEJIANG UNIVERSITY PRESS
浙江大学出版社
·杭州·

图书在版编目（CIP）数据

城市群人居环境演化与调控 / 马仁锋等著. —杭州：
浙江大学出版社，2023.5
ISBN 978-7-308-21927-3

Ⅰ. ①城… Ⅱ. ①马… Ⅲ. ①城市群－居住环境
Ⅳ. ①X21

中国国家版本馆 CIP 数据核字（2023）第 046837 号

内容简介

本书界定了城市群人居环境的学科内涵、研究范畴与研究议题，阐述了城市群人居环境演化的理论渊源、逻辑理路与解析范式，实证分析了长三角城市群与浙中城市群人居环境演化的过程、格局与机理，进而提出趋向宜居的城市群人居环境调控策略。

本书适合城乡规划、城市地理学、房地产开发等学科的科研人员学习与参考，也可供高等院校人文地理学、城乡规划、国土空间规划、城市与区域管理等相关专业的师生阅读，更是社会公众了解自身居住环境的解码书。

城市群人居环境演化与调控

马仁锋　　梁贤军　　李林衡
　　　　　　　　　　　　　　　　著
王慧君　　王建庆　　窦思敏

责任编辑　杜希武
责任校对　董雯兰
封面设计　刘依群
出版发行　浙江大学出版社
　　　　　（杭州市天目山路 148 号　邮政编码 310007）
　　　　　（网址：http://www.zjupress.com）
排　　版　杭州好友排版工作室
印　　刷　广东虎彩云印刷有限公司绍兴分公司
开　　本　710mm×1000mm　1/16
印　　张　19.25
字　　数　345 千
版 印 次　2023 年 5 月第 1 版　2023 年 5 月第 1 次印刷
书　　号　ISBN 978-7-308-21927-3
定　　价　79.00 元

本研究承蒙国家自然科学基金面上项目"沿海城市产业重构背景下人居环境演变机理研究"（批准号：41771174）资助

前　言

中国共产党历史上召开的历次城市工作会议,都非常重视城市与城市群人居环境建设,尤其明确了做好城市工作的总体思路。要顺应人民群众新期待,坚持以人民为中心的发展思想,坚持人民城市为人民。随着城市化的推进,城市群已经成为国家参与全球竞争的关键。中国东部沿海已形成京津冀、长三角、珠三角等世界级城市群,尤以长三角城市群最具活力、创新能力最强、开放程度最高。

过去 30 年,城镇化进程中暴露的很多问题可以归结为人居环境演化的协调性问题。以"人地关系"理论为基础,从经济增长与环境排放、基本公共服务、居住环境等人居环境子系统协调发展方面衡量人居环境失配与否。以长江三角洲城市群和浙江中部城市群为案例,构造基于距离协调、健康距离主导的城市群人居环境协调性刻画模型——人居环境失配度;随后利用 ArcGIS10.2、SPSS22.0 等软件的几何间隔法、偏相关分析和统计分析等方法测算城市群的经济—环境、基本公共服务、居住环境等要素失配度,刻画长三角城市群人居环境失配度时空格局;进而复合人居环境要素失配度,解析长三角城市群人居环境协调性的时空演化特征。

基于以上理论阐释与实证分析,本书立足中国城市化与工业化进程,探索性提出城市群人居环境演化分析范式,进而综合人地关系地域系统等理论,解析了人居环境失配度内涵,构造基于距离协调、健康距离等主导的城市群人居环境失配度测算模型、集成测算指标体系及其评判标准。实证分析发现:(1)长三角地区多数城市的环境库兹涅茨曲线拐点已经来临,经济发展水平总体较高,环境质量逐渐好转,在首尾两头城市组较为显著、第二梯队城市污染加剧。长三角城市环境库兹涅茨曲线存在尺度溢出效应,但是第二、三梯队城市正向吸收较高、辐射较弱。(2)长三角城市群人居环境要素协调度存在:①经

1

济与环境失配度整体呈现"团状"格局,总体失配程度不断下降,但域内城际差距不断增大,失配格局呈现由中度失配趋向低度均衡发展;②基本公共服务失配度呈现"K"型格局,时序演变呈下降趋势,域内城际差异不断缩小,省际内部差距有扩大趋势;空间格局演化表现为由高失配趋向低失配均衡发展;③居住环境失配度整体呈现"N"字形格局,时序演变呈波动态格局,且波动幅度与经济发展水平左右城市居住环境失配类型。(3)长三角城市群人居环境要素协调度复合呈现:①整体呈波动上升态势,处于中度失配状态,且域内城际差距有扩大态势;②失配重心由中部向北部演替;③经济—生态环境、基本公共服务的失配度整体均呈下降趋势,但居住环境失配却高位上升,是造成人居环境失配度波动上升的主因;④省际三要素失配度均呈扩大趋势,且失配重心由中心向北、浙西南方向迁移。(4)成长中的浙江中部城市群及其人居环境演化,深受其发育程度影响,尤以经济联系、交通联系、物流联系等最为密切,且在金华—义乌城镇群内东北部地区的发育程度明显高于其他地区,且发育程度差异较大,呈现出不均衡的发育状态。根据点—轴渐进扩散理论可以推断,在浙中城市群中,交通联系最先发育且发育程度最高,其次为经济联系、金融联系和信息联系,而物流联系则发育最迟发育程度最低。

　　本书的各章系宁波大学地理与空间信息技术系暨陆海国土空间利用与治理浙江省协同创新中心马仁锋教授及其指导的硕士研究生通力协作完成,马仁锋负责策划与统稿。各章的具体执笔分工如下:第一至五章、第十二章(马仁锋);第六至八章(梁贤军、李林衡、王建庆);第九至十一章(王慧君、窦思敏)。参与书稿撰写人文地理学硕士现任职单位分别为:梁贤军任宁波骏智工程环境咨询有限公司工程师、李林衡任浙江省数字经济发展中心工程师、王慧君任宁波市不动产登记中心工程师、王建庆任宁波海洋研究院工程师、窦思敏任宁波市规划设计研究院助理工程师。书中存在的不足由作者承担,请学界同仁不吝赐教。

马仁锋于载物楼

2022 年 9 月 13 日

目　　录

中篇　长江三角洲城市群人居环境演化：
过程、格局与机理

下篇　浙中城市群人居环境演化

上 篇

城市群人居环境演化研究的理论与方法

第一章　城市群人居环境演化的透视

高度城镇化地区之间随着人口迁徙、科技交流、商品流动等联系,延绵成长为城市群。理解城市群人居环境演化,不仅需要理解各联系如何促进城市群内部城市一体化与城际协调,而且需要着眼于城市群公共服务均等化与未来战略。

第一节　城际协调与区域一体化的重要性

一、新型城镇化与区域一体化

(一)新型城镇化发展迅速

城镇化是人类经济社会活动的普遍规律。[①] 城镇化的动力源头是工业化,工业化程度越高的国家或地区,其城镇化水平也越高。随着工业经济的不断发展,无论是发达国家还是发展中国家,城镇化率均在反超工业化率。2011年,新一轮城镇化开启了中国可持续发展新引擎[②],至 2020 年累积拉动逾百万亿投资,直接影响 1 亿人、间接影响中国 10 亿人口。中国城镇化经历了漫长而曲折的过程,1949 年城镇化率仅为 10.64%,至 1978 年上升至17.92%。改革开放后,蓬勃发展的工业化和与世界经济接轨的全球化,形成巨大的合力推动中国城镇化以年均约 1.04 个百分点增速迅猛发展,2021 年末常住人口城镇化率达到 64.72%[③]。

---

① 人民网:《习近平在上海考察时强调:坚定改革开放再出发信心和决心加快提升城市能级和核心竞争力》。http://cpc.people.com.cn/n1/2018/1108/c64093-30388112.html,发布时间:2018-11-07。

② 中国金融 40 人论坛课题组.加快推进新型城镇化:对若干重大体制改革问题的认识与政策建议.中国社会科学,2013 年第 7 期。

③ 数据来源:《2022 年国民经济和社会发展统计公报》(国家统计局网站)。

作为中国改革开放的重要前沿地区,长三角地区凭借优良的区位、丰富的高级技术性劳动力、较为完善的工商业设施及优惠招商政策等条件,率先成为中国参与国际分工的三个重要区域之一,城市经济社会发展已经融入全球生产网络中并占据重要位置。经济的快速发展促进了城镇化快速增长,长三角地区也成为中国最大的经济核心区和城市化最发达的地区,成为世界第六大城市群。新型城镇化发展进程中,长三角具有很强的城市凝聚力和辐射力。2021 年上海常住人口城镇化率是 89.3%、江苏 73.94%、浙江 72.7%、安徽59.39%,超出全国平均水平(64.72%);长三角地区已经形成以上海为中心、南京和杭州为次中心,苏州、无锡、宁波、合肥等城市为重要网络节点的城市网络;赛迪顾问发布《2022 中国县域经济百强研究》显示,江苏省、浙江省、安徽省分别占 25 席、18 席、2 席。长三角地区特大城市、中小城市、小城镇发育水平高,是中国人居绩效最好地区之一。

(二)从长三角城际协调到区域一体化发展

区域经济协调是中国学界 20 世纪 90 年代初提出解决区域经济发展差距的关键概念与政策工具之一。城际协调发展是城市之间在经济交往日趋密切、相互依赖日益加深、发展关联互动紧密基础上,达到各城市经济持续发展的过程。[①] 长三角城市群各成员经济社会发展较不平衡,从可持续发展目标考虑协调城际差距不是拉平地区经济发展水平,而是要使发达城市与不发达城市在一体化进程中都能进入可持续发展状态,在城际市场公平基准上推动处于不同发展水平的各城市之间的联动发展,由此形成良性循环的高质量一体化发展。

中国近 40 年经济政策实践表明,"市场协调"和"政府协调"是经济协调发展的有效工具与机制。作为社会主义市场经济生产力配置的主要工具,中国区域经济协调发展实践中强调市场协调的基础性作用,重视政府协调的补充性作用,两种协调手段、机制相互影响、相互作用,共同促进区际或城际经济社会协调发展。长三角城市群地区是中国经济、科技实力最强、市场发育最好、产业关联度最高的城市群之一,政府间合作已经成为推动长三角区域经济协调发展的力量之一(表 1-1-1)。

---

① 李小建.经济地理学[M].北京:高等教育出版社,1999.

表 1-1-1　长江三角洲城市经济协调会历年年会主题

年份	主题
2011 年	高铁时代的长三角城市合作
2012 年	陆海联动,共赢发展
2013 年	长三角一体化发展新红利——创新、绿色、融合
2014 年	新起点新征程新机遇共推长三角城市转型升级
2015 年	适应新常态、把握新机遇——共推长三角城市新型城镇化
2016 年	"互联网＋"长三角城市合作与发展
2017 年	加速互联互通,促进带状发展——共推长三角城市一体化
2018 年	建设大花园,迈入新时代——协同打造绿色美丽长三角
2019 年	构筑强劲活跃增长极的长三角城市担当与作为
2020 年	长三角城市合作:新动能、新格局、新作为
2021 年	服务新发展格局,携手迈上新征程

资料来源:作者整理

　　20 世纪 90 年代以来,各国经济一直趋向全球化发展,各种要素通过区域协作参与全球分工,区域一体化正在突破国家边界进行深入合作。作为参与全球分工的城市群是高度城市化毗连地区发展到高级阶段的必然产物。长三角地区是以上海为中心,辐射带动周边的南京、苏州、嘉兴、杭州、宁波等城市,进而形成区域协同发展,逐渐成长为具有全球影响力的世界级城市群。《长江三角洲城市群发展规划》(2016)将区域一体化协同发展的重要性提到前所未有的高度,重视中心城市对周边城市的拉动,形成区域一体化协同发展显得尤为重要。长三角一体化发展可追溯到改革开放之初,1982 年国务院印发《关于成立上海经济区和山西能源基地规划办公室的通知》提出建立以上海为中心,苏州、无锡、常州、南通、杭州、嘉兴、湖州、宁波和绍兴等 10 个城市组成的上海经济区,代表了长三角合作发展最早的政策机构雏形。梳理长三角经济一体化的三次浪潮,将历程划分为上海经济区(1982—1988 年)、浦东开发开放(20 世纪 80 年代末—90 年代初)与经济全球化,以及 2018 年长三角一体化发展上升为国家战略等阶段(表 1-1-2)。

表 1-1-2 长三角地区省市领导座谈会主题

年份	主题	议题
2016 年	创新、协同、融合：共建世界级城市群	优化区域发展布局、建设协同创新网络、推进重大事项合作
2017 年	创新引领，携手打造世界级城市群	以创新、优化、协同为路径，以更有效的区域协调发展新机制为保障加快建设长三角世界级城市群
2018 年	聚焦高质量 聚力一体化	聚焦交通互联互通、能源互济互保、产业协同创新、信息网络高速泛在、环境整治联防联控、公共服务普惠便利、市场开放有序
2019 年	共筑强劲活跃增长极	聚力推进空间布局一体化、科技创新一体化、产业发展一体化、市场开放一体化、生态环保一体化、基础设施和公共服务一体化，增强长三角地区创新能力和竞争能力，提高经济集聚度、区域连接性和政策协同效率
2020 年	战疫一盘棋、夺取双胜利	要共同育新机开新局、更好服务国家大局；要共同优化和稳定产业链、供应链；要共同加强现代化基础设施建设；要共同强化公共服务便利共享要共同打造国际一流营商环境
2021 年	服务新发展格局、走在现代化前列	重点围绕探索形成新发展格局的路径、夯实长三角地区绿色发展基础、增强区域协同高质量发展动能等方面进行深入讨论，达成广泛共识

（1）地方扩权、"条块"经济壮大与产业趋同的萌芽阶段（1978—1982 年）。改革开放实施，国家中心工作转移到经济建设，随着沿海地区改革开放梯次实施，长三角成为国家基础工业的重点投资地区。20 世纪 80 年代初期，中央政府实行"划分收支、分级包干"财政体制，中央放权给予地方发展经济的极大激励，长三角各地政府不满足于经济自给自足[1][2]。随着地方政府权限不断扩大，导致地方保护主义逐步盛行，改革不配套和不规范也使得传统经济体制下纵向关系"条条经济"未完全消除，甚至出现了按照多层次行政区划组织的"块

[1] 郭茜琪.制度视角：从产业同构走向产业分工[M].北京：中国财政经济出版社,2008.
[2] 沈玉芳.长江三角洲一体化发展态势、问题和方向[J].中国经贸,2004(2):6-13.

块经济"。

（2）自上而下首次探索区域合作的早期摸索阶段（1982—1988 年）。20 世纪 80 年代初期，中央政府提出"横向联合"打破经济体制的条条/块块（"条块分割"）管理。1982 年，国务院批复设立上海经济区，于 1983 年正式运作。1985 年，国务院批准长三角、珠三角和闽南三角地区增设为中国沿海经济开发区，是继经济特区和沿海城市开放后的又一重大开放措施。此阶段，长三角发展初现"区域经济合作"宏观特征，上海和江浙地区的产业分工开始由垂直分工转变为水平分工，强有力地展现了长三角内部各省份间有着一体化发展的内在需求①。但是此阶段，江浙地区乡镇企业、民营企业快速发展，而上海市城市发展缓慢、获益较少，经济发展退潮趋势明显，中心作用式微②，明显与成立上海经济区初衷相违。

（3）浦东开发引领、自上而下推动一体化重启阶段（1992—2000 年）。中央政府层面自上而下推动长三角一体化发展的初次探索，以上海经济区成立为起点。上海经济区规划办公室主持制订了 20 多项规划，涉及经济区总体走向到不同产业的具体发展战略，探索采取"轮流座谈"办法召开省市长联席会议，具有"前无古人"的开创意义③。二十世纪 90 年代初，国家批准设立浦东开发区，加速上海改革开放步伐④。1992 年，党的十四大报告将以上海浦东开发开放为龙头带动长三角和长江流域经济发展作为重要战略部署。同年长三角 14 个城市协作办（委）主任联席会成立，长三角范围包括沪宁杭等 14 个城市，长三角由此具有重要战略意义⑤。1997 年，江苏泰州加入 14 个城市协作办（委）主任联席会，形成了"长江三角洲城市经济协调会"，奠定了城市合作基本框架⑥。

（4）自主意识增强与自下而上一体化的地方合作快速起步阶段（2001—2006 年）。长三角一体化进程，各省市及时把握机遇，苏南、浙北等地提出主动接轨上海、融入长三角发展的战略构想。如 2001 年，上海、江苏、浙江三方

①　陈建军.长三角区域经济一体化的历史进程与动力结构[J].学术月刊,2008(8):79-85.
②　郭继.上海与长三角一体化发展历史回顾[J].党政论坛,2018(12):11-14.
③　沈玉芳,刘曙华,张婧,等.长三角地区产业群、城市群和港口群协同发展研究[J].经济地理,2010(5):778-783.
④　王菁,张鑫.论法治路径下的长三角区域政府合作协议[J].西部学刊,2015(12):60-62.
⑤　尤宏兵.长三角经济国际化:历程、现状与经验[J].山西财经大学学报,2009(S2):5-6+9.
⑥　长江三角洲城市经济协调会.走过十年:长江三角洲城市经济协调会十周年纪事[M].上海:文汇出版社,2007:30.

共同发起召开首届沪苏浙经济合作与发展座谈会;2002年,召开第二次沪苏浙经济合作与发展座谈会,长三角区域政府合作共识真正确立;2003年,两省一市政府交流密切、部门合作此起彼伏;2004年,苏浙沪主要领导召开座谈会,长三角区域协作与一体化发展纳入苏浙沪最高决策层视野。因此,由沪苏浙经济合作与发展座谈会、16城市市长协同举办"长江三角洲城市经济协调会"、各市"协作办主任会议"和长三角各层次政府职能部门主导召开的各种合作会议等组成的长三角内部地方政府协调机制基本形成[①]。

(5)国家战略决策下区域一体化合作高质量发展阶段(2007年至今)。2007年5月,长三角地区经济社会发展专题座谈会的成功召开,国家发改委等部委先后前往长三角地区调研并开始研究制定长三角发展指导性文件,长三角一体化进入了国家战略视野[②]。2008年,国务院正式出台《关于进一步推进长江三角洲地区改革开放和经济社会发展的指导意见》,同时安徽省出席2008年长三角地区主要领导座谈会也意味着长三角区域范围有了重要拓展。2010年中央政府印发《长江三角洲地区区域规划》以及2016年发布《长江三角洲城市群发展规划》,明确指出"长三角城市群在上海市、江苏省、浙江省、安徽省范围内",2019年12月中共中央、国务院印发《长江三角洲区域一体化发展规划纲要》形成了顶层设计。党的十九大报告明确支持长三角区域一体化发展并上升为国家战略,要求上海进一步发挥龙头带动作用、苏浙皖各扬所长,使长三角实现更高质量的一体化发展[③],"三省一市"一体化迎来了新时期。

二、长三角发展过程突破重点

(一)城镇化发展水平不均衡问题

长三角各城市城镇化发展呈现以下特点:特大城市上海及大城市南京、杭州发展水平最高,合肥、苏州、宁波、无锡等城市次之,而苏北、浙南和加入长三角的安徽省多数城市等发展水平较低,具有明显的"三级阶梯"特征。显然,城镇化水平主要取决于城市经济发展基础与水平、城市常住人口规模等,但是也

---

① 王腾飞,马仁锋.博弈论视域长三角港口群双港口合作策略稳定性研究[J].广东海洋大学学报,2017(5):1-10.

② 陈建军,陈国亮.长三角区域经济一体化的形成、效应与展望[J].南通大学学报(社会科学版),2009(5):26-30.

③ 刘志彪,陈柳.长三角区域一体化发展的示范价值与动力机制[J].改革,2018(12):65-71.

与城市政府经营发展城市的理念有密切关系(表 1-1-3)。

表 1-1-3 长三角城市群各城市规模等级①

规模等级		划分标准(城区常住人口)	城市
	超大城市	1000 万人以上	上海市
	特大城市	500 万~1000 万人	南京市
大城市	Ⅰ型大城市	300 万~500 万人(含 500 万)	杭州市、合肥市、苏州市
	Ⅱ型大城市	100 万~300 万人(含 300 万)	无锡市、宁波市、南通市、常州市、绍兴市、芜湖市、盐城市、扬州市、泰州市、台州市
	中等城市	50 万~100 万人(含 100 万)	镇江市、湖州市、嘉兴市、马鞍山市、安庆市、金华市、舟山市、义乌市、慈溪市
小城市	Ⅰ型小城市	20 万~50 万人(含 50 万)	铜陵市、滁州市、宣城市、池州市、宜兴市、余姚市、常熟市、昆山市、东阳市、张家港市、江阴市、丹阳市、诸暨市、奉化市(2016 年撤市设区)、巢湖市、如皋市、东台市、临海市、海门市、嵊州市、温岭市、临安市、泰兴市、兰溪市、桐乡市、太仓市、靖江市、永康市、高邮市、海宁市、启东市、仪征市、兴化市、溧阳市
	Ⅱ型小城市	20 万人以下	天长市、宁国市、桐城市、平湖市、扬中市、句容市、明光市、建德市

从城市发展理念看,安徽、苏北、浙南等地实施以工业化为主推进城镇化,长三角核心城市则在倡导生态兴城与科教兴城;浙江省加速推进小城镇设市试点之时,上海进行城镇的差别化、特色化发展;上海、杭州、南京、宁波、苏州、无锡等城市大力发展以服务业为主的第三产业,许多小城镇刚开始进入工业化,承接大、中城市的产业转移(表 1-1-4)。

---

① 国家统计局.中国城市统计年鉴 2021.北京:中国统计出版社,2022

表 1-1-4　长三角 41 个城市 2018 年经济指标比较①

	GDP （万元）	人均 （万元）	一产 （%）	二产 （%）	三产 （%）	收入 （万元）	支出 （万元）	外资 （万元）	规上企业 （个）
上海市	326798700	134982	0.32	29.78	69.9	71081480	83515363	1730009	8145
江苏省									
南京市	128204000	152886	2.13	36.83	61.04	14700152	15327156	385339	2556
无锡市	114386200	174270	1.09	47.77	51.14	10122782	10559376	369133	5846
徐州市	67552300	76915	9.35	41.63	49.03	5262133	8808594	189848	2461
常州市	70502700	149277	2.22	46.29	51.5	5603316	5948173	242189	4248
苏州市	185974700	173765	1.15	48.03	50.81	21199931	19527090	452498	10393
南通市	84270000	115320	4.72	46.85	48.43	6061875	8771843	258140	5220
连云港市	27717000	61332	11.75	43.56	44.69	2343089	4195660	60345	1022
淮安市	36012500	73204	9.96	41.88	48.16	2472747	4867707	118213	1997
盐城市	54870800	75987	10.45	44.4	45.15	3810000	8400801	91313	2925
扬州市	54661700	120944	5.00	47.99	47.01	3400339	5633867	122044	2992
镇江市	40500000	126906	3.42	48.8	47.78	3015010	4084115	86774	2020
泰州市	51076300	109988	5.48	47.65	46.86	3571517	5323571	150731	2785
宿迁市	27507200	55906	10.94	46.52	42.55	2061999	4335422	37684	1669
浙江省									
杭州市	135091508	140180	2.26	33.84	63.9	18250616	17170834	682658	5431
宁波市	107454632	132603	2.85	51.25	45.9	13796865	15941000	432017	7602
温州市	60061616	65055	2.36	39.62	58.02	5475765	8741367	52307	4618
嘉兴市	48719836	103858	2.36	53.87	43.77	5185536	5888689	313980	5822
湖州市	27190675	90304	4.70	46.84	48.46	2870960	3975433	127143	3049
绍兴市	54168952	107853	3.62	48.22	48.16	5013379	5566451	135141	4584
金华市	41002319	73428	3.31	42.57	54.12	3926214	5739988	31854	3586
衢州市	14705816	66936	5.50	44.99	49.50	1280960	3559423	7431	873
舟山市	13166986	112490	10.83	32.53	56.63	1460243	3084897	41762	360

①　国家统计局.中国城市统计年鉴 2020.北京:中国统计出版社,2021

	GDP （万元）	人均 （万元）	一产 （%）	二产 （%）	三产 （%）	收入 （万元）	支出 （万元）	外资 （万元）	规上企业 （个）
台州市	48746696	79541	5.42	44.77	49.80	4311768	6537506	28893	3801
丽水市	13946650	63611	6.75	41.43	51.82	1300106	4320191	10691	891
安徽省									
合肥市	78229061	97470	3.55	46.18	50.28	7124862	10049099	323000	2287
芜湖市	32785317	88085	4.06	52.18	43.77	3181152	4570422	291642	1872
蚌埠市	17146560	50662	12.12	44.46	43.42	1526523	2957943	139845	1103
淮南市	11333064	32487	10.80	46.57	42.63	1053791	2451702	28525	669
马鞍山市	19181000	82695	4.53	53.59	41.88	1510202	2265572	248490	1083
淮北市	9851902	43962	6.63	54.81	38.56	703307	1667011	25697	682
铜陵市	12223596	75524	4.09	58.25	37.66	737682	1543463	32806	567
安庆市	19175850	41088	10.43	49.87	39.7	1331958	4201888	25494	1742
黄山市	6779143	48579	8.39	34.9	56.71	776148	1856147	20014	528
滁州市	18017496	43999	12.25	51.62	36.13	1992772	4059925	139230	1598
阜阳市	17595199	21589	17.66	41.90	40.44	1871449	5746681	41213	1872
宿州市	16302217	28757	15.56	36.84	47.60	1115600	3965875	91805	1323
六安市	12880538	26731	15.27	40.61	44.12	1224142	4129795	50306	930
亳州市	12771945	24547	16.47	38.90	44.63	1120003	3436073	90108	905
池州市	6849253	46865	10.94	42.29	46.77	644920	1544335	39588	565
宣城市	13172047	50065	10.28	48.71	41.01	1530702	2893598	112397	1491

　　长三角是中国城镇化经济最发达的地区之一,已进入城乡融合发展新阶段,长三角地区城乡融合发展经验在一定程度上对中国城乡未来发展具有引领作用[①]。随着长三角范围的扩大,长三角内部城乡发展水平存在较大差异,2005年至今长三角城乡融合发展水平有明显的提高,各市之间差距有所缩小,但各市之间城乡融合发展不平衡问题仍比较突出。城乡融合度较好地区

---

　　① 谢守红,周芳冰,吴天灵.长江三角洲城乡融合发展评价与空间格局演化[J].城市发展研究,2020,27(3):28-32.

集中在苏州、无锡、南京、上海、杭州等城市,以这些城市为核心,向北、南、西三方向递减。

(二)人口城市化压力与部分城市人口净流入负增长显现

长三角是中国外来农村务工者的集聚地,农业转移人口市民化任务非常艰巨。农村人口变为城市人口,增加的潜在基础设施和公共服务的投资需求在每人 10 万～15 万元左右,也进一步加剧人口流入地建设用地紧张趋势。长三角农业转移人口市民化过程,不仅面临基础设施与公共服务投入资金压力,而且面临城市社会体制能否快速转型适应大量农村转移人口等严峻的挑战,诸如户籍管理、社会保障等制度在一定程度上固化了现有城乡利益失衡格局,阻碍了农业转移人口市民化和城乡一体化。同时,长三角城市化加速了人口向上海、南京、苏州、杭州、宁波等中心城市高度集聚,职住分离、交通拥堵等城市病现象快速涌现。此外,伴随日益多中心化的交通网络与新城建设,人口职住的跨行政区潮汐流动,亟待城市跨界合作建立适应多层次多中心的区域公共服务供给模式与行政管理体系。

第七次全国人口普查公布的人口数据显示:(1)长三角地区 41 个地级及以上市中只有 18 个城市(常住人口和户籍人口比≥1)为人口净流入城市,分别是上海、苏州、宁波、杭州、嘉兴、无锡、金华、常州、南京、湖州、合肥、舟山、镇江、绍兴、温州、台州、南通、扬州。这个区域是一个以上海为起点、半径 300 千米以内的扇形区域。(2)其他 23 个城市都是人口净流出地,分布在苏北、浙南、安徽绝大部分地方。流出比值在 10% 以内的,分别是马鞍山、芜湖、丽水、泰州、淮北、宣城等 6 个城市。净流出介于 10%～20% 之间,包括安徽省黄山、滁州、池州、宿州、蚌埠等 5 市,浙江的衢州,江苏省连云港、徐州、盐城、淮安、宿迁等 5 市等。净流出 20% 及以上的城市分别是安徽的六安、亳州、阜阳、铜陵、淮南和安庆等 6 个城市,最多的六安约 25%。(3)208 个县级单位中,仅 80 个是人口净流入,占比只有 38%,比值降低了不少。这表明,在比重上县级城市净流入比地级城市的净流入要少,说明有更多的县级城市是人口净流出的。在竞争上如果出现地级市人口净流入但下属区市县有的是人口净流出,说明尚有不少下属区县的人口流向地级市,两者存在包括人才、产业等在内发展资源的竞争问题。

(三)高素质劳动力"抢人大战"与普通劳动力落户难的"三元落户"掣肘了城市人口红利

人力资源是影响城市规模的直接因素,户籍制度则是中国特有的调节劳动力和人力资本在城市间自由流动的重要政策。现行户籍制度一般是在中央宏观政策指导下,各城市依据自身的需求而制定,彼此相互独立。行政扭曲下,一方面各大城市内在扩张需求受到国家"控制特大、超大城市人口规模"约束;另一方面各大城市主观感受却是人口流入不足,亟需扩大自身规模,故引发了以二线城市为主导的"抢人大战",核心是对一定学历以上的青年人设置低门槛甚至零门槛的落户条件,以吸引年轻高素质的劳动力落户,造成了对外来人口的差别化对待,将原有建立传统城乡二元户籍制度扩展为本地人、不受约束的"高素质外地劳动力"、受约束的"普通外地劳动力"的新三元结构①。城市政策制定者以二元结构思维制定落户政策,期待通过吸引高素质劳动力,扩大城市规模,提高城市整体素质,减少社会矛盾降低管理成本。但劳动力结构之间存在内在联系可能并不能完全如政策制定者所愿。显然,行政壁垒尤其是不同落户门槛条件设置及其所带来的差异化和异质性劳动力流动过程,会扭曲城市群内部城市规模及其合理层级的形成。

三、区域一体化发展重点转变

(一)从高增长到高质量发展

党的十九大报告提出要"着力解决好发展不平衡不充分问题,大力提升发展质量和效益",这将成为相当长一段时期内中国区域发展的指导思想。经历40年改革开放之后,中国经济社会取得长足的进步,但是"人民日益增长的美好生活需要和不平衡不充分的发展之间的矛盾"日益凸现。党的十九大报告指出,"必须坚持质量第一、效益优先,以供给侧结构性改革为主线,推动经济发展质量变革、效率变革、动力变革"。区域经济发展从速度型的增长向高质量的平衡发展转变,是解决发展不平衡的基本途径。

高质量的、平衡的区域经济发展是指在区域协调发展战略指引下树立追求卓越的区域发展观,树立以科技创新为动力、以质取胜的区域发展理念,系统转化资源开发优势、产业规模优势、生态环境优势为区域经济的品质优势,向速度与质量并重转变。"十四五"时期,长三角地区多数城市人均GDP超过10000美元,进入注重增长质量与注重城市品质的发展阶段。这要求长三角城市注重:(1)发展指导思想和考核指标上修正唯GDP的发展观,在中央高质

---

① 张安驰,范从来.学历落户门槛"压扁"了长三角城市群层级吗?[J].南京社会科学,2021(4):30-40.

量发展理念引导下实现本区域经济发展方式根本性转变。(2)发展的导向要从经济主导的单兵突进,转向政治、经济、社会、文化、生态的协调推进。(3)发展机制要突出劳动力及科技创新的重要作用。坚持创新驱动作为区域经济发展的主线,高质量的凝聚科技人才及其创新动力。(4)推动经济结构战略性调整,实现以工业经济为主向以服务经济为主转变,更要坚持高科技产业、现代制造业与服务业的并重发展,从而解决经济发展不充分的问题。(5)城市群的空间分工与功能实现多元提升。实现区域高质量平衡发展需要有空间基础,各城市分工进一步明晰是长三角空间功能与城市品质优化的标志。未来城市空间功能将由相对单一的生产和居住功能向全方位的多功能转化,亟待实现核心城市高质量的生产功能和高度宜居的居住功能的同时,全面连接城市群的国际化功能、文化汇聚功能、智能化功能等,实现城市群的空间功能多元化适配。

(二)适应高学历人群高速流动

长三角地区高质量一体化发展,促进了高学历人群在城市群内部高速流动,部分城市的人才集聚与流动有一些新特征,"人才—居住环境—就业创业"协同发展面临新挑战。理解高学历人群高速流动特征及其集聚城市趋向,才能更好地形成长三角一体化人才政策,促进一体化的深度发展。

自 2003 年 4 月上海、江苏、浙江联合发表《长江三角洲人才开发一体化共同宣言》以来,长三角各城市探索适应新形势的人才"宜居、宜业"机制,提升辖区人才集聚与区域内共享水平,同时也积极聚焦人才高流动性构建城际人才衔接与融合体系,尤其重视缩小人均收入、工作机遇、社会保障与福利、公共服务等方面差异,形成适宜本城市的人才引力场,进而构筑长三角城际人才流动与集聚的各自路径。(1)人才共享共用态势良好且类型多元化。"星期天工程师"重出江湖,人才柔性引进逐渐加速。长三角内部人才的柔性引进与流动成为一种多赢的选择。如丽水市庆元县引进高校的学者教授,利用周末或者空闲时间到异地提供技术咨询或支持,同时所取得的工作成果与本地人才享受同等待遇;嘉兴市柔性引进国内外百余位院士、400 多位高层次专家,通过院士专家工作站促进人才项目的落实与增效;合肥市利用"柔性引才"机制探索海外人才离岸创新创业的新模式。各城市积极实践的人才共享与柔性引进,极大地促进长三角各城市人才循环流动,加速了技术溢出和管理思想的传播。(2)人才流动与各城产业群落初现协同性。上海 ICT 与高端制造业人才集聚水平较高,浙江汇聚数字经济人才和基础型人才,江苏制造业人才富集,长三角人才来源地主要集中在北京、广州、武汉、成都等五大城市,形成了域内外联动汇聚英才支撑长三角地区创新发展。(3)长三角城际人才流动初现双向流动模式和极化单向模式。上海—南京、上海—杭州之间已经涌现大流量人才对流模式,南京—合肥、南京—杭州的小流量人才对流模式;上海—衢州/温州/丽水、苏南—皖南/皖北/苏北等城市之间仍然以人才单向流动为主。

长三角不同城市之间由于经济社会发展和占有资源情况的差异,相对欠发达城市面临着人才流失的困难更多。所以,人才发展政策要努力解决"一体化的经济与社会保障之下人才自由择居"瓶颈,以"公平、公正、高效"的人才环境营造为切入点,构建适合长三角一体化发展的人才战略,促进长三角高质量一体化发展。

第二节　目标导向的宜居与全球科创中心建设

一、宜居城市群建设

(一)长三角城市群宜居战略

党的十九大报告指出在本世纪中叶建成富强民主文明和谐美丽的社会主义现代化强国。要"建设和谐宜居城市,……不断提升城市环境质量、居民生活质量和城市竞争力,……提高居民的获得感和幸福感",这些重要论述对城市群建设提出了新要求。国家"十四五"规划提出要完善大、中、小城市的宜居宜业功能,提升城市生活品质。《长江三角洲区域一体化发展规划纲要》提出到2025年长江三角洲一体化发展目标为"跨界区域、城市乡村等区域板块一体化发展达到较高水平,在科创产业、基础设施、生态环境、公共服务等领域基本实现一体化发展,全面建立一体化发展的体制机制"。

究竟什么样的城市才是"宜居城市","宜居城市"内涵是什么?学界探索对宜居城市初现共识,认为宜居城市必须满足以下基本条件:(1)宜居城市应该是一个安全的城市,具备完善的法治、防灾、日常生活环境等方面;(2)宜居城市应该是一个健康的城市,需要远离各种有害物质、环境污染;(3)宜居城市应该是一个生活方便的城市,具备完善的、公平的基础设施及其服务;(4)宜居城市应该具有良好的邻里关系、和谐的社区文化,并能够传承城市的历史和文化以及它们的鲜明特色。因此,城市群建设应关注城市安全、健康、舒适、便捷等支持居民生活质量的问题,维系城市富有特色的历史、文化的传承,同时要高效、合理地利用有限的土地资源,创造更多、更适宜人们居住、生活和工作的城市空间。"宜居城市(群)"评价受评价者的背景、目标等影响,也与评价地域尺度有关,既评价城市之间的宜居水平差异,也评价城市内部不同街区的宜居状态。为此,评价宜居城市(群)应该关注以下三个层面:(1)评价和比较城市之间的"宜居"水平;(2)评价和研究一个城市内部不同街区的"宜居"水平;(3)评价和研究一个城市内不同居住区的"宜居"水平。各层面的评价和研究都应突出"人"及其感知。

经历工业城市、商贸城市、创新城市等形态后,长三角城市反思"城市病"强调宜居性之于城市发展的重要性,宜居成为各级政府城市发展价值的新潮流。早在2011年,《上海建设国际贸易中心"十二五"规划》提出全面实践上海世博会"城市,让生活更美好"的主题,建设国际国内认同的宜居城市,上海以世博会为契机在各类规划中突出以人为核心的设计思想以及建设宜居城市的理念;至"十四五",规划进一步强调要"巩固提升生态环境质量,加快建设生态宜居城市积极回应人民群众对城市优美生态环境的期盼"。与此同时,浙江、江苏和安徽各级政府颁布实施各类政策、规划等不断强调宜居城市建设,如《2018年舟山市老龄工作要点》提出推进"老年友好城市"及"老年宜居社区"建设,2020年《江苏省政府关于推进气象事业高质量发展的意见》指出"要开展城市供水、供电、供气、交通气象服务,提高美丽宜居城市运行管理精细化服务水平",《合肥市新型城镇化试点实施方案》提出加快建设和谐宜居城市,切实提升城市品质的一系列专项措施。

长三角各级政府宜居城市建设涉及两方面内容:一是原有城市改造,如何按照宜居城市理念对现有城市物理环境中不宜居要素或街区进行改造;二是新城建设中如何按照宜居城市的标准进行建设。

(二)长三角城市群生活质量态势

生活质量分析是"宜居城市"建设的基础。生活质量研究渊源于生活水平评价,经济收入高水平并不意味着生活高质量,学界更关注生活质量的主观评价。生活质量是一个多维度概念,包括物质方面、非物质方面,核心是提高国民生活的充分程度和国民生活需要的满足程度,以及全体成员对自身生存环境的认同感[1]。国内学者最早于20世纪80年代引进国外相关理论、结合国

---

① 周长城.中国生活质量:现状与评价[M].北京:社会科学文献出版社,2003.

内部分城市建构评价模型[①②]，连玉明等从城市价值角度结合生活质量的主、客观维度评价了全国 287 个城市的生活质量[③]。城市发展归根到底是为了人民，城市群生活质量分析既具有重要意义，又应关注生活质量的空间非均衡性[④]，从空间视角揭示城市群生活质量的地域分异规律和特征，进而为改善民生与协调城际规划等方面提供决策参考。

长三角城市群生活质量南北空间差异明显（表 1-2-1），呈现北部较低态势（南通、泰州、镇江、扬州处于长三角最低水平），由此往南除"一极四强"外的其他城市的生活质量水平介于中间水平，空间分异特征明显。长三角城市群生活质量形成"一极四强"空间格局，总体上与城市群规模等级体系吻合，主要特征是：（1）以上海市为最高中心，向外围逐渐降低；（2）以杭州、宁波、无锡、南京为四个次级中心，其中杭州生活质量最好，无锡和宁波并列，南京处于四强最末。（3）四次级中心中，南京、苏锡生活水平因素优越，而健康、营养因子有待改进。杭州、宁波健康质量因子较好，而生活水平、营养条件需要改善。概而言之，四次级中心需要根据自身生活质量结构特征，提高综合生活质量，完善生活质量结构。

表 1-2-1　长三角城市群 2020 年生活质量综合评价

城市	客观生活质量指数	主观生活质量指数	综合生活质量指数
上海市	2.14	0.52	1.33
南京市	0.36	0.25	0.30
无锡市	0.21	0.74	0.47
常州市	−0.15	0.12	−0.01
苏州市	0.18	0.69	0.44
南通市	−0.57	0.09	−0.23
扬州市	−0.55	0.10	−0.22
镇江市	−0.48	0.08	−0.20
泰州市	−0.89	0.09	−0.40

① 林南，卢汉龙.社会指标与生活质量的结构模型探讨——关于上海居民生活的一项研究[J].中国社会科学,1989,(4):75-97.

② 卢淑华,韦鲁英.生活质量主客观指标作用机制[J].中国社会科学,1992,(1):121-136.

③ 连玉明.中国城市生活质量报告[M].北京:中国时代经济出版社,2007.

④ Coates B,Johnston R,Knox P. Geography and Inequality[M]. London：Oxford university Press,1977.

续表

城市	客观生活质量	主观生活质量指数	综合生活质量指数
杭州市	0.36	0.87	0.62
宁波市	0.12	0.81	0.47
嘉兴市	−0.25	0.08	−0.08
湖州市	−0.39	0.09	−0.15
绍兴市	−0.35	0.22	−0.06
舟山市	0.49	0.09	0.29
台州市	−0.237	0.096	−0.071

二、全球科创中心建设

(一)科创中心相关理论

科技创新中心概念最早可追溯到 1959 年贝尔纳(Bernard)[1]提出"世界科学活动中心"及其转移理论,认为科学进步在时间和空间维度发展具有非均衡性。其后衍生出"世界科学中心"[2]、"世界科技中心"[3]等概念。2000 年,美国《在线》杂志基于政府、高校、企业、科研机构等方面评选出了 46 个全球技术创新中心(Global Hubs of Technological Innovation),认为它们都具备以下特征:地区科研机构和高校具有培养熟练工人或研发新技术的能力;拥有具备专业技术、保障经济稳定增长的老牌企业和跨国公司;公众有创办风险企业的积极性;具备使好点子成功进入市场的风险资本的可获得性[4]。

中国学界研究科技创新中心时,先后提出了国际产业研发中心、国际研发中心[5]、国际研发城市、科技创新城市[6]等概念。科技创新城市是经济活动以

① 贝尔纳.历史上的科学[M].北京:科学出版社,1959.

② 冯烨,梁立明.世界科学中心转移的时空特征及学科层次析因(上)[J].科学学与科学技术管理,2000,(5):4-8.

③ 潘教峰,刘益东,陈光华,等.世界科技中心转移的钻石模型——基于经济繁荣、思想解放、教育兴盛、政府支持、科技革命的历史分析与前瞻[J].中国科学院院刊,2019,34(1):10-21.

④ 段云龙,王墨林,刘永松.科技创新中心演进趋势、建设路径及绩效评价研究综述[J].科技管理研究,2018,38(13):6-16.

⑤ 杜德斌.美国外资 R&D 的空间集聚特征[J].世界地理研究,2003,4(2):17-24.

⑥ 黄鲁成,李阳.国际 R&D 中心与北京的现状分析[J].科学学与科学技术管理,2004,2(7):12-26.

科技创新为主的城市,并且在一定地域范围内能够产生显著的影响力[①];科技创新中心是从科学中心演变而来[②],是指具备丰富的科技创新资源、突出的科技创新实力、浓郁的创新文化氛围、较强的辐射与带动城市群发展能力的中心城市[③];全球科技创新中心指科技创新资源密集、科技创新活动集中、科技创新实力雄厚、科技成果辐射范围广大,从而在全球价值网络中发挥显著增值功能并占据领导和支配地位的城市或地区[④]。未来的科技创新中心具备影响世界的科技创新实力,是产业、文化、技术相互交融的综合性创新中心[⑤]。

综上可知,科技创新中心具备以下特点:一是科技创新资源要素丰富,区域内科研人才、研发资本、科学技术相对集中;二是科技创新活动频繁且高质,科技创新成果转化能力强;三是科技创新对区内经济增长起到支撑作用;四是区内具备良好的创新文化氛围,政府鼓励和扶持创新活动开展;五是科技创新对毗连地区的创新辐射能力强。

(二)科创中心必备要素

全球科技创新中心的形成需要三层次的要素:一是人才,人才是至关重要的,是主体层次;二是企业、大学(含公立科研院所)和政府,是平台层次;三是包括创新文化、资本市场、创新设施和创新服务在内的支撑层次。于是学界围绕此三层次提出"3T 理论",即人才(Talent)、技术(Technology)和包容性(Tolerance)。

人才是全球科技创新中心本质,核心是集聚全球创新人才。吸引人才最为关键的要素是"环境好",这里"环境"包括社会环境、工作环境、政策环境、服务环境等方面。技术主要来自企业,特别是科技引擎企业。企业是科技创新的主体,从创新的投入和产出来讲,企业占了 70% 左右;引擎企业是指行业的龙头企业,是城市科技创新的发动机,全球科技创新中心形成的主要标志是涌现一批具有全球影响力的科技引擎企业。诸如硅谷之所以成为全球最具影响力的科技创新中心,就是因为这里出现了苹果、谷歌、英特尔、甲骨文、思科、特斯拉等一大批世界级的科技引擎企业,而硅谷人居环境与生活质量一直以来

①　胡晓辉,杜德斌.科技创新城市的功能内涵、评价体系及判定标准[J].经济地理,2011,31(10):1625-1629+1650.

②　王德禄.以新经济视角看"科技创新中心"[J].中关村,2014(6):80.

③　骆建文,王海军,张虹.国际城市群科技创新中心建设经验及对上海的启示[J].华东科技,2015(3):64-68.

④　杜德斌,何舜辉.全球科技创新中心的内涵、功能与组织结构[J].中国科技论坛,2016(2):10-15.

⑤　肖林.未来30年上海全球科技创新中心与人才战略[J].科学发展,2015(7):14-19.

都受到全球科技企业和技术人员青睐。创新文化的核心价值,一是推崇冒险和宽容失败,如在硅谷每年有大量的企业新生出来,同时每年有大量的企业关闭,这就需要风险资本为失败买单。二是激励草根和包容异质,草根群体是创新的实际来源主体,怎样激发草根的创新力量是很重要的。

（三）长三角城市争建科创中心

全球科技创新中心是以科学研究和技术创新为主要功能,集中了先进制造、文化教育、金融等功能的城市。最典型的全球科技创新中心是美国纽约和英国伦敦,这两个城市最近十几年发生了很大的变化——从世界金融中心向科技创新中心转型。纽约制定了打造美国东部硅谷的宏伟蓝图,提出要力争成为全球科技创新领袖;英国启动了伦敦科技城的行动,并将其作为国家战略。由于创新要素的高度流动性,创新资源的集聚和科技创新活动的空间分布,无论在全球尺度还是在地方尺度,都是极度不平衡的。如东京、硅谷、纽约和伦敦等,犹如"钉子"般高高凸起,成为所在国家科技创新发展的核心依托;当这些城市创新集聚和辐射力超越国界并影响全球时,便成为全球科技创新中心。长三角作为中国最大的综合性城市群,它有能力、有条件肩负起这一国家使命,成为区域创新龙头。

（1）上海提出建设全球科创中心。2014年5月,习近平总书记在上海提出了要加快向具有全球影响力的科技创新中心进军。2015年1月,上海市委、市政府启动了调研此课题,于2015年5月推出《关于加快建设具有全球影响力的科技创新中心的意见》,开启了全面推进全球科技创新中心建设的伟大征程。

（2）G60科创大走廊建设。G60沪昆高速穿过上海市松江区全境,绝大多数企业都分布于高速公路两侧。2016年,上海松江区提出沿G60高速公路构建产城融合的科创走廊,为1.0版本。2017年,上海松江区与浙江嘉兴市、杭州市合作建设沪嘉杭G60科创走廊,签订《沪嘉杭G60科创走廊建设战略合作协议》,迈入2.0时代,长三角多个城市纷纷响应,主动对接、加入G60科创走廊建设。2018年,G60科创走廊第一次联席会议召开,金华等其他6座城市同时加入,迈向3.0版本,科创走廊也从城市战略上升到长三角区域战略。长三角地区主要领导座谈会召开期间,共同发布了《G60科创走廊松江宣言》。

（3）聚力打造长三角高质量发展先行区。为贯彻落实《长江三角洲区域一体化发展规划纲要》和《国家创新驱动发展规划纲要》,持续有序推进长三角科技创新共同体建设,科技部2020年12月20日印发《长三角科技创新共同体建设发展规划》，要求以加强长三角区域创新一体化为主线，以"科创＋产业"为引领，充分发挥上海科技创新中心龙头带动作用，强化苏浙皖创新优势，优化区域创新布局和协同创新生态，深化科技体制改革和创新开放合作，着力提升区域协同创新能力，打造全国原始创新高地和高精尖产业承载区，努力建成具有全球影响力的长三角科技创新共同体。

三、建设世界级的长三角科创中心亟待一体化协同建设人居环境

长三角很多城市的拥有高质量的创新能力，这是建设全球科技创新中心的重要依托。长三角拥有广阔的科技腹地，这是世界上其他城市群都不具备的。从长三角城市技术流向的演化看，各城市之间的联系越来越密切。因此，无论人才吸引还是创新环境培育，都需要人居环境的改善作为基础和支撑。全球科创中心建设，需要上海与长三角其他城市联动发展，把区域协同提升人居环境作为推动长三角更高质量一体化的抓手。

区域协同提升人居环境，需要以制度创新为先导，构建高度共享资源平台，培育以城市群为核心的极化区域与枢纽区域。一方面，各地要发挥各自优势，突出地方特色，依托现有基础打造各具特色的宜居城市；围绕城市产业优势布局科技创新，加快形成"合肥—南京—上海—杭州"创新走廊。另一方面，要尊重科技创新的主体集聚规律，提供适宜创业、创新的宜居宜业宜游的环境，吸引全球和全国创新人才共同打造区域创新高地。

第三节　城市公共服务均等化及其
响应突发公共卫生事件[①]

公共服务是提供和满足国民公共需求的服务[②]，城市公共服务一般包括由城市公共设施建设服务、为企事业发展的综合服务、对居民生活综合服务及城市科学文化普及教育服务等内容组成。改革开放后，中国经济快速增长，基本公共服务作为维护社会公平正义的底线，对化解中国各阶层的经济社会发

---

① 马仁锋，周小靖，李倩.中国城市公共服务及其对突发公共卫生事件响应研究进展[J].上海城市管理，2021，30(6)：27-37.

② 湛东升，张文忠，湛丽，等.城市公共服务设施配置研究进展及趋向[J].地理科学进展，2019，38(4)：506-519.

展过程中的矛盾具有重要意义。尤其是面临突发公共卫生安全事件时,城市基本公共服务需要启动应急响应机制确保其有效供给。然而中国城市基本公共服务供给源于多头管理,各层级应急管理机构仅负责安全生产类、自然灾害类应急救援等职能,尚未充分重视和解决城镇化进程中城市公共卫生应急体系之于公共服务有效供给及其多重应急情景下"防""控""治"重要环节在城市、街道/乡镇、社区三层次各类公共服务(设施)治理理论与实践。2020 年 1 月,突发的新型冠状病毒(COVID-19)疫情对中国城乡公共服务供给需求及其疫情分类、分区管控提出全面的挑战,尤以医疗为代表的公共服务迅速成为各城市的稀缺资源,引发社会群体性焦虑,疫情警醒当前中国城市公共服务还存在很多短板①。概观中国城市公共服务研究文献的脉络、热点领域,系统梳理中国城市公共服务研究与实践动态,继而探索性架构以公共卫生事件应急管理为导向的城市公共服务研究重点,初步回答需要通过什么样的规划工具实现城市公共服务响应突发公共卫生事件的行动计划,以及通过什么样的体制和机制让它们建成并发挥作用,为城市韧性研究提供科学参考。

一、中国城市公共服务研究总体特征

(一)关注度演变及主要关注者特征

中国城市公共服务研究发文数量变化可分为三阶段:①2006 年前的萌芽阶段,城市公共服务鲜见被研究,2002 年党的十六大首次将公共服务纳入四大政府职能之一,公共服务逐渐成为理论研究热点,多集中理论探索及个别城市实践经验②。②2006—2011 年的起步阶段,发文总数快速上升,聚焦基本公共服务体系及其如何完善、城乡居民需求调研,在党的十六届六中全会明确提出"实现基本公共服务均等化"和党的十七大报告进一步强调区域基本公共服务协调发展后,研究热点趋向基本公共服务③。③2011 年后快速发展阶段,发文量略有回落,但是公共服务研究领域逐渐聚焦且尝试跨学科研究。

城市公共服务研究作者网络中高军波、周春山、姚绩伟等人是该领域核心作者,但是作者间联系较弱,仅有周春山及其博士生高军波、许文鑫、许世远及其博士生殷杰等研究团队,各团队间合作甚少,总体看城市公共服务研究缺乏

---

① 张国华.现代城市发展启示与公共服务有效配置[J].城市规划,2020(2):4-5.
② 黄伟,刘学政.公共管理社会化与公共服务市场化[J].城市发展研究,2002(6):13-16.
③ 窦思敏,马仁锋,张悦.中国东部地区城市基本公共服务区域差异演[J].宁波大学学报(理工版),2018(6):81-87.

学术联系及较高影响的领军人物；发文机构主要是高校，以地理学、管理学、城乡规划学科为主，研究机构未形成学术合作网络，主要是因为以高校博士生培养为主的学术扩散与结网。

（二）关键词及研究主题演变

关键词共现可以判断某领域研究内容的丰富程度和研究活力，利用CiteSpace 软件参数设置 top50 得到关键词图谱（图 1-3-1）和频次较高的 20个关键词。可知，城市公共服务研究领域中"公共服务"的频次与中心性皆最高，其次是"基本公共服务、均等化、城市社区、公共服务设施、公共图书馆、城市化"等，说明相关研究主要结合城市化探索基本公共服务及其均等化等；研究热点关注基本公共服务均等化，以及公共服务与经济发展协调性和城镇化进程中公共服务建设等。

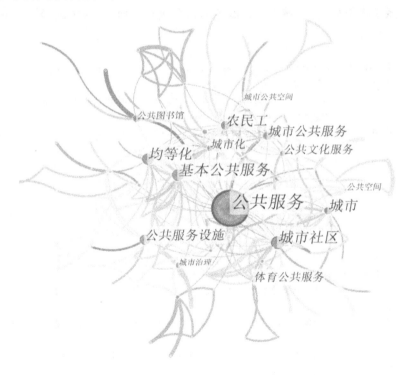

图 1-3-1　中国城市公共服务研究关键词网络

二、中国城市公共服务研究热点领域动态

1920 年法国人 Léon Duguit 研究公共服务内涵及与政府关系,近 20 年主要探究公共服务的概念、评价体系、区域公平等方面,尤其重视公共服务的供给模式[1]、教育等民生服务[2]、公私关系[3]、测算标准与方法[4]、国家健康服务治理路径[5]、地方政府供给模式与效率[6]研究。中国公共服务研究多从财政学、政治经济学、城乡规划学、地理学视角切入,2010 年后主要关注经济发展与公共服务发展的关系,如基本公共服务体系、财政保障制度[7]、政府供给效率、均等化评价[8]等。个别学者开始讨论公共服务的区域差异空间分异特征等[9],同时关注公共服务的物质空间刻画其可达性及社会分异[10],尤其重视教育/医疗等公共服务设施可达性等[11][12],以及空间计量城市公共服务与经济增长的关系、与城镇化关系等[13]。城市公共服务的研究热点与前沿,为中国国土空间规

---

① Francois P. Public service motivation as an argument for government provision[J]. Journal of Public Economics,2000(78):275-299.

② Heyneman S P. The growing international commercial market for educational goods and services[J]. Journal of Studies in International Education,2001,21(4):345-359.

③ Fiorito R,Kollintzas T. Public goods,merit goods,and the relation between private and government consumption[J]. European Economic Review, 2004, 48(6):1367-1398.

④ Kim S,Vandenabeele W,Wright B E,et al. Investigating the structure and meaning of public service motivation across populations [J]. Journal of Public Administration Research & Theory, 2013, 23(1):79-102.

⑤ Fairman S. Collaborative governance for innovation in the national health service [J]. Public Administration Review,2013,73(6):831-832.

⑥ Cuadrado−Ballesteros B,Prado−Lorenzo J M. Effect of modes of public services delivery on the efficiency of local governments [J]. Utilities Policy, 2013, 26(5):23-35.

⑦ 王家永.实现基本公共服务均等化:财政责任与对策[J].财政研究,2008(8):64-66.

⑧ 杨帆,杨德刚.基本公共服务水平的测度及差异分析[J].干旱区资源与环境,2014,28(5):37-42.

⑨ 李敏纳,覃成林,李润田.中国社会性公共服务区域差异分析[J].经济地理,2009(6):887-893.

⑩ 高军波,周春山.西方国家城市公共服务设施供给理论及研究进展[J].世界地理研究,2009(4):81-90.

⑪ 韩艳红,陆玉麒.教育公共服务设施可达性评价与规划[J].地理科学,2012(7):822-827.

⑫ 赵文花,邹逸江,马仁锋.基于 GIS 的医疗设施可达性测量方法及实证[J].世界科技研究与发展,2016(1):143-149.

⑬ 李燕,袁崇法,白南风,等.我国城镇化与公共服务均等化实证研究[J].城市观察,2013(6):135-144.

划的多尺度整合与服务于"以人民为中心"可持续城市规划具有重要的时代迫切性和实践急迫性。

(一)城市公共服务分类及其规划研究

保障城市基本公共服务对城市发展意义重大,城市公共服务系统主要涉及教育、社保、医疗卫生、基础设施、就业保障、文化体育等要素,每项要素的规划建设、运行管理和不同阶层/不同居住区位居民可及性及满意度等事关中国城市高质量发展[1]。学界囿于研究需要提出城市公共服务分类标准体系[2],这一分类框架较为全面,但该分类体系落地过程缺乏规划、建设与管理操作性。国家标准《城市公共设施规划规范》(GB50442—2008)仅对公共设施类型和不同规模城市的公共设施用地面积作了规定,缺乏可操作的建设规范,也未能进一步明确设施类型及权属、设施数量及位置、设施运行状态等运行维护机制。

中国城市规模出现收缩与快速扩张两类主要现象,都面临如何破解城市交通拥堵、医疗短缺、教育学区困境等公共服务问题,可以尝试将公共设施等营造成城市特色公共空间以提升城市功能[3],也可在城市内部尝试建设多中心公共服务设施格局与人口集聚匹配,以协调城市不同街区差距促进基本公共服务良性规划[4][5]。2020年1月新型冠状病毒被医学检测识别,全球110多个国家的众多城市也暴发疫情。城市公共服务面临突发公共卫生事件,规划短板显而易见,无法解决疫情阻隔与各类公共服务设施有效供给之间矛盾。这就要求城市规划应注重社区基本单元建设,将公共服务与城市社区单元建成邻里综合体。如温俊萍提出统筹城市和城乡社区发展的有效制度结构,才能推进均等化建设;伴随信息技术普及,涌现智慧城市、城市大脑等"互联网＋城市服务"典范,拓展互联网技术在城市管理中深层次应用可推进公共服务智慧化[6],山东省城市社区开展建设"互联网＋社区"综合服务信息平台构建了

① 张文忠,许婧雪,马仁锋,等.中国城市高质量发展内涵、现状及发展导向[J].城市规划,2019(11):13-19.

② 王海龙.公共服务的分类框架:反思与重构[J].东南学术,2008(6):48-58.

③ 董贺轩,刘乾,王芳.嵌入o修补o众规:城市微型公共空间规划研究[J].城市规划,2018(4):33-43.

④ 11李敏纳.中国社会公共服务与经济增长关系的实证检验[J].统计与决策,2009(8):72-74.

⑤ 丁亮,钮心毅,施澄.基于一致性标准的大城市多中心体系规划实施评估[J].地理科学,2020(2):1-9.

⑥ 郑明媚,张劲文,赵蓄蓄.推进中国城市治理智慧化的政策思考[J].北京交通大学学报(社会科学版),2019(4):35-41.

社区公共服务供给智慧化模式[①]，合肥市整合数字城市空间信息完成了"非典"时期城市突发公共卫生事件应急指挥决策支持系统，提高了合肥"非典"疫情阻隔成效[②]。当然城市公共服务规划涉及国土空间规划技术、城市管理理念等多维度整合，基本公共服务的有效供给，既依赖于科学、公正的城市规划理念与技术，又需要应用新技术改进公共服务设施运营效果。

（二）公共服务均等化的多尺度研究

公共服务均等化是 2011 年国家发布《全国主体功能区规划》的重要政策组成，作为公共财政基本目标之一，公共服务均等化是财政分权理论框架下中国不同层级政府间财政均衡问题，是政府为社会公众提供最终大致均等的公共物品和公共服务[③]。公共服务均等化研究聚焦区域均等化、城乡均等化和人群均等化三尺度，在各尺度都追求一定范围内为居民提供基本的公共文化、教育、体育、医疗卫生和社会福利等服务且不以营利为目的公益性公共设施，但是三者实现路径差异巨大：区域尺度均等化依赖于国家财政转移支付；城乡尺度均等化依赖于公共服务规划从建成区走向市/县全域；人群尺度均等化必须统筹城市职住均衡及公共资源配置理念，从人口密度依赖的效率优先原则转向空间正义下的各阶层可达性均衡，才能实现公共服务均等化（表 1-3-1）。

表 1-3-1　均等化的尺度意义

尺度	核心	意义
区域	实现区域均衡发展，协同发展	优化财政体制建设，加大对欠发达地区公共服务的支持力度，出台相关政策优惠，鼓励发达地区开展定向援助和对口帮扶，建立起区域规模化的基本公共服务体系
城乡	破解城乡二元结构，缩小城乡差距	加强城乡基本公共服务规划，平衡城乡基本公共服务供给，在保障城市公共服务供给的基础上加大对农村公共服务的投入，以促进城乡一体化进程
人群	注重以人为本，保障人权	消除身份传统代理的影响，加强对弱势群体的基本保障，健全流动人口基本公共服务制度，促使公共服务的提供与人口流动相适应

① 何继新，李露露.城市社区公共服务智慧化供给功能价值意蕴与建设模式设计[J].海南大学学报（人文社会科学版），2019(4)：56-64.

② 李琦，刘纯波，李斌.城市突发公共卫生事件应急指挥系统空间数据模型设计[J].计算机工程与应用，2004(1)：1-6.

③ 蔡春红.完善财政转移支付制度的政策建议[J].中国行政管理，2008(4)：78-81.

均等化注重缩小差距,而非绝对意义"平均"。中国城市公共服务主要由政府提供,既方便居民以较低成本使用公共产品[1],又有利于集聚企业推动经济发展和创造就业岗位。城市内部公共服务均等化以人群均等为主,国外主要关注公共产品及其管理改革理论[2],国内侧重探讨公共服务均等化的界定[3][4]、度量方法与实现途径以及与经济协调[5][6]等,宏观区域均等化主要探究省际、城市群际、省内城际公共服务差异。李敏纳分析 1990 年以来中国社会性公共服务的空间分异及人口向东部地区迁移影响[7];张建清测度长江中游城市群基本公共服务均等化水平,提出公共服务标准、区际合作、城市群发育等对基本公共服务均等化的影响[8];刘春涛探讨实施城市级别与辽宁省基本公共服务均等化水平的关系等[9],区域尺度公共服务均等化研究表明其地区间存在显著的不均衡现象。城乡之间、社会阶层之间的公共服务均等化研究较少。总体而言,基本公共服务均等化多尺度研究日益重视社区/街区及其不同阶层感知研究,但是未能重视尺度升降情景下推进公共服务均等化的技术、财政运营与维护逻辑关系与实践困厄等严重制约均等化实现的关键理论难题。

(三)城乡公共服务设施配置研究

公共服务设施是城市公共服务的物质载体,公共服务设施的空间配置直接决定城乡公共服务的空间正义与空间供给模式,强调政府的基础服务性职能。公共服务设施供给是产业集聚与城市各类开发区转型产城融合的核心动力之一,其完善度有助于带动地区更新[10]。2020 年初,面对新冠疫情,叶斌提

---

① 马海涛,程岚,秦强.论我国城乡基本公共服务均等化[J].财经科学,2008(12):96-104.

② 刘德吉.国内外公共服务均等化问题研究综述[J].上海行政学院学报,2009(6):100-108.

③ 罗震东,韦江绿,张京祥.城乡基本公共服务设施均等化发展的界定、特征与途径[J].现代城市研究,2011(7):7-13.

④ 罗震东,韦江绿,张京祥.城乡基本公共服务设施均等化发展特征分析[J].城市发展研究,2010(12):36-42.

⑤ 张晓杰.新型城镇化与基本公共服务均等化的政策协同效应研究[J].经济与管理,2013(11):5-12.

⑥ 韩川.城镇化与城乡公共服务均等化关系研究[J].经济问题探索,2016(7):79-84.

⑦ 李敏纳,覃成林.中国社会性公共服务空间分异研究[J].人文地理,2010(1):26-30.

⑧ 刘春涛,韩增林,彭飞,等.辽宁省基本公共服务均等化水平时空格局研究[J].地域研究与开发,2016(3):28-32.

⑨ 冯骁,牛叔文,李景满.我国市域基本公共服务均等化的空间演变与影响因素[J].兰州大学学报(社会科学版),2014(2):86-93.

⑩ 王青.以大型公共设施为导向的城市新区开发模式探讨[J].现代城市研究,2008(11):47-53.

出城市基础设施保障是应对城市公共卫生事件的重要前提,应强化城市基础设施体系的网络化。城市公共服务设施以建成区为主,但必须解决城乡一体化进程中城乡接合部与市辖区乡镇公共服务设施建设,保障行政市的乡村居民需求。公共服务设施提供主体包括政府、社会力量等,如何处理公益性与市场(特许)经营边界成为制约中国城乡公共服务设施建设与运维的核心问题。政府公共服务设施供给者职能转变,是确保公共服务设施均等化前提,医疗、教育、公共文化等公共服务设施应积极突破以人口集聚密度为标准设置原则,推进全域均等化完成公共设施空间均衡配置①。

城市公共服务设施单一或若干类的承载力、布局②、基于供给模式的均等化③等研究,提出结构—能动性互动机制,注重人本主义、制度、市场/社会因素三者互动影响公共服务设施布局与供给。如高军波分析城市内部公共服务设施空间合理性与供给的可达性差异④,田艳平探究基本公共服务对就业促进作用及可能加剧就业质量的空间不平衡⑤。城市公共服务设施空间均衡是公共服务可达性空间正义的直接性体现,合理城乡公共服务设施布局有利于区域公共服务均等化,可促进城市可持续发展。

(四)城市公共服务建设与运维的财政研究

基本公共服务供给主体由政府、市场、社会组成,运行关键在于各类主体持续的资本有效配置支持基本公共服务设施建设与运维,显然不同地方相关主体的数量、结构、质量等均存在差异,这就依赖于一国中央政府对省际、省政府对城际的持续财政转移(补贴),因此研究公共服务设施建设与运维一直重视其公共财政支出与补贴结构。2016 年 8 月,国务院印发《关于推进中央与地方财政事权和支出责任划分改革的指导意见》划定了公共服务的受益范围和负责权,虽由中央直接行使,也保障了地方的财政事权履行,减少并规范中央与地方共同财政事权,坚持基本公共服务的普惠性、保基本、均等化方向,明

① 胡畔,张建召.基本公共服务设施研究进展与理论框架初构[J].城市规划,2012(12):84-90.

② 陈伟东,张大维.中国城市社区公共服务设施配置现状与规划实施研究[J].人文地理,2007(5):29-33.

③ 周春山,高军波.转型期中国城市公共服务设施供给模式及其形成机制研究[J].地理科学,2011(3):272-279.

④ 高军波,韩勇,喻超,等.个体行为视角下中小城市居民就医空间及社会分异研究[J].人文地理,2018(6):28-34.

⑤ 田艳平,冯国帅.城市公共服务对就业质量影响的空间差异[J].城市发展研究,2019(12):122-129.

确不同类型公共服务的承担主体职责(表1-3-2)。

表 1-3-2　不同层级政府财政事权和支出责任划分

层级	责任	负责范围	主要内容
中央	财政事权由中央决定	保障国家安全、维护祖国统一,受益范围覆盖全国的公共服务	国防、外交、国家安全、出入境管理、国防公路、国界河湖治理、全国性重大传染病防治、全国性大通道、全国性战略性自然资源使用和保护等
地方	中央授权范围内履行财政事权的责任	地区性公共服务,受益范围地域性强、信息较为复杂且主要与当地居民密切相关	社会治安、市政交通、农村公路、城乡社区事务等
共同承担	各级政府承担职责	具有地域管理信息优势的跨省(区、市)的公共服务	义务教育、高等教育、科技研发、公共文化、基本养老保险、基本医疗和公共卫生、城乡居民基本医疗保险、就业、粮食安全、跨省(区、市)重大基础设施项目建设、环境保护与治理等

资料来源:国务院.关于推进中央与地方财政事权和支出责任划分改革的指导意见(国发〔2016〕49号).http://www.gov.cn/zhengce/content/2016-08-24/content_5101963.htm[2016-08-24发布,2020-03-10进入]

合理划分中央与地方财政事权和支出责任,是政府有效提供基本公共服务的前提和保障,也是推动国家治理体系和治理能力现代化的客观需要[1]。受中国不同地域财政收入差距巨大制约,为推进各地公共服务均等化,中央政府实行财政转移支付进程根据不同地方公共服务需求产生了差别化财政激励机制[2]。受各地公共服务设施差距较大影响,财政转移支付难以短时间内实现其均衡发展。杨宏山提出基于公共服务视角建立良好的财政资金筹集机制解决高品质的公共服务体系投入[3],张序梳理新中国成立70年来公共服务财

---

[1]　傅志华,赵福昌,李成威,等.地方事权与支出责任划分的改革进程与问题分析[J].财政科学,2018(3):17-28.

[2]　郭庆旺,贾俊雪.中央财政转移支付与地方公共服务提供[J].世界经济,2008(9):74-84.

[3]　杨宏山.澄清城乡治理的认知误区[J].探索与争鸣,2016(6):47-50.

政支出变迁历程提出优化财政支出结构建设公共服务型政府①；扩大市场与社会资本投入公共设施建设是第二条路径，基于引入民间资本利用市场机制扩大公共服务可用资金来源以完善城市公共服务体系②，涉及财政与人口迁移关系③、供给侧结构性改革④、公众满意度⑤等。当然，也面临"汶川地震""SARS""COVID-19"此类突发公共事件需要临时性政策，解决灾害发生地的支出责任承担问题。因此，必须进一步明确属于上级事权但需要下级承担支出责任的理由和标准。

（五）城市公共服务的公众感知满意度研究

公众感知满意度能够较为准确地反映公共服务设施的质量，是城市公共服务使用者的主观反应。公共服务公众满意度研究聚焦满意度影响因素及其测量，普遍认为公众满意度影响因素包括客观和主观两类因素，如龚佳颖调查上海市不同区居民发现公共服务满意度影响因素中主观较客观因素作用强⑥；公众满意度会影响公共服务体系改进，如政府公信力⑦、民主参与度⑧等对公共服务的影响。重视调查与城市单要素公共服务满意度，涵盖公共卫生⑨、社会保障⑩、交通⑪等，倾向个人需求偏好和个体特征解释公共服务满意度主观因素，容易忽略客观条件。公共服务满意度调查数据多源于研究者自行调查获得，也可借用中国社会调查数据（CGSS）、2012 连氏"中国城市公共

① 张序,王娅,刘米阳.新中国 70 年公共服务财政支出的变迁[J].邓小平研究,2019(6):82-94.
② 陈树强.增权:社会工作理论与实践的新视角[J].社会学研究,2003(5):70-83.
③ 何文举,刘慧玲,颜建军.基本公共服务支出、收入水平与城市人口迁移关系[J].经济地理,2018(12):50-59.
④ 李辉,曹雨婷.城市公共服务供给侧改革需要解决的重点问题[J].中国机构改革与管理,2018(10):23-25.
⑤ 王永莉,梁城城,王吉祥.财政透明度、财政分权与公共服务满意度[J].现代财经(天津财经大学学报),2016(1):43-55.
⑥ 龚佳颖,钟杨.公共服务满意度及其影响因素研究[J].行政论坛,2017(1):85-91.
⑦ 何奇兵.公共服务质量对政府公信力影响的实证研究[J].社科纵横,2019(12):54-58.
⑧ 官永彬.民主与民生:民主参与影响公共服务满意度的实证研究[J].中国经济问题,2015(2):26-37.
⑨ 陈东明,王彦杰,田庆丰.河南省城乡居民基本公共卫生服务利用现状及满意度调查分析[J].中国公共卫生,2019(12):1-4.
⑩ 周林刚.残疾人社会保障体系与公共服务体系建设研究[J].中国人口科学,2011(2):93-101.
⑪ 季珏,高晓路.北京城区公共交通满意度模型与空间结构评价[J].地理学报,2009(12):1477-1487.

服务质量调查"[1]。城市公共服务满意度研究方法紧密结合地理信息技术与社会学质性研究,普遍采用李克特量表、十分制、结构方程模型、因子分析、二元离散选择模型、多层线性模型等量化问卷属性数据,甄别城市公共服务满意度多主观因素。

(六)中国城市公共服务研究理论标靶演化与缺憾

中国城市公共服务研究早期聚焦于民众基本需求与城市发展劳动力集聚关系,涌现公共服务均等化实现路径[2]、城际公共服务质量及主要要素分布格局刻画[3],随后转向中观城市内部公共服务需求,尤其关注外来劳动力较密集的老城区改造、高质量城镇化等特殊需求[4];重视区际人口迁移与公共服务财政体系、城乡公共服务规划标准、城市公共设施配置与居民社会感知等领域,更加注重财政支付体系央地、府际转移促推公共服务均等化和使用者主体行为选择[5]。其中,公共服务均等化在广州、深圳、重庆、天津、武汉、成都等城市规划编制管理地方技术规范实践中有深入探索,明确将交通、市政等公共设施作为地方规划技术规范核心要素进行纵深探索[6]。显然迫切需要推进如下研究领域:(1)如何根据中国省际发展差距、城市群城乡发展不均衡、城市内部新旧城区居民需求落差等公共服务问题类型区,利用CCG模型(图1-3-2)[7]衡量政策优先事项一致性,模拟政府为实现公共服务均等化和缩小不同尺度系列发展目标进行资源配置的政策情景,继而生成公共资源配置的政策优先次序,将公共资源转换为公共服务政策,实现公共服务政策的制定与分配权贯通利益相关者事件链、激励与反馈路径,达到公共服务的供给资源分配、使用者感知与全流程监督的有效统一。

(2)公共服务研究虽然以城市内部为核心区,但与其他尺度存在密切关联。政府财政体系如何围绕财政事权和支出责任改革,统筹公共服务财政分

① Ma Renfeng ,Wang Tengfei, Zhang Wenzhong, et al. Overview and progress of Chinese geographical human settlement research[J]. Journal of Geographical Science,2016(8):1159-1175.

② 江明融.公共服务均等化论略[J].中南财经政法大学学报,2006(3):43-47.

③ 马慧强,韩增林,江海旭.我国基本公共服务空间差异格局与质量特征分析[J].经济地理,2011(2):212-217.

④ 袁奇峰,马晓亚.保障性住区的公共服务设施供给[J].城市规划,2012(2):24-30.

⑤ 吉富星,鲍曙光.中国式财政分权、转移支付体系与基本公共服务均等化[J].中国软科学,2019(12):170-177.

⑥ 陈敦鹏,李蓓蓓,郑振兴.地方城市规划技术规范比较与思考[J].规划师,2018(8):161-165.

⑦ Omar A. Guerrero, Gonzalo Casta? eda. Quantifying the Coherence of DevelopmentPolicy Priorities[J]. Development Policy Review,2021(39):155-180.

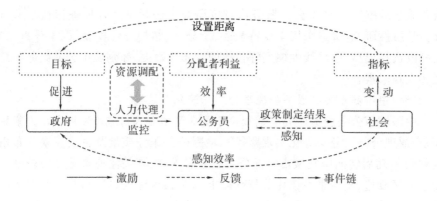

图 1-3-2 CCG 模式的基本作用机制

权治理体系,全面推进不同尺度公共服务均等化建设;衡量公共服务完善与否需要建立客观的公共设施配置技术体系与居民满意度评估模型;公共服务设施配置的空间公平与空间效率需如何考量城市化阶段与城市化地区内部空间失衡状态(图 1-3-3)。以新冠疫情为代表的公共卫生安全事件,系统冲击现有城市公共服务设施空间配置标准与公共服务管理水平,暴露出城市公共服务的诸多弊端[①]。如何满足公共卫生安全在内的各类突发事件时期公共服务需求,在当代社会人口、信息、经济等高频交互情景中成为城市与区域的国土空间规划理念、技术、建设、管理等环节新挑战。

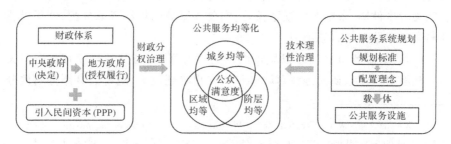

图 1-3-3 城市公共服务研究前沿及其作用逻辑

---

① 杨俊宴,史北祥,史宜,等.高密度城市的多尺度空间防疫体系建构思考[J].城市规划,2020(3):17-24.

三、响应突发公共卫生事件的城市公共服务研究架构

（一）城市的主体性、尺度性与治理性

城市发展进程，需考虑社会阶层结构及其职住分离规律，以公共权力、市场能力为基础建构覆盖全部阶层结构及其演变趋势的公共服务体系。首先，需要考量城市演化涵盖自然人（包括本地居民、外来务工者、外来游客等）、法人（本地企业、跨国公司、国内其他地方企业）、各层级政府组织与各类非政府组织（Non-Governmental Organizations，NGO）等类型城市主体[①]。其次，考虑到中国现行行政城市边界管辖地域包括"中心城区、县城、农村"等类型，公共服务理应解决宏观市域县际、中观城乡、微观城区内部等多个尺度[②]。第三，市域城区是统筹全市及毗连周边地区中心地[③]，中观城乡主要解决县级行政单元内镇区与乡村公共服务设施的居民可达性均等化，微观城区应解决距地级市政府不同通勤时间的街道及其社区公共服务综合保障的邻里模式与空间正义。社区是基于邻里关系建立的固定地域范围社会共同体，是城市运行的最基础单元，社区治理是城市治理基础性工程[④]。为此，社区公共服务必须兼顾公益性设施与经营性设施，亟待提升邻里中心规划、建设和运营的效率和公平。受不同尺度影响，公共服务治理内容与核心要素存在差异（表 1-3-3），中国城市公共服务治理应逐步实现由政府主导转向政府、社区与商业资本合作建设与运营，逐步形成适应"小概率—大代价"的疫情与灾害发生需求的城市公共服务"防—适—用"响应机制[⑤]。

①　薛领，杨开忠.城市演化的多主体（multi-agent）模型研究[J].系统工程理论与实践，2003 (12)：1-9.

②　刘志丹，张纯，宋彦.促进城市的可持续发展：多维度、多尺度的城市形态研究[J].国际城市规划，2012（2）：47-53.

③　张丽梅，王亚平.公众参与在中国城市规划中的实践探索[J].上海交通大学学报（哲学社会科学版），2019（6）：126-136.

④　马爽，龙瀛.中国城市实体地域识别：社区尺度的探索[J].城市与区域规划研究，2019（1）：37-50.

⑤　钱振澜，王竹，裘知，等.城乡"安全健康单元"营建体系与应对策略[J].城市规划，2020（3）：1-6.

表 1-3-3　不同尺度下城市公共服务治理的内容与要素

尺度	治理要求	聚焦要素
市域县际	财政运作为市域不同县市区提供均等化公共服务,集中为市域及毗连地区提供高质量公共服务共享或援助	市域高层次与应急体系公共服务建设,保障市域不同县市区公共财政等
县域镇/村	作为国家基本行政单元,统筹保障县域各镇与乡村公共服务,按需争取上级财政转移支付和提升县域公共服务规划、建设与运维的技术水平,提升应急的空间均衡	县域城乡公共服务的均衡和应急通道网络与生活生产物资保障等
中心城区街道及其社区	执行国家和市政府各项公共服务设施运维及其应急体系要求,依法统筹上级各类资源服务社区各阶层居民公共服务及应急需求	街道与社区要以人为本解决平时与战时社区各阶层居民健康生活的基本公共保障

（二）城市主体、尺度与治理诉求的公共卫生安全基线

安全需求是人类第二大生存需求,城乡规划应将公共安全归为公共品建设予以保障城乡居民与临时栖居市域外来者,这就要求城市在发生重大突发事件时能够综合各种应急服务资源,联合行动为市民提供相应的紧急救援服务,化解城市公共安全困厄。威胁城市公共安全因素主要包括自然、人为和复合三因素,城市规划需要考量如何编制高标准的防灾减灾规划[①]。西方国家城市将交通、通信、急救、电力、水利、地震、治安、市政管理等政府公共服务纳入统一指挥调度系统,进行统一指挥调配资源,为城市公共应急提供强有力保障。中国城市公共安全实践尚处于起步阶段[②],2018 年 3 月国家设立应急管理机构主要负责公共应急[③]、防灾减灾[④]等。城市公共卫生突发事件应急处理由国家卫生健康主管机构牵头处理,政府公共服务应对突发公共卫生事件总体侧重于政府救灾力量,较少重视社区自身应急效用。城市的主体性、尺度性与治理性要求政府在解决突发公共卫生事件过程实现:(1)公共卫生安全应急

---

① 董晓峰,王莉,游志远,等. 城市公共安全研究综述[J]. 城市问题,2007(11):71-75.
② Whitzman C,严宁. 为多伦多创造更安全的空间[J]. 国外城市规划,2005(2):58-61.
③ 申霞. 我国应急管理的四大转变[J]. 人民论坛,2020(4):64-65.
④ 王晶. 国内外城市安全防灾规划和管理体系研究综述[J]. 中华建设,2019(2):110-111.

首要任务是解决城市主体需求结构化与空间公平,由此需要改进和完善城市公共安全赖以运转的公共服务治理体系,改革公共服务供给侧,统筹属地政府主导、居民自救与国内外援助等途径处置公共安全突发事件效能;(2)公共安全应急是建立在城市公共服务设施配置的空间尺度逻辑上,如何统筹应急情景下不同阶层抵御大灾的公共服务需求空间公平和政府公共服务协同供给联控灾情,必须考虑城市生产与生活空间错位[①]、交通网络体系等宏观因素对主体影响差异性,必须解决社区层面快速得到分级分类的应急公共服务。因此城市公共服务响应突发公共卫生事件时自然延展成三维立体空间,亦即平战结合的分级分类公共服务应急保障体系必须适应主体需求的阶层特征与时空动态,适应过程会涌现三维时空耦合的最佳状态,会出现公共服务体系应急时空阈值范围,由此形成城市公共服务响应突发公共卫生事件的基线(表 1-3-4)。

表 1-3-4　不同尺度下城市公共服务响应突发公共卫生安全事件的基线

尺度	需求	基线
街道及社区	保障居民人身安全和基本生活	提升基于邻里的公共设施配置、开放式街区无人化有效管理技术,增强居民自我应急能力
县域镇/村	落实协同联防联控工作	建立基于行政村为单元的应急责任体系,统筹应急物资供给与分配,协调居民基本生活保障
市域县际	确保城市正常运转,统筹辖区应急物资供给	公共服务应急突发事件的预案与机制建设,注重建设城市防疫设施、水—食物—能源—大气等生命线系统、智能化疫病监控预警,合理有序地争取资源跨区域调配,提升城市应急能力

(三)城市公共服务响应突发公共卫生事件的方向与重点

影响城市安全主要因素具体包括但不限于地震、火灾、洪灾、气象灾害、地质破坏、环境灾害、生物灾害、噪声灾害、爆炸/工程事故、流行疾病等。城市是高密度人口空间且具有高流动性,灾害发生过程极易在城市中快速蔓延,造成负面影响较大。在突发灾害时如何有序地统筹城市内部各项公共服务职能,快速控制灾害蔓延态势,是城市公共服务面临的最大不确定性和迫切挑战。如,引入韧性概念,根据城市尺度探索不同尺度城市公共服务设施建设的应急

---

① 刘志林,王茂军,柴彦威.空间错位理论研究进展与方法论评述[J].人文地理,2010(1):1-6.

策略①,成为城市公共安全服务的空间规划趋势,其中尤其重视如何以社区为基本单元实施相关应急硬件与软件建设。

然而中国城市公共服务响应探究较少,多侧重公共安全应急管理体系的技术支撑②、管理机制③,模拟灾害情景应急响应能力④,以及多因素评估城市各尺度的安全性和干预措施(如犯罪率、交通安全认知等)⑤领域研究;当然逐步扩展到不同层面治理技术标准,如将医疗设施分为应急设施与非应急设施两类,涵盖专业服务设施、血库、护理中心、救护站急救中心等⑥。特别是2003年"非典"疫情发生后,中国开始城市应急管理研究,对全国及区域突发公共卫生监测与风险评估增多,同时注意到突发事件的物资储备机制⑦、相关医务人员对应能力培养等。"非典"后中国逐渐建立起了分类管理、分级负责、条块结合、属地为主的应急管理体制,城市突发事件响应主要为政府主导型、升级应急指挥系统协同参与型、整合公安—医疗—消防三合一应急型。无论是哪一类突发事件应急响应体系,都面临应急管理的事权、财权、地方主动权、地方公共服务设施与运维能力的相统一困境。因此,基于邻里社区逐步建设以社区作为基本行动单元的城市公共服务响应突发事件应急体系,完善邻里社区基本生活保障的食物系统、能源系统、医疗系统、文教休闲系统和内外信息沟通及物流系统,是增强社区稳定的核心公共服务供给。可以参照医养结合的新加坡模式探索适合中国各类型城市的公共服务韧性营造技术与管理体系,为城市突发公共卫生事件提供弹性的应急救助空间。

---

① 杨敏行,黄波,崔翀,等.基于韧性城市理论的灾害防治研究回顾与展望[J].城市规划学刊,2016(1):48-55.

② 徐志胜,冯凯,徐亮,等.基于GIS的城市公共安全应急决策支持系统的研究[J].安全与环境学报,2004(6):82-85.

③ 王凯,岳国赭.智慧社区公共服务精准响应平台的理论逻辑、构建思路和运作机制[J].电子政务,2019(6):91-99.

④ 殷杰,许世远,经雅梦,等.基于洪涝情景模拟的城市公共服务灾害应急响应空间可达性评价[J].地理学报,2018(9):1737-1747.

⑤ Frerichs L, Smith N R, Lich K H, et al. A scoping review of simulation modeling in built environmentand physicalactivity research: Current status, gaps, and future directions for improvingtranslation[J]. Health & Place,2019(57):122-130.

⑥ Ahmadi-Javid A,Seyedi P, Syam S S. A survey of healthcare facility location[J]. Computers & Operations Research,2017(79):223-263.

⑦ 齐美然,郭子雪.京津冀一体化背景下完善河北省应急物资储备体系的对策[J].井冈山大学学报(社会科学版),2015(4):79-82.

四、展望

中国城市公共服务研究鲜见公共服务均等化与不同尺度系列发展目标综合考量下公共资源有效配置和供给治理，尤其是未能关注平战结合的城市公共服务供给体系。中国城市高质量发展亟待通过强化城市防灾减灾、优化公共服务设施空间配置等方面，提升城市公共服务体系韧性，尤其是确保公共物品功能供给的韧性化。考虑到不同尺度、不同群体的需求，探索适合中国各类城市公共服务韧性营造技术与管理体系，必须系统考量城市作为集物质、生态和社会等系统于一体的多态系统，抓住城市演化的动态平衡、冗余缓冲和自我修复等特性，推进城市公共服务规划设计技术标准、施工质量、建成运维监管等环节嵌入日常保障和风险预估应急方案之中，尤应整合不同尺度、不同主体、不同治理模式情景下公共服务协同联防联控水平促进优质城市公共服务由城市中心向外围辐射。

第二章　城市群人居环境研究论争

第一节　地理学视角人居环境研究动向与借鉴

一、地理学视角人居环境研究回顾文献计量

梳理中国地理学界《地理学报》《地理研究》《地理科学》《地理科学进展》《人文地理》《经济地理》《世界地理研究》《中国人口·资源与环境》等 16 种学术期刊,截至 2021 年 12 月 31 日刊发了"主题＝人居环境"的学术论文 300 余篇,约占同期中国知网中文核心期刊(收录 1970 个期刊)刊发"主题＝人居环境"论文数的 9.20%。

对检索结果中每篇文献所在的地区、机构、作者、关键词、被引频次等字段存为文档,利用 Thomson Data Analyzer 和 Excel 统计软件进行统计分析。首先,利用文献统计回溯既有研究的数量、增长变化,揭示其基本特点;其次,利用文献分析法,对地理学相关期刊刊发的人居环境研究文献在不同时段论文发表量变化,不同机构和作者的发文量、被引频次等;第三,判识核心作者群,主要采用普赖斯提出的确定核心作者计算公式: $M=0.749(N_{max})^{0.5}$,式中 M 为论文数, N_{max} 为所统计时段最高产的作者论文数,只有那些发表论文数在 M 篇以上的人才可称之为核心作者[①]。

国内相关实证研究,从检索 180 篇期刊论文的关键词出现频率而言:地级市及其以上大区域研究最受关注,如"中国省级单元""中国东北地区""中国优秀宜居城市"等共计出现 18 次;其次是辽宁大连和江苏南京及其周边,出现 12 次;再次是北京、湖北江汉平原城市、广州出现 9 次,但北京主要关注中心

---

① 丁学东.文献计量学基础[M].北京:北京大学出版社,1993.

城区,而湖北江汉平原城市则以县级市域为主;第四是长沙、乌鲁木齐、昆明、西安、银川等省会城市,出现4次以上。研究的焦点词汇多集中在"人居环境评价、人居环境自然适宜性、人口功能分区、城市人居环境优化"等,最常用的实证方法主要包括①层次分析(AHP)、主成分分析(PCA)、德尔菲法(Delphi)用于遴选人居环境评价的指标体系和确定各指标权重,②信息熵指数、变差指数和协调指、经济与环境协调度模型等用于测定人居环境与经济、社会等的协调度评判,③依托面板数据采样模糊数学、多目标线性加权、逻辑回归、GA-BP、综合比较法等方法评价人居环境时间序列综合水平,④采用GIS空间分析或聚类分析和截面数据的综合量化,评判省际、市际、县/区际的人居环境空间差异。这表明以重点城市的定量实证研究已成为当前研究主流,然缺乏系统的理论探索,未能将规划实践与人居环境演化规律及调控理论研究结合,而这正是国内函待强化的领域(图2-1-1)。

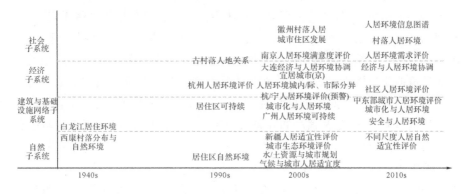

图2-1-1　中国地理学期刊呈现的人居环境研究议题

二、主要领域的研究动态

(一)人居环境自然适宜性研究

1. 人居环境自然适宜性及构成要素

人居环境自然适宜性是包括气候、地形、水土资源、大气与地表覆被、自然灾害等在内的自然环境组合特征及其适宜人类集中居住的程度。自然适宜性是相对大规模的人类群居形成村落或城镇而言,对于城镇内部而言,受现代人工技术对地表的高强度改造,自然环境均质化程度较高,多以基础设施网络、现代建筑等主导。因此,人居环境自然适宜性研究在全球、国家或省级层面可指导城市或村镇选址以及人口集聚规模,具有重要理论与现实价值;而在城市内部人居环境自然适宜性探索已然不是理论关注重点。

影响人居环境的自然因素众多,但最为根本且决定着其他自然因素、对人居环境自然适宜性起主导作用的,主要包括地形条件、水热气候条件和水文状况、区域土地利用/覆盖特征、自然灾害等[1][2],因此,人居环境自然适宜性由地形起伏度、土地利用/覆盖状况、水文条件、气候条件与自然灾害危险度等组成。

2. 人居环境自然适宜性研究领域

自然环境是人居环境形成与发展的本底,近年国内外日益重视地形、土壤、气象气候、水环境、大气环境、声环境等要素对人居环境的影响与作用[3]。人居环境自然适宜性研究,主要是利用 GIS 系统分析区域自然地理单要素对人居环境自然适宜性的影响度,探求主导因素的过程。主要集中在:(1)气候对人居环境影响,气候作为人居环境系统中最为密切且直接的自然要素,是学界评判区域适宜居住性的重要因素之一。如针对贵州省、中国乡村、昆明、中国 35 个城市、楚雄等城市/省/公里网格的实证[4][5][6][7][8],既印证了气候是区域人居环境的重要因素,又发现:①中国人居环境的气候适宜性整体呈由东南沿海向西北内陆,由高原、山地向丘陵、平原递减的趋势;②中国人居环境气候舒适期地域差异显著,最高值分布在东南丘陵和云贵高原东南部,而青藏高原和天山山地等高寒地区为全年气候不舒适区。(2)采用多个自然地理要素基于 GIS 栅格数据综合评判区域人居环境自然适宜性与限制性,如针对云南、内蒙古、陕西、关中—天水、新疆南部、重庆万州、贵州遵义及全国的研究表明我国

---

① 封志明,唐焰,杨艳昭.基于 GIS 的中国人居环境指数模型的建立与应用[J].地理学报,2008,63(12):1327-1336.

② 张文忠,谌丽,杨翌朝.人居环境演变研究进展[J].地理科学进展,2013,32(5):710-721.

③ 封志明,唐焰,杨艳昭.中国地形起伏度及其与人口分布的相关性[J].地理学报,2007,62(10):1073-1082.

④ 张剑光,冯云飞.贵州省气候宜人性评价探讨[J].旅游学刊,1991,6(3):50-53.

⑤ 刘沛林.中国乡村人居环境的气候舒适度研究[J].衡阳师专学报(自然科学),1999,20(3):51-54.

⑥ 李雪铭,刘敬华.我国主要城市人居环境适宜居住的气候适因子综合评价[J].经济地理,2003,23(5):656-660.

⑦ 唐焰,封志明,杨艳昭.基于栅格尺度的中国人居环境气候适宜性评价[J].资源科学,2008,30(5):648-653.

⑧ 何萍,李宏波.楚雄市人居气象指数分析[J].云南地理环境研究,2008,20(3):114-117.

人居环境自然适宜性受地形起伏度、温湿指数、水文指数和地被指数综合作用,而且在山区或丘陵地区海拔与坡度及其决定的水资源、耕地资源便成为人居环境自然适宜性主导因素[①②];而在平原地区或高原盆地受水环境、气候条件主导[③]。(3)人居环境自然适宜性评价成为人口分布及其优化的重要前提,国家人口计生委于 2006 年资助了中科院地理所封志明团队进行该项研究,研究发现中国人口分布与人居环境自然适宜性指数呈高度正相关[④⑤]。然而在城市内部人居环境评价中,受人工改造影响,城市内人居环境自然适宜性主要考虑绿化、水文、大气等因素影响,但受数据限制当前城市内部人居环境评价较少考虑自然要素影响。

3. 人居环境自然适宜性研究方法体系构建

人居环境自然适宜性评价方法,多采用栅格数据,如基于 30m×30m、100m×100m、1km×1km 栅格综合加权叠加地形条件(海拔高度、相对高度)、气候条件(年均气温、相对湿度)、水文条件(年均降水、水域比重)、土地覆被(利用类型、NDVI)、自然灾害(地震、滑坡、泥石流等等)[⑥⑦]。如图 2-1-2 所示人居环境自然适宜性研究技术路线,主要包括确定主要影响因素并构建栅格数据库、遴选单要素的集成测度方法与数据源、构建人居环境自然适宜性指数模型、确定类型分区阈值及各类区提升模式等。

人居环境自然适宜性测度中,合适栅格网单元选择、主导因素赋权等成为构建模型的技术难题,当前研究通常采用因子分析、层次分析,以及专家评估等方法完成上述两重要环节,仍存在一些问题,如气候、水文等会因地带性而呈现显著地区域分异,如何统筹大区域参数阈值与小区域的相关阈值亟待解决等。

---

①　沈兵明,金艳.基于 GIS 的山地人居环境自然要素综合评价[J].经济地理,2006,26(s):305-311.

②　张东海,任志远,刘焱序.基于人居自然适宜性的黄土高原地区人口空间分布格局分析[J].经济地理,2012,32(11):13-19.

③　杨艳昭,封志明.内蒙古人口发展功能分区研究[J].干旱区资源与环境,2009,23(10):1-7.

④　刘睿文,封志明,杨艳昭.基于人口集聚度的中国人口集疏格局[J].地理科学进展,2010,29(10):1171-1177.

⑤　Feng Z, Yang Y. A gis-based study on sustainable human settlements functional division in China[J]. Journal of Resources and Ecology, 2010,1(4): 331-338.

⑥　封志明,唐焰,杨艳昭.基于 GIS 的中国人居环境指数模型的建立与应用[J].地理学报,2008,63(12):1327-1336.

⑦　闵婕,刘春霞,李月臣.基于 GIS 技术的万州区人居环境自然适宜性[J].长江流域资源与环境,2012,21(8):1006-1012.

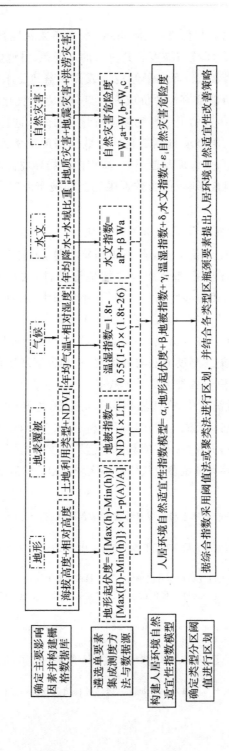

图2-1-2 人居环境自然适宜性研究方法

资料来源：综合参考文献封志明等（2008）和闵婕等（2012）绘制，图中相关符号含义见该参考文献

(二)人居环境综合评价探究

1. 人居环境综合评价及其范式

人居环境综合评价,是针对区域人居环境可持续发展或区域主体的人居环境需求等目标,部分综合或全面综合刻画区域人居环境的状态及其发展趋势。评价过程因评价目的、评价内容和评价手段等差异存在如图 2-1-3 的 2 种范式:(1)区域人居环境状态纵向综合刻画或测度,这种刻画或测度主要目的是评判区域人居环境的可持续态势或当地居民人居环境需求演进态势,主要采用经济、社会、环境等统计数据以及大规模的问卷调查数据,进行综合量化评估[1][2];(2)区域人居环境状态横向比较或主要问题揭示,该评价主要目的是寻找地方在大区域内的人居环境竞争优劣势,探索区域人居环境快速提升的主要矛盾及破解之道,多采用经济社会与环境统计数据进行某一年或等距

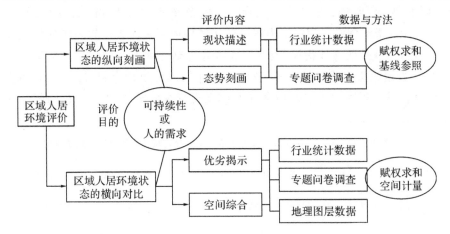

图 2-1-3 人居环境综合评价范式

① 叶长盛,董玉祥. 广州市人居环境可持续发展水平综合评价[J]. 热带地理,2003,23(1):59-61.

② 张文忠,尹卫红,张锦秋,等. 中国宜居城市研究报告[M]. 北京:社会科学文献出版社,2006.

间隔 3 个年份的空间分异评估①②③④。当然少数地理学者尝试将时空维综合评价区域人居环境时空演进与分异趋势。两种范式的数据源自行业统计、专题调查,及少量的抽样微观行为数据等;综合评价方法多采用满意度/幸福指数、指标加权求和等量化方法。

2. 区域人居环境评价的领域

中国区域人居环境评价,多选择城市或乡村这两类区域作为研究对象,对于城乡接 40 合地区研究较少⑤。地理学研究人居环境最密切的学科是聚落地理,而传统的聚落地理重点研究城市或乡村,因此城市人居环境与乡村人居环境的评价、发育度空间分异、规划建设便成为地理学关注的热点与焦点⑥⑦。

城市人居环境评价指评价城市内部的人居环境发展水平、空间差异及其影响因素等。目前国内研究热点城市有大连、北京、广州、上海、杭州、南京、厦门、呼和浩特、西安、厦门等大城市⑧⑨,以及个别中小城市,如丹东、衡阳等⑩⑪;评价指标体系采用包括人居硬环境的构成要素和人居软环境的构成要素及各自所囊括的具体指标,当然指标可分为刻画状态、反映趋势、衡量导向三类⑫,数据源是遥感影像解译、政府或行业组织的统计资料、研究者的调查访谈资料以及利用 GPS、Wi-Fi 等采集的微观行为数据等;指标数据的归一化

① 刘钦普,林振山,冯年华. 江苏城市人居环境空间差异定量评价研究[J]. 地域研究与开发,2005,24(5):30-33.

② 杨俊,李雪铭,李永化. 基于 DPSIRM 模型的社区人居环境安全空间分异[J]. 地理研究. 2012,31(1):135-143.

③ 李伯华,谭勇,刘沛林. 长株潭城市群人居环境空间差异性演变研究[J]. 云南地理环境研究,2011,23(3):13-19.

④ 李雪铭,晋培育. 中国城市人居环境质量特征与时空差异分析[J]. 地理科学,2012,32(5):521-529.

⑤ 祁新华,程煜,陈烈. 大城市边缘区人居环境系统演变的动力机制[J]. 经济地理,2008,25(5):794-798.

⑥ 李雪铭,李建宏. 地理学开展人居环境研究的现状及展望[J]. 辽宁师范大学学报(自然科学版),2010,33(1):112-117.

⑦ 张文忠,谌丽,杨翌朝. 人居环境演变研究进展[J]. 地理科学进展,2013,32(5):710-721.

⑧ 刘睿文,封志明,杨艳昭. 基于人口集聚度的中国人口集疏格局[J]. 地理科学进展,2010,29(10):1171-1177.

⑨ 李王鸣,叶信岳,孙于. 城市人居环境评价[J]. 经济地理,1999,19(2):38-43.

⑩ 李雪铭,李明. 基于体现人自我实现需要的中国主要城市人居环境评价分析[J]. 地理科学,2008,28(6):742-747.

⑪ 胡最,邓美容,刘沛林. 基于 GIS 的衡阳人居适宜度评价[J]. 热带地理,2011,31(2):211-215.

⑫ 张文忠,谌丽,杨翌朝. 人居环境演变研究进展[J]. 地理科学进展,2013,32(5):710-721.

和权重确定,通常采用 AHP、Delphi、DPSIR 及综合比较等方法,指标项的集成则多运用线性加权求和、模糊层次聚类以及 BP 等[①]。多个大城市的实证表明,中国城市人居环境总体趋好,其中人居硬环境要远优于软环境,居民的人居环境需求日益多元和趋高;同时,城市人居环境存在严重的空间失衡现象,如基础设施与公共服务供给中心城区远高于郊区,而地被与空气、社区文化与人际网络则郊区远优于城区[②];且经济发达城市的人居环境与欠发达地区人居环境也存在较大差别[③]。

中国地理学界乡村人居环境评价,主要关注古村落人居环境特征和新农村建设视角乡村人居环境改善策略。前者如对中国古村落、乌镇、徽州古村落的特征研究[④⑤],以及钟祥长寿村人居环境特征和欠发达地区转型村落人居环境满意度调查等[⑥⑦],京郊新农村试点村人居环境影响因素[⑧]和农民工对流出地人居环境的多维影响[⑨]。总体而言,地理学视角乡村人居环境评价关注乡村人居环境的本质、农业与人居环境关系以及农民需求等,评价方法与城市人居环境评价无显著差别,只是乡村人居环境的统计数据非常少,研究者只能通过问卷访谈获取第一手资料。

不同单元的人居环境对比研究是近年地理学界人居环境研究的重要趋向,主要关注重点城市间(省会城市、直辖市)、省域县际/地级/城际的人居环境对比[⑩⑪]。如分析中国 50 个城市宜居水平发现适宜人居城市至少在经济发

①　刘建国,张文忠.人居环境评价方法研究综述[J].城市发展研究,2014,21(6):46-52.

②　湛丽.城市内部居住环境的空间差异及形成机制研究[D].北京:中科院地理科学与资源研究所,2013.

③　李雪铭,晋培育.中国城市人居环境质量特征与时空差异分析[J].地理科学,2012,32(5):521-529.

④　刘沛林.古村落——独特的人居文化空间[J].人文地理,1998,13(1):35-38.

⑤　陆林,凌善金,焦华富.徽州古村落的演化过程及其机理[J].地理研究,2004,23(5):686-674.

⑥　马婧婧,曾菊新.中国乡村长寿现象与人居环境研究[J].地理研究,2012,31(3):450-460.

⑦　李伯华,刘沛林,窦银娣.转型期欠发达地区乡村人居环境演变特征及微观机制[J].人文地理,2012,27(6):62-67.

⑧　周侃,蔺雪芹.新农村建设以来京郊农村人居环境特征与影响因素分析[J].人文地理,2011,26(3):76-82.

⑨　杨锦秀,赵小鸽.农民工对流出地农村人居环境改善的影响[J].中国人口·资源与环境,2010,20(8):22-26.

⑩　周志田,王海燕,杨多贵.中国适宜人居城市研究与评价[J].中国人口·资源与环境,2004,14(1):27-30.

⑪　温倩,方凤满.安徽省人居环境空间差异分析[J].云南地理环境研究,2007,19(2):84-87.

展水平与潜力、社会安全保障、生态环境、市民生活质量和市民生活便捷程度均较好,而采用遗传算法-BP神经网络、神经网络与聚类评价中国35个城市人居环境发现中国城市人居环境差异主要成因在于经济发展、基础设施与公共服务、居民需求等[①];而对江苏、安徽的地级城市采用主成分、聚类分析等方法归类城市人居环境时发现,经济、生态与就业等是省内城市人居环境差异主因[②]。

对比城市、乡村的人居环境评价,可知区域人居环境评价主要关注人居环境的特征、状态与趋势、城际/村际优劣势,以及对城乡规划的指导价值等。人居环境综合评价的难点在于微观数据的采集、要素的赋权、综合模型的构建,以及尺度嵌套问题造成的评价结果难以阐释等。

3. 区域人居环境评价的数据源、指标体系与评价模型

"时空压缩"已成为全球化和信息化背景下人类日常活动的常态,现代生活方式增强了人类对人居环境需求的复杂性、跨时空性等。因此,城市或乡村人居环境不再是以当地居民为唯一主体,必须考虑外来者,如商务人士、旅游者及短期就业人群,如何综合刻画区域人居环境,既需要详实的一手数据,又需要科学的综合评价模型。可见,数据采集及管理、评价指标遴选与模型构建成为人居环境评价核心步骤。

区域人居环境综合评价数据源包括区域自然环境、经济、社会、基础设施等数据,自然环境数据既可通过多期多源遥感影像解译获取,又可利用国家地理信息国情普查数据;经济数据主要通过国家统计局或行业主管部门获取;社会属性数据则以人口普查、文化普查及110警情数据等;基础设施数据可利用大比例尺专题地图集或数字城市(省)提取交通网、绿地与公园、教育与医疗机构等。这些数据,既有宏观层面的区域统计数据,又有国家专题普查的空间属性数据,但缺乏对人居环境主体的各类群体行为记录及需求调查数据,因此借助日常生活日志调查,基于GPS、LBS的移动数据采集,以及大样本的问卷调查获取人居环境的主观需求或行为主体的行为数据[③]成为当前研究数据获取热点与难点。

区域人居环境评价指标体系,既要能客观刻画区域自然环境、经济社会、

---

① 李明,李雪铭.基于遗传算法改进的BP神经网络在我国主要城市人居环境质量评价中的应用[J].经济地理,2007,27(1):99-103.

② 温倩,方凤满.安徽省人居环境空间差异分析[J].云南地理环境研究,2007,19(2):84-87.

③ 张文忠,尹卫红,张锦秋,等.中国宜居城市研究报告[M].北京:社会科学文献出版社,2006.

基础设施网络等对人类居住、工作与游憩的供给程度，又要能揭示不同群体对区域人居环境构成要素的可获性或满意度等。因此，人居环境评价指标应包括自然与设施环境、社会环境、经济环境。具体而言，自然环境可由地形、地表覆被、气候、水文、自然灾害等反映；社会环境可由社会结构、邻里关系、对居住区的归属感、地方认同、安全状况、失业率等，若简化则可用社会多样性这指标刻画[1]；经济环境可由经济的增长速度、增长质量及区域经济结构等描述；基础设施环境可简化为居民步行生活圈内各种服务设施数量及质量测度。当然这四维在数据满足前提下，可进一步细化形成系统的、分层次的指标体系。

当前区域人居环境评价，常采用因子分析、模糊数学、神经网络、基于层次分析的求和等量化方法，然这些方法未能考虑空间的分异，因此，区域人居环境评价模型构建应该纳入空间因素，如采用地理回归加强模型（GWR）、空间聚类等方法，以综合揭示区域人居环境的演化态势与空间分异特征等。

（三）人居环境演变探索

伴随人居环境问题凸显，学界对人居环境演变过程日益重视。张文忠等回顾和展望了人居环境演变研究的影响因素（大规模人类活动、气候与环境变化、社会因素），人居环境演变的解析理论与框架等。在此重点梳理工业化/城市化和人居环境演变关系、典型地区人居环境演变实证研究。

1. 城市化或经济发展与人居环境演变的关系研究

城市化与工业化是中国过去 40 年和未来的主线，城市化与工业化不可避免地带来环境影响，中国地理学界对城市化、经济发展与人居环境关系进行了较为丰富的研究，关注两者的相关关系及其阶段类型。（1）城市化与人居环境关系研究，如以大连城四区运用主成分、协调度、模糊数学等方法定量评价大连城区、甘井子区等的人居环境随着城市化发展而变动的规律，研究表明人居环境与城市化呈显著正相关发展，而且两者间的协调程度也较高[2][3]；个别学者探讨由城市化引起的增温效应对城市人居环境变化影响（赵海江等，2010）。

①　谌丽.城市内部居住环境的空间差异及形成机制研究[D].北京:中科院地理科学与资源研究所,2013.

②　张文忠,谌丽,杨翌朝.人居环境演变研究进展[J].地理科学进展,2013,32(5):710-721.

③　李雪铭,张春花,张馨.城市化与城市人居环境关系的定量研究[J].中国人口·资源与环境,2004,14(1):91-96.

(2)经济发展与人居环境关系研究[①][②],采用模糊数学等方法分析大连、长沙、深圳等地经济发展与人居环境关系,发现经济发展与人居环境协调程度具有较强相关性,总体而言随经济发展水平提升人居环境会改善,但也存在不确定性。近年大城市边缘区和半城市化地区剧烈的人居环境变化成为关注焦点[③]。

总体而言,城市化、工业化和人居环境演变关系呈现出复杂的相关性,一是城市化与人居环境演变的关系呈现显著的正相关发展,且两者协调程度呈低—高—低—高变化态势;二是经济发展与人居环境演变的关系仍模糊不清,当前有限实证研究初步发现二者存在一定的协调性与不确定性关联,但作为人居环境演变主要驱动力,经济发展若能减少环境污染和农地占用无疑将直接提高人居环境质量。

  2. 人居环境演变实证研究的领域及发现

人居环境演变过程研究,是人居环境状态评价、发展动力揭示和预警、调控的重要基础。目前国内实证研究主要集中在:(1)同一城市不同阶段的人居环境状态或不同城市同一时刻人居环境演变状态的比较,如李华生等[④]采用人居环境质量主客观评价结合模型研究南京城区人居环境演变,晋培育等[⑤]运用主成分计算辽宁省 14 市在 1994、1999、2004 和 2009 年的城市人居环境竞争力,李伯华等[⑥]计算长株潭城市群 8 个城市 1991—2008 年人居环境质量的变差指数和协调指数发现科教、经济和居民生活是城市群内部人居环境质量差距扩大的主因。(2)对大城市或其边缘区的人居环境演进阶段与驱动力

---

① 李雪铭,李明.基于体现人自我实现需要的中国主要城市人居环境评价分析[J].地理科学,2008,28(6):742-747.

② 黄宁,崔胜辉,刘启明,等.城市化过程中半城市化地区社区人居环境特征研究[J].地理科学进展,2012,31(6):750-760.

③ 祁新华,程煜,胡喜生.大城市边缘区人居环境系统演变的生态—地理过程[J].生态学报,2010,30(16):4512-4520.

④ 李华生,徐瑞祥,高中贵,等.南京城市人居环境质量预警研究[J].经济地理,2005,25(5):658-662.

⑤ 晋培育,李雪铭,冯凯.辽宁城市人居环境竞争力的时空演变与综合评价[J].经济地理,2011,31(10):1638-1646.

⑥ 李伯华,刘沛林,窦银娣.转型期欠发达地区乡村人居环境演变特征及微观机制[J].人文地理,2012,27(6):62-67.

的探索[①]，如借助于 GIS 空间分析和 Verhulst 逻辑斯蒂方程等探索广州边缘区人居环境演变，发现人居环境演变动力可分宏观动力（城市化、全球化、科技、市场体制），政府驱动力（户籍改革、土地改革、住房改革、城镇发展政策、行政区划调整、大型项目投资），城市内部不同地域相互作用力（核心区推力、乡村推力、边缘区吸引力）。

国内现有人居环境演变研究，集中在不同时刻的区域人居环境状态对比，亦或是不同城市间同一时刻的人居环境对比，实证区域集中在南京、大连、广州及长株潭城市群，缺乏对人居环境演变的系统探索，如人居环境演变的影响因素、动力、空间组织、过程机理等，这既需要架构人居环境演变研究的理论逻辑，又需要发掘人居环境演变研究的数据源和综合集成方法[②]。

3. 后工业社会人居环境演变的人类需求驱动研究

中国多数大城市或城市群已步入后工业社会，城市或乡村居民对人居环境有着更为多样性与多元化的需求，学界日益重视人居环境的居民感知、满意度及需求调查，因此可以认为城市发展进入后工业社会阶段，不同群体的需求将诱导人居环境演变。当前国内主要关注城市人居环境塑造中的人文精神培育[③④]，如探讨了苏州人居环境中优越的物质、自然环境与创业精神缺失的矛盾及其产生根源，讨论广州城市人居环境的健康性需求、城镇人居环境不同主体的要素需求差异，研究发现：(1)只有健康才能让人们有机会享受宜居都市所带来的便捷性、舒适性、安全性等服务；(2)受访者对闲暇活动等 10 个要素的需求表现出差异性，对生活能源等 22 个要素的需求表现出共性；居住时间和经济状况对不同主体人居环境要素需求的差异性影响最大。此外，李雪铭等[⑤]提出人居环境吸引力和引力场的概念，构建了社区人居环境满意度指标，运用引力势能模型研究大连 184 个社区的人居环境引力势能发现：(1)大连市社区人居环境引力势能空间分异明显，大致呈东北西南向"带状"分布，在中心

① 祁新华,程煜,胡喜生.大城市边缘区人居环境系统演变的生态—地理过程[J].生态学报,2010,30(16):4512-4520.

② 张文忠,谌丽,杨翌朝.人居环境演变研究进展[J].地理科学进展,2013,32(5):710-721.

③ 吴箐,程金屏,钟式玉.基于不同主体的城镇人居环境要素需求特征[J].地理研究,2013,32(2):307-316.

④ 侯爱敏,居易,袁中金.苏州人居环境建设中创业文化氛围的培育[J].地域研究与开发,2004,23(3):86-89.

⑤ 李雪铭,晋培育.中国城市人居环境质量特征与时空差异分析[J].地理科学,2012,32(5):521-529.

广场、西安路锦辉商场等值线由同心圆状向外逐渐递减,(2)社区人居环境供求关系与引力势能成正比,与社区与引力势能中心的距离呈反比。

综上,人居环境的主观需求调查既要考虑城市发展阶段性,如对苏州、广州的调查均将创业氛围纳入,又要考察城市人居环境的客观物质基础,如对大连调查则综合主客观因素构建满意度引力场进行空间分异测度。当然在人居环境演变的不同群体需求驱动调查中,应将城乡一体化背景下常住居民与流动人口对区域设施环境可及性,城市社会日趋多样性等纳入,以期全面获取不同群体对人居环境演变驱动作用。

三、评价与展望

(一)中国地理学界对人居环境研究的贡献与缺憾

地理学从未将人居环境研究拒之门外,相较广义建筑学而言,地理学研究人居环境更具有先天的优势与独特方法论。近 10 年来,地理学界人居环境研究的蓬勃发展,较好地回应了广义建筑学研究视角的缺陷。地理学的性质和研究对象及人居环境涉及的研究问题,都决定了地理学研究人居环境大有可为,也是地理学从宏观走向微观研究的一个较好切入点和服务国家经济社会建设的重要领域之一。中国人居环境研究起步较晚,目前集中在人居环境自然适宜性、城市与乡村人居环境综合评价、城市化或经济与人居环境的关系、不同群体对人居环境的需求、人居环境演变影响因素及动力等方面,因此对人居环境评估指标体系、评价方法的研究较为成熟。但现有评价研究的数据源较为单一,缺乏连续的数据资料和一手问卷调查数据及各种遥感影像数据等;在研究尺度方面,虽逐渐关注省域城际、省域县际等尺度研究,但未能进行完整的尺度系列探索和时间序列实证。此外,国内人居环境演变的影响因素、规律和机制研究更显薄弱,虽开展城市化、经济发展与人居环境关系研究,但鲜见探讨社会因素与人居环境的相互关系。

地理学以"格局·过程·机制"为主要研究目标的理解地球表层与人类活动互动规律,这既是地理学研究人居环境的主线,又是地理学界人居环境研究可以作出贡献的核心领域。然综合当前国内相关研究,可以发现地理学界人居环境研究多侧重格局,而且对格局的研究又以城市及其内部为重点,可见地理学视角的人居环境研究仍处于起步阶段,尚未形成系统的方法与理论探索逻辑框架,因此,地理学界应抓住中国快速发展的城市化以及乡村发展契机,围绕城市或乡村人居环境现状刻画与问题揭示、人居环境时空维的综合评价

理论—指标—模型、人居环境演变的因素—动力—格局—调控等进行前沿性
探索。

（二）人居环境研究与中国地理学新发展

对照国外人居环境研究趋势和中国地理学新动向，中国人居环境研究应
在如下议题深度展开[①]：(1)以学科交叉综合为途径，推动跨学科的集成研究，
彰显地理学特色。人居环境科学问题呈现高度的系统性和综合性，必然要求
多学科、多种方法的集成创新。因此，地理学需要充分借鉴和汲取生态、城市
规划、社会、建筑等学科的相关方法，突破地理学人居环境集成研究的理论桎
梏和方法支撑不足，形成具有地理学特色的人居环境研究理论—方法体系。
(2)围绕地理学的多源数据和三角校验，架构人居环境研究数据库。探索遥感
卫星、统计年鉴等宏观数据与问卷调查、GPS跟踪定位等微观数据的结合，建
立数据平台，积累监测资料，提高研究效率和质量。(3)关注典型区域人居环
境演变过程，推动不同尺度人居环境演变模拟与专家智能分析与决策平台构
建。人居环境演变的综合集成研究既需要大尺度的宏观研究，又需要微观尺
度的典型案例研究。通过对人居环境问题突出地区的大尺度研究，可揭示不
同区域人居环境发展模式，既为典型案例区人居环境健康发展提供政策支持，
又为其他地区提供治理借鉴。典型地区的示范研究和集成应用，构建具有专
家系统水平的智能分析、决策支持平台，可对不同尺度人居环境演变进行模拟
与预警。

地理学的性质与研究对象决定了地理学研究人居环境大有可为。地理学
界十分重视人居环境的自然适宜性评价理论与方法体系、人居环境时空多维
综合评价指标体系与模型，对人居环境演变的探究也逐渐展开。人居环境研
究必将推动地理学更为深刻地理解与揭示人地关系规律，阐明城市或乡村人
地关系的"时空过程"与演化机理以及调控途径等。具体而言，地理学界开展
人居环境研究将在如下五方面拓展和深化"人地关系理论"及"时空过程"研
究：(1)深化对人居环境的自然适宜性研究和基于人本主义的不同群体人居
环境需求调查，全视角构建反映城镇不同需求主体的"生态宜居"需求特征的人
居环境评价指标体系与演变过程刻画方法，揭示不同居民个体和群体的人居
环境要素供需关系的差异性，及居民社会经济属性对人居环境要素需求的影
响。(2)探究不同地域尺度的城市/乡村人居环境的"时空"格局评价与可持

---

①　张文忠，谌丽，杨翌朝.人居环境演变研究进展[J].地理科学进展,2013,32(5):710-721.

续,拓展可持续发展评价的应用领域,深化了地理学的"区域研究与区域发展评判标准"。亦即从城市群内部、城市间、城市内部、社区等层面评估人居环境可持续性的演化或空间分异,以及地方居民的满意度等,评估区域发展的目标能否满足人居环境可持续发展,沟通人类聚居与城市或乡村可持续发展间相互作用的评判介质——人居环境质量等。(3)探索与构架人居环境演变分析理论及技术路线,亟待拓展地理学对人居环境监测的技术方法与数据挖掘手段,同时探索性预测与模拟区域/城市人居环境演变过程、机理及格局,深化对人居地域系统的诊断与预警能力。(4)研究人居环境的调控,即以人居环境演变的影响因素、动力机制与格局为理论基础,提出区域人居环境优化的路径、模式与政策,实现区域人居环境的高效管理和良性发展。(5)评估人居环境系统的服务价值。构建适宜的人居环境系统,不仅是人类发展的需求,同时也可以促进气候变化背景下区域生态系统趋稳,更好地促进人地关系系统之中的自然环境可持续发展,从而提升人居环境系统的综合服务价值,如社会经济与文化价值、生态服务价值等,这必然是人居环境调控评判价值体系探索和人地关系调控规律揭示的重要领域。

第二节　建筑与规划学视域人居环境研究动向与借鉴

一、建筑学视域人居环境研究回顾

梳理中国建筑学界《建筑学报》《南方建筑》《城市建筑》《中外建筑》《清华大学学报》《西安建筑科技大学学报》等 30 种学术期刊截至 2021 年 12 月 31 日刊发"主题=人居环境 AND 主题=建筑学"的学术论文 280 余篇。对检索结果中每篇文献所在的地区、机构、作者、关键词、被引频次等字段存为文档,利用 Citespace 文献计量软件进行统计与可视化分析。

（一）关键词共现分析

关键词是文章主要内容的凝练,通过对 280 篇文献进行关键词共现分析,共得到 488 个节点和 1013 条连线,高频且中心度高的词汇代表了该领域的重要研究议题,其中"人居环境"是图谱中最大的节点;另外"吴良镛""人居环境科学""建筑学"等节点也非常明显(图 2-2-1)。吴良镛院士在 20 世纪 80 年代针对转变中的亚洲城市与建筑所存在的一系列问题,提出"广义建筑学"理论,该理论从地区实际需要出发,以全人类居住环境建设为依归的理论,是中国建筑学界汲取人居环境的发端。这是以环境和人的生产与生活为基点,研究从建筑到城镇的人工与自然环境的保护与发展的新的学科体系。提出在中国建立"人居环境学"是从土木、建筑、水利、环保等众多的单一学科走向广义的综合学科之举,它尝试连贯一切与人类聚居环境的形成与发展,包含自然学科人文科学的新学科体系[①]。这一学科群的建立与发展,从新的角度揭示当前人居环境中存在的问题,有助于综合利用现有学科成果,着手解决某些矛盾。

(二)关键词聚类分析

借助关键词聚类图谱可看出聚类结构特征及研究主题。本研究共得到 7 组关键词聚类,以人居环境为核心向多个方向发散(图 2-2-2)。通过对多个聚类的研究方向进行归纳总结,大致分为以下两类:

①"#0"聚类中包含人居环境、人类聚居、北京宪章等关键词;"#1"聚类中包含吴良镛、人居环境科学、广义建筑学等关键词;"#2"聚类包含乡村人居环境、绿洲建筑学、生态安全等关键词;"#9"聚类中包含城乡规划、教育规律、基础教育等关键词。这一组聚类从建筑学与人居环境理论关系视角切入,以吴良镛院士提出广义建筑学理论为基础,在 1996 年国际建协第 20 届世界建筑师大会上通过了以吴良镛提出的广义建筑学理论为基础的《北京宪章》,标志着广义建筑学与人居环境学说,被全球建筑师普遍接受和推崇,扭转了长期以来西方建筑理论占主导地位的局面,并在之后乡村人居环境研究和城市规划中得以实践。

②"#4"聚类中包含可持续发展、信息时代、适宜技术、本土建筑等关键词;"#5"聚类中包含景观设计、地理信息系统、城市规划、风景园林、地理设计等关键词;"#7"聚类包含生态建筑、生态中心主义、深层次问题、哲学思考等关键词。这一组聚类体现了人居环境思想在建筑学中具体领域指导实践的思想方法,可持续发展与生态建筑既符合人居环境人类聚居舒适度要求,又为未来建筑建设指明方向。

(三)研究趋势分析

关键词时区是从时间维度显示研究演变路径;研究主题及领域随着时间不断转变,并利用关键词的变迁加以展示,从而预测该领域未来的发展趋势和需要关注并解决的问题。图 2-2-3 可知,建筑学中关于人居环境的研究在不

---

① 　吴良镛,周干峙,林志群.我国建设事业的今天和明天.北京:中国城市出版社,1994.

同时期有不同的研究热点。

1996—2000年为研究的初始阶段。1992年在里约热内卢召开的联合国环境与发展大会,以及1996年在伊斯坦布尔召开的联合国"人居二"大会,分别签署了《21世纪议程》和《人居环境议程:目标和原则、承诺和全球行动计划》,使其成为世界纲领。它表明,人类已开始关心自身的人居环境的建设,人居环境科学已从少数专家的专业讨论,逐步变成改进建筑、改造城市、改造社会的世界性运动。在20世纪末,《北京宪章》的通过,是中国建筑学界对人居环境研究的开端,也为后续的相关研究奠定了坚实基础。

2000—2016年为研究的成熟阶段。随着相关理论知识基础认识的不断深化,研究角度开始偏向具体建设思想方面。可持续发展理论自2000年前后到2006年作为研究热点。建筑及城市开始追求与自然的统一、与文明的统一、与社会的统一、与人类生存环境的统一,与此同时生态建筑与景观设计中不断加入对人居环境的思考。生态建筑和生态城市是人居环境可持续发展的必由之路,也是全新的发展模式,也是未来建筑和未来城市发展的必由之路,即建筑生态化和城市生态化。生态建筑和生态城市研究现已超越了保护环境即建筑城市与环境相协调的层次,融合了社会文化、历史、经济等因素①。景观建筑学关注的对象是整体人类生态系统,既强调人类的发展,又关注自然资源及环境的可持续性。以自然、人文的可持续发展来理解"以人为本"的理念,在具体设计中更深层次地体现对人的多方面的、多方位的关怀②。

2016年至今,吴良镛与其开创的广义建筑学一直以来指导建筑学在居住环境、生态可持续领域不断创新发展。新时期面对新问题、新挑战,建筑学界进行了一系列新的研究。例如,在新时代高质量发展背景下,对我国住宅转型发展中可持续建设探索,提出"百年住宅"绿色可持续建设的理念③;乡村振兴战略明确了乡村人居环境治理的紧迫性和必要性,并且系统阐述了基础设施建设、生态保护、乡村规划等方面的具体目标和任务④。综上,在新型城镇化与乡村振兴大背景下,建筑学界提出了生态建筑、百年建筑等多种探索方案,

① 刘先觉.生态建筑概论[M].北京:中国建筑工业出版社,2008.
② 严龙华.迈向城市、建筑、地景一体化的景观建筑学之路[J].建筑师,2005(01):109-112.
③ 刘东卫.迈向新时代绿色人居环境发展之路:面向未来的百年住宅可持续建设[J].住区,2021(01):10-11.
④ 卢天喜.乡村人居环境优化及民居建筑设计路径探索[J].美与时代(城市版),2021(02):25-26.

通过理论与实证研究,推进人居环境思想在建筑学领域落地,并成为新时期研究重点和发展方向。

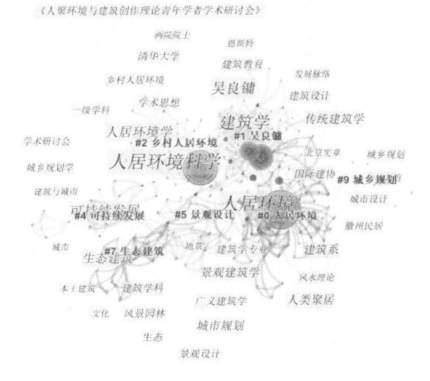

图 2-2-1　建筑学视域人居环境研究关键词聚类图谱

二、规划学视域人居环境研究回顾

规划与建筑的关系梳理中国规划学界《城市规划》《规划师》《城市发展研究》《城乡规划》《城市规划学刊》等 35 种学术期刊截至 2021 年 12 月刊发了"主题=人居环境 AND 主题=规划"的学术论文 490 篇。对检索结果中每篇文献所在的地区、机构、作者、关键词、被引频次等字段存为文档,利用 Citespace 文献计量软件进行统计与可视化分析。

(一)关键词共现分析

通过对 490 篇文献进行关键词共现分析(图 2-2-2),共得到 542 个节点和 839 条连线,同建筑学中人居环境研究关键词类似,"人居环境"是图谱中最大

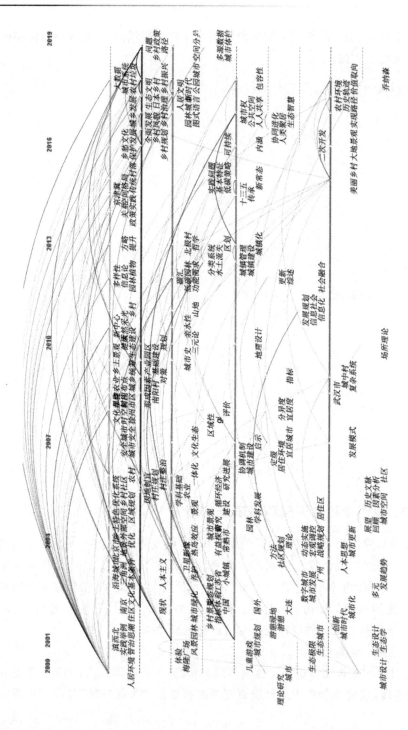

图 2-2-2　建筑学视域人居环境研究关键词

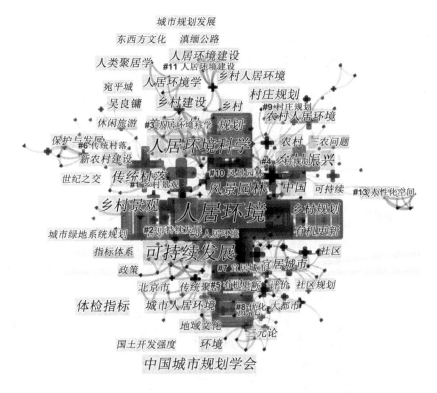

图 2-2-3　规划学视域人居环境研究关键词聚类图谱

的节点；另外"人居环境科学""可持续发展""乡村景观"等节点也非常明显（图 2-2-3）。人居环境一直以来都是城乡规划过程中考虑的重要因素。改革开放以来，随着我国城镇化快速推进和城乡建设大规模开展，城乡人居环境建设取得实质性改进。今天的城市面临着严峻的贫富差距、城乡差距、农村转移人口等问题。如何解决这些人居环境问题应该成为城乡规划变革的重点。为此，需要正确认识人居环境建设在城市规划中的地位，认识城市发展中市场、社会、政府的相互关系，以发挥市场和社会的决定性作用。美好生活离不开美好的人居环境，人居环境质量直接关系人们生活的满意度与获得感。

（二）关键词聚类分析

借助关键词聚类图谱可看出聚类结构特征及研究主题。本研究共得到 11 组关键词聚类，以人居环境为核心向多个方向发散（图 2-2-4）。通过对多个聚类的研究方向进行归纳总结，大致分为以下两类：

①"#0"聚类中包含人居环境、乡村规划、科学发展观、城乡统筹等关键

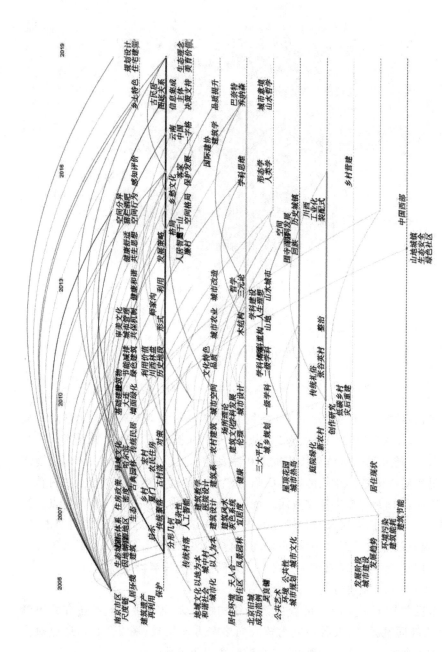

图 2-2-4　城乡规划学视域人居环境研究关键词演进

词;"♯1"聚类中包含生态建筑观、生态规划、突破性发展等关键词;"♯5"聚类中包含村镇规划、土地利用总体规划、农村产业发展规划等关键词。这一组聚类从规划学与人居环境理论关系视角切入,以理论研究与规划文本的形式探讨在城乡规划过程中人居环境思想的实践运用,在诸如土地利用总体规划、乡村规划等规划中凸显"以人为本"的思想。

②"♯2"聚类中包含农村危房改造、住房公积金管理、住宅全装修、租赁补贴、住房租赁市场等关键词;"♯3"聚类中包含施工许可制度、绿色建筑技术、年度监测、绩效评估等关键词;"♯4"聚类中包含有形建筑市场、政府投资工程项目、旧城改造、改造项目等关键词;"♯5"聚类中包含农村土地综合整治、农村产业发展规划、农民建房、用地面积、城乡空间等关键词;"♯7"聚类中包含京津冀协同发展、国家治理现代化、城乡空间、特大城市地区、区域协同发展、管控机制、国家发改委、区域协作、加快推进、一张蓝图等关键词;"♯8"聚类中包含住房公积金制度、垃圾处理产业化、房地产市场信息系统、人均道路面积、村镇住宅、政务公开、征求意见、经济适用住房等关键词;"♯9"聚类中包含市容环卫、效能监察工作、城管执法部门、便民利民、城市防汛、综合整治、农村环境卫生等关键词;"♯12"聚类中包含城市规划行业、园林景观、审批条件、建设用地指标、数字规划、城市规划编制、基础设施用地、历史街区等关键词。这一组聚类体现了人居环境思想在规划学中具体领域指导实践的思想方法,从细节出发,将人居环境中思想实际运用于城市规划从理论到落地的过程中各个细节方面。

三、评价与展望

建筑与城乡规划界侧重构筑微观尺度的人居环境论,提出"三五结构"理论、三元论等,也积极探索如新城市主义、地域文化、生态文化、热景观等新概念及其人居环境应用的内涵、构成要素及原则等。方法论层面,建筑与城乡规划学界探讨较少,重点探究山地人居环境信息图谱、中国风景园林、公园城市等领域分析方法。建筑与城乡规划学界虽然比较注重整体观念,也有诸如吴良镛先生提出人居环境科学,确立以建筑、园林和城乡规划融合为核心组织带动其他多学科共同发展思路,但是尚停留在思想探讨与拓展应用层面,未能明晰人居环境科学的学科结构、科学问题、科学研究方法范式等内容。建筑与城乡规划界研究人居环境表现出较强的人文性、政策导向应用性,注重哲学或艺术或政策工具层面的人居理念及理论体系解释,追求实践层面规划设计方案及策略[①]。建筑与城乡规划学界研究人居环境主要以应对为归宿,虽然在学科树大量议题分析上形成规划设计方案或策略,但是未来应该系统融合建筑、规划和景观层面的应对之道,从大篇幅实践项目方案中挖掘各类方案的学术价值,尤应加强提炼科学问题,提高研究的学术价值。

第三节　城市群人居环境研究动向与困境

一、人居环境实证研究思想演进

人居环境思想始于文艺复兴时期,思想的启蒙使人们注重人的需要,开始讨论城市生活和理想模型的构建,重视城市精神和秩序、结构与逻辑等,人居环境思想开始建立。工业革命到来,城市化快速发展,缺乏规划引导的城市出现人口膨胀、交通拥堵、环境污染等各种弊病。针对城市问题,国外学者从城市结构、城市社会空间、物质空间以及复合视角对理想模式进行探索(表 2-3-1)。

人类活动和地理环境之关系随时代不断发展,多学科、多层次和多视角的综合研究不断深入,探究人居环境主题自 20 世纪 70 年代以来也不断在发生变化,成为人居环境理论建设的发展丰富期(表 2-3-2),尤其是在全球性主要会议的议题序列有着清晰的演替。

表 2-3-1　国外城市人居环境研究主要学派

学派	代表人物	研究重点	主要观点
城市规划学派	Ebenezer Howard	田园城市	"社会城市"的空间结构,调整城乡分离的状态
	Patrick Geddes	区域观念	强调把自然地区作为规划的基本框架,不仅关注城市物质环境建设,更应注重多样性和公众参与等社会问题
	Lewis Mumford	人本思想	注重以人为中心,强调宜人的瓷都进行城市规划

---

① 朱梅,汪德根.学科树视角下地理学和建筑学人居环境研究比较[J].地理学报,2022,77(4):795-817.

学派	代表人物	研究重点	主要观点
芝加哥学派	R. E. Park	居住空间分异	借助生态学原理研究城市演替规律，从社会学角度研究居住空间分异，创建了三大经典城市空间结构模式
	Richard Registerp	生态城市	紧凑、节能、与自然和谐，充满活力的集聚地
人类聚居学派	C. A. Doxiadis	人类聚居学	强调把城市、城镇、乡村在内人类住区形成一个整体，从人类主体的元素进行广义的分析
	Team 10	族群城市	核心是"人际结合"，城市规划或发展关注人的行为
	Robert Venturi	城市精神	关注普通人的交往需求，传承"城市文脉"

表 2-3-2　全球性主要会议中人居环境的主题

时间	主要会议	主题或重要事件
1976 年	第一届联合国人类住区会议（人居一）	接受人居环境学术概念
1992 年	联合国世界环境与发展大会	可持续发展
1996 年	城市高峰会议（人居二）	"人人有适当住房""城市化世界中可持续性人类住区发展"
2005 年	全球人居环境论坛（第一届）	可持续的人类住区
2006 年	全球人居环境论坛（第二届）	城乡建设—环境问题
2007 年	全球人居环境论坛（第二届）	和谐人居环境
2010 年	上海世博会	城市让生活更美好
2016 年	第三次联合国住房和城市可持续发展会议（人居三）	城市化的未来
2019 年	首届联合国人居大会	创新让城市和社区生活更美好
2021 年	2021"世界城市日"纪念活动——第十六届全球人居环境论坛年会（GFHS 2021）	加速绿色变革与创新，建设健康、韧性与碳中和的城市

表2-3-1和表2-3-2表明,无论是人居环境主流学说或思想的演替还是研究主题变化,均体现出人居环境在人类活动的城市化、工业化进程中发生两次研究转向:一是由关注城市及城市内部要素转向城乡差异;二是由城市及城乡之间转向城市群问题研究。

国内外城市群人居环境实证研究,带有很强的地域性和层次性。城市群人居环境研究多集中于城市群人居环境评价、自然适宜性、空间优化和职住通勤(功能)分区等,以及城市群覆盖的次地域单元,如省域(城际)及其交界地带、(区)县及其乡村地域。中国城市群人居环境单元备受关注区域是东北地区、长三角地区、粤港澳大湾区等,尤其重视城市群内部的核心城市,诸如大连、北京、南京、上海、杭州、宁波等城市人居环境演化及其主观感知分析;城市群人居环境研究侧重某些要素及其综合作用系统,关注以地形、气候、生态环境为代表的自然地理环境适宜性评价;城市内部(城区)关键公共设施与基础设施要素及社区或街道层面差异评价,重视城市群高层次人才/人口流动、居民满意度等人居环境主观感知分析,尤其是重视人居环境与经济协调的空间评价等。针对人居环境评价实证研究方法主要分为四种:一是用于遴选数据指标(归一化)和赋权方法,包括基于 SPSS 的 AHP、PCA、Delphi 和 DPSIR(或 DPS)以及均方差法等;二是测度人居环境质量和度量人居环境与经济、生态环境协调度的集成方法有熵值法、协调发展度、距离协调度和失配度等;三是评判人居环境时空特征的主要有 GIS(地理信息系统)空间分析、聚类分析和截面数据的综合度量方法;四是评价人居环境时间演化的复合方法有 BP 神经网络、模数数学等。

可知人居环境研究呈现两条主线:一是基于客观数据的人居环境评价,分析城市(城市内部要素)—乡村(城乡差异)—城市问题;二是基于主观数据(调研数据)的心理感知评价,关注城市—社区—住区的满意度、安全度、交通便捷度等。城市人居环境的主体需求与客体供给的耦合机制、公共安全、宜居城市以及居民空间行为等研究不断深入。这为高速城市化、工业化背景下城市群人居环境研究提供了一定的理论基础、分析方法,衡量城市群人居环境过程状态、空间公平或人群公平的指标尚处于探索阶段。

二、城市群人居环境评价指标体系研究趋势

人居环境指标对制定目标集、把握人居环境内涵、构想未来发展等至关重要,是人居环境研究的核心之一(图2-3-1),始终是人居环境研究热点。工业

化以来,随着科技的日益进步,人对自然环境利用与改造的强度越来越大,人居环境改变的速度成倍增长。面对"日新月异"的人居环境,学者采取何种指标对快速变化的人居环境进行监测和动态分析? 采用何种指标体系结构组织起来? 怎样衡量要素的跨界(区域)流动? 换言之,人居环境评估既要反映某一刻的大系统、子系统以及各要素的变化趋势、系统之间协调发展度,又要对区域之间的要素流动进行界定或综合评估其影响程度,即利用多源多维多尺度的大数据进行实时监测与分析,构建其评估体系。

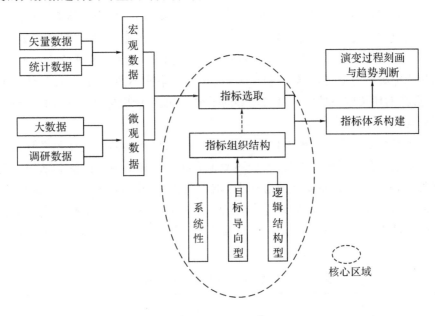

图 2-3-1　人居环境指标评价体系的核心作用

资料来源:张文忠等(2013)

国际学界将人居环境评价指标分为三类:(1)刻画状态,反映事物某一时间节点的发展状态,如 AQI 指数,反映捕获地区某时刻空气质量状况;(2)反映趋势,描述事物随时间产生的变化,如城市化率;(3)衡量导向,即目标导向,衡量目标达成的程度。同时,依据主客观两种视角对人居环境指标构成进行研究,可以分为两种评价指标体系:一是测量城市物质实体构成的客观评价指标体系;二是表征居民感知的主观评价指标体系。其中,测量城市物质实体构成的客观评价指标体系,根据其要解决的问题,又分为现状分析性和问题解决性评价指标。

现状分析性指标体系主要针对多城市(城市群)对比分析而言的,经过有目的地设立指标评价体系,得出当前城市人居环境的现状值,与其他城市进行横向比较。这类体系适用于区域及区域内部要素、省际单元的评价。另外,根据指标设立之初的目的不同,指标类似的情况下会得出不同的结论。表2-3-3显示,指标要素对人居环境的评价具有共同的因素,如住房、基础设施、居住环境以及社会经济发展水平等。因此,在基于物质实体(城市物质环境)的人居环境评价时,需注意相关指标对研究区域的影响程度。

问题解决性人居环境评价指标体系是以问题为导向,指标体系的设立围绕所提出的问题进行遴选,或者为解决特定城市(地区)的发展问题而展开。表2-3-4所示,围绕改善居住环境和宜居城市建设的主题设计评价指标要素。虽然指标具有类似性,但研究目的不同,预期效果亦不同。因此,在设计研究主题时,对所要解决的问题具有足够的了解,才能设计出更好表达效果指标体系结构。

主观感受建立在对城市物质实体感受之上,城市实体的优良程度与居民的认知水平存在正相关关系,人居环境也亦在乎个体的主观感受。从居民需求角度心理出发,将主观感受与物质实体匹配起来,由居民对相应客观物质实体进行满意度评价,形成以人为本的结构。表2-3-5所示,主干感知受评价指标设计目的的影响,具有一定的引导性思考,同时主观感受受制于个人的认知水平。

表 2-3-3　现状分析型人居环境评价指标体系

名称	指标要素	特征
联合国人居环境奖评价系统	住房、基础设施、旧城改造、可持续人类住区、灾后重建、住房困难	注重城市问题、自然灾害与可持续性
财富杂志全美宜居城市评价指标体系	财务状况、教育水平、住房、生活质量、文化娱乐设施、气候状况、邻里关系	客观测度与主观评价相结合
美世全球城市生活质量排名标准	消费品、经济发展环境、住房、医疗与健康、自然环境、政治与社会环境、公共服务于交通、娱乐、学校与教育、社会文化环境	以薪酬补偿为导向,对象为出国人员,适用范围小
美国大都市区生活质量排名	文化氛围、住房、就业、犯罪、交通、教育、医疗保健、娱乐设施、气候	指标相对全面,综合测度生活质量水平

表 2-3-4　问题解决性人居环境评价指标体系

名称	指标要素	特征
迪拜国际改善居住环境评选标准	可持续的住房和社区发展、城市与区域发展、透明住区管理、男女平等、社会包容、本地化程度等	注重人类住区条件改善和可持续发展
温哥华地区宜居区域战略规划指标体系	保护绿色区域、建设完善社区、实现紧凑都市、增加交通选择	具有高度的可操作性和实践性

表 2-3-5　主观感受评价指标体系

名称	指标要素	特征
日本浅见泰司居住环境指标	安全性、保健性、舒适性、可持续性	内容简洁,核心突出
全球幸福指数报告	教育、健康、环境、管理、时间、文化包容性和多样性、社区活力,内心幸福感,生活水平	侧重于个人的认知水平的高低
世界价值观调查	健康,社交,生活目标,财富,教育	普世的心理感知
盖洛普世界民意调查	人口多样性、经济信息指数、工作景气指数、法律与秩序、国家机构	侧重于国家信息的全面了解,目的性强

　　国内对人居环境指标体系的论述主要从评价尺度、内容、目标、普适性和环境友好型等方面进行评论。20 世纪 90 年代以来,人居环境评价指标体系和方法的研究成为我国研究的热点,虽然还没有统一的、权威的评价体系,但能够在现有的指标体系研究中找出不足,提供其合理的发展方向,预测人居环境的发展状况以及发展趋势。目前,对人居环境指标体系具有代表性的研究如表 2-3-6 所示。

表 2-3-6　城市人居环境评价指标体系研究

学者或机构	城市人居环境指标体系影响因素
中国适宜人居城市评价指标体系	经济发展水平、经济发展潜力、社会安全保障、城市环境水平、生活质量水平、生活便捷程度
建设部中国人居环境奖参考指标体系	包括 13 个定量指标和 32 个定性指标。定量指标以城市人均住宅建筑面积、人均道路面积、万人拥有公交车辆数、城市绿地率等
李王鸣	住宅、邻里、社区绿化、社会空间、社会服务、生态环境、风景名胜保护、服务应急能力
刘颂	居住条件、资源配置、城市生态环境、公共福利基础设施、社会稳定度、治理能力、经济能力
宁越敏	居住条件、生态环境质量、基础设施与公共服务设施
陈浮	建筑质量、环境安全、景观规划、公共服务、社区文化环境
李雪铭	住宅质量、生态环境、整体规划、公共服务、社区智能化和社区文化
李丽萍	经济发展度、经济发展潜力、社会和谐度、社会文化丰厚度、居住舒适度、景观怡人度、公共安全度
张文忠	生活方便性、安全性、自然环境舒适度、人文环境舒适度、出行便捷度、居住环境健康型

　　综合国内外人居环境指标可知：（1）国内外不同的机构、学者构筑的人居环境评价指标在细节上有所差别，但无论国内外机构、学者是基于城市物质实体，还是基于主观感受，都考虑到了城市安全性、基础设施便利性、生活健康性和交通设施完善程度；（2）人居环境指标的衡量标准不同。主观感受与物质实体的出发点和侧重点不同，导致其衡量标准不统一，造成评价结果亦有差异；（3）不同评价主体，所要构建的目标不同，在选取指标时各有其特色性；（4）分项设立指标依据其指标的性质，遴选最优指标。

三、城市群人居环境研究数据革命与挑战

　　在城市一体化和多源时空数据可获取性增强的背景下，城市群人居环境由于其直观、动态、多元、持续的特征，能够反映城市群运行状态及潜在问题，

为规划、管理、决策提供依据,成为快速发展背景下辅助城市群管理与决策的必要手段。城市群人居环境研究应凸显以人为本的城市规划与城市群治理转型趋势,充分挖掘城市群的管理数据和各类人的行为数据,综合考虑城市群的人口、建成环境、基础设施运行和各类人的活动—移动等子系统,并在此基础上融入时空行为、细分时空尺度、多源数据驱动的城市群人居环境变化动力,应用于城市群的运行状况分析与问题诊断,推进城市群治理的精细化、动态化和智慧化。

第三章　城市群人居环境演化衡量模型

第一节　人居环境协调刻画的研究转向

事物总是在发展变化,新事物层出不穷,作为城市人居环境研究的主题来说,紧跟时代的发展步调,研究城市人居环境的最前沿问题,解决当代人面临的问题。改革开放40年以来,我国城镇化、工业化历经了3个不同发展阶段:一是经济体制改革推动城镇化。1992年"南方谈话"和"十四大"进一步明确社会主义市场经济体制,中国经济进入黄金发展时期,人口大量进入城市,城镇化迅速推进,城市空间结构不断发生变化;二是十六大提出"全面建设小康社会"统筹城乡发展,消除城乡"二元"结构,成为时代的主题;三是改革开放新节点城镇化再出发。改革开放以来,中国城镇化水平大幅提升,但"重速轻质""重发展轻保护"等新问题使城镇化、经济发展面临新困境。以时代为背景,人居环境研究主题亦随之变化。

一、人居环境研究转向

(一)注重城际及城市内部要素研究

20世纪90年代初期,面临经济的快速增长,城镇规模迅速扩大,城市规划结构被打乱,处于一种无序盲目扩大状态,城市化边缘推进的过程中城中村、棚户区大量存在,以及大量外来流动人员聚居,社会治安混乱,居民安全受到影响。同时,大规模的工业布局,工业"三废"排放的监管措施、法律等不够健全,造成城市污染严重等问题,学者们开始从规划角度审视城市结构以及城市发展的新模式。

城市群人居环境以及城市内部要素的研究集中在城市人居环境的评价、宜居性、人居环境适宜度和人居环境质量预警研究等领域。剖析人居环境概念提出了评价指标体系,运用 GIS、AHP 等综合度量办法通过构建指标体系对大连市社区分异特征进行了分析;引入生态位适宜度思想,从经济、社会、环境生态位构建指标体系对衡阳市人居适宜度的分异特征进行分析;抑或采用人工神经网络方法初步研究南京市的人居环境预警系统。

(二)注重城乡差异行政单元

城市是区域的中心,城与乡相辅相成,互为存在的前提。过去的规划研究中把城市规划与农村居民点割裂开来,城乡之间陷入孤立发展。囿于种种原因,农村发展长期滞后,工农差距、城乡差距不断扩大,城乡二元结构愈发凸显,城乡差距成为研究的热点。

国外早期对城乡差异的研究主要集中在城乡互动发展、协调发展方面。1996 年联合国"人居日"《伊斯坦布尔宣言》宣言:"城市与乡村相互联系,公共发展,改善居住条件,适当增加基础设施、服务设施和就业机会,建设统一居民网点,减少人口的流动。"2004 年,联合国"人居日"主题定位"城市—乡村发展的动力"。我国对城乡差异研究集中在城乡统筹发展、城乡一体化发展以及新形势下城乡规划指标体系框架等领域。从人居环境科学观念考虑城乡问题,提出在城市规划中把城市乡村作为一个整体,统筹发展,以城市的繁荣带动农村的发展并揭示城乡差异这一重大问题,将问题的讨论引向深入。从城乡一体化视角思考城镇背景下乡村建设路径,城乡基本公共服务今后须进一步拓宽基本公共服务设施均等化的研究的深度和广度,从其空间配置布局、标准和规范等方面研究。在欠发达地区,实地调研探讨转型期特定背景下乡村人居环境演变特征和微观机制方能丰富城乡规划指标体系以及整体框架。

(三)注重研究民生问题导向

人居环境综合发展水平的高低关系到人类健康与发展,是人类赖以生存和发展的物质基础。随着城市工业化的快速推进,城市的交通拥堵,环境污染、房价飙升和服务设施缺失、城市历史文脉和文化特色消逝等问题,直接影响到居民的居住环境和生活品质的提升。因此,人居环境问题的凸显不断得到学者们的重视,成为学界研究热点之一[①]。

城市问题研究集中城市交通、就业问题、职住分离、经济与生态协调、脆弱性、失配度等问题。研究城市问题过程,"空间失配"是城市就业与居住空间关

---

① 马仁锋.创意阶层集聚与城市空间互塑的理论渊源、逻辑关系与发展进路[J].学术论坛,2022,45(04):16-30.

系规律的重要发现,进而关切职住空间失配与居民通勤时间的关系。围绕资源、生态环境、经济和社会等方面构建指标体系并系统分析与综合评价中国地级以上城市的脆弱性,发现东北地区城市群人居环境存在空间失配特征。概而言之,城市群人居环境失配研究还处于探索阶段,失配度内涵、评价方法和指标体系构建还没有统一的定论。未来可以尝试从系统和子系统之间以及内部进行复合分析,丰富人居环境失配度以及城市规划理论与方法。

二、人居环境研究从城市向城市群的转变

在高速城市化进程与现代化交通双重推动下,城市间距离不断缩短,城际要素流动成为常态,相互作用更加紧密,使大城市群崛起并主导区域发展。城市群人居环境不同于以往的城市人居环境,不仅是尺度的扩大,更为重要的是人居环境要素属性变化以及要素之间的相互影响。城市人居环境研究范式对城市群人居环境的内涵与外延、理论与方法的阐释不能满足人居环境发展需要。因此,须探讨城市群人居环境范式及相互演进规律,关注解决范式转换问题的基本概念、途径和方法,形成能被共同接受的范式。人居环境具有动态性,不同地理尺度之间人居环境要素会发生流动,如人口流动、污染转移等。城市群人居环境受全球化或区域化影响,城市群内部人居要素已具有了区域性,多城之间(城市群内部)人居要素分析需要关注区域尺度人居环境关键要素及其联系分析方法[①]。

城市人居环境研究趋于精细化,尺度下推过程明显,表现为由整体到部分,由系统到要素的分化研究。后工业化时代城市群人居环境构成要素的影响力往往在城际尺度发挥作用,人居要素分析要直面其流动性,向宏观地域人居要素变化衡量方法进军,因此亟待突破区域尺度人居环境的格局、功能和过程的理论解释路径与分析方法工具体系,能够刻画城市群人居环境的多样化特征,解释区域一体化进程下城际人居复杂性和多层次性,阐明其非线性因果逻辑,突出人居隐性要素的关系及其效用分析。

三、城市群人居环境协调性刻画与城市群人居环境失配度

城市人居环境失配度是李雪铭于 2014 年评价辽宁省 14 个地级市人居环

---

① 马仁锋,李秋秋,窦思敏,张文忠.区域与城市产业研究热点、方法与数据挑战[J].智库理论与实践,2022,7(02):154-164.

境质量首次提出,指出城市发展过程测度人居环境的五子系统内部要素之间出现失配的程度,是实际状态偏离最佳人居环境状态的趋势与程度。城市群人居环境是一个涵盖经济社会、生态环境、基本公共服务、居住环境等的复杂系统,城市群人居环境失配不仅包含城市群整体,而且涵盖了城市之间(跨界的要素流动)、单个城市以及城市内部人居环境的干支系统,它们发展过程出现偏离(协调/最优)趋势。对某一特定区域、特定的发展阶段,城市群人居环境的干支系统及其下属的指标存在一个最优值(状态值),因而城市群人居环境失配度阈值区间亦可确定。

城市群人居环境失配度评价研究既要从整体上把握其发展态势,也要注重系统内部结构和子系统变化情况。城市群人居环境是开放的、动态的和变化的。分析过程,从整体出发,树立全局观念分层次分析人居环境五层次(全球、区域、城市、社区和建筑),系统剖析人居环境的五系统(自然、人类活动、社会、居住与基础设施系统),梳理人居环境系统内部要素之间关联。面对不同问题,从中找出若干关键的、重要的联系,以解决矛盾寻得可能不止有一个解决问题的途径。

以问题为导向,根据长三角城市群人居环境发展特点,探析城市群人居环境开放巨系统的复杂性问题,寻求适合长三角地区人居环境建设的方法以解决关键障碍。从而形成以问题的解决为导向,抓住关键解剖问题,综合集成形成城市群人居环境分析的方法体系。

理想的城市群人居环境是由宜人的生态环境、高标准的城市安全环境、方便的公共服务与基础设施环境、和谐的城市社会文化环境、可持续的城市经济体系有机组合而成的。测度城市群人居环境失配状况,可以从"两角度""三方面"进行衡量(图3-1-1)。两角度包括:一是系统失配(协调发展)度;二是系统内部要素失配研究。结合城市群人居环境面临的困境,确定三方面失配:一是经济可持续增长与生态环境污染减量化;二是基本公共服务的居民需求与政府供给;三是居住环境现状与理想人居构建。"两角度""三方面"分析思路可以成为城市群人居环境演化与调控的基线。

以系统论为指导,从整体研究城市群人居环境失配及子系统要素之间的关系。根据长三角城市群人居环境在经济—环境、基本公共服务设施和居住等系统及其内部出现的失配现象,融合经济学和生态学方法确立人居环境失配度研究架构(图3-1-1),形成衡量模型的三方面:一是运用距离协调发展度模型测度经济—环境系统的失配程度;二是引用健康距离模型评估基本公共

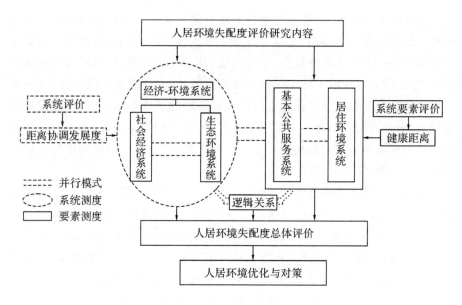

图 3-1-1　城市群人居环境失配度评价的基本框架

服务、居住环境的内部要素偏离最优状态的程度及要素之间的组合状况；三是综合评价人居环境失配度及与之对应优化路径，找寻整体与部分之间的逻辑关系。

第二节　城市群人居环境失配度的测量

　　城市人居环境失配度评价，须架构一种理想人居环境作为其评判标准。构筑理想人居环境状态既要着眼于子系统及其要素的韧性，更要实现整体的谐振，即"生物的人"达到"生态环境的满足"，同时兼顾"社会的人"达到"人文环境的满足"。

一、概念模型

（一）理想城市人居环境内涵

　　理想人居环境是城市发展的共同目标和追求。首先，理想城市人居环境应以人为本，理想城市中没有压抑感，能自由的释放自我，实现全人的发展。其次，具有可持续性，链接过去和未来，尊重历史的足迹（精神、文化）和后代的发展,理想人居环境中每个人生存和发展的条件是平等的,重视社会弱势群体的需求;理想人居环境对每个人都很安全,能够接近绿色空间,享有公共服务的权利。第三,理想人居环境应能实现职住邻近,房价与工资收入相匹配,拥有健康生活的自然环境,不以降低生态环境质量为代价实现经济的快速增长;亦不能用绿地空间和新鲜的空气换取商业空间和工业发展。总之,理想城市人居环境是人文与自然协调,物质享受与精神满足相统一的生产—生活—生态谐振的空间。

理想的城市人居环境是相对的,动态的。理想城市人居环境在不同发展阶段有所不同,既要从动态历程审视,又要参照同类城市,在审视与参照中获得定位。理想城市人居环境亦是城市居民对城市发展的心理感知和发展期许,应充分尊重居民的需求和愿望[1][2]。

理想城市人居环境具有不同层次的目标构成。基于马斯洛"需求层次"理论构筑理想城市人居环境,满足居民不同层次的需求。低层次需求目标以生理和安全为主,涉及居民对健康、安全、生活方便性以及交通便捷性等最基本的生活要求;高层次需求目标包含居民的社会、尊重需求和自我的实现,达到人文与自然的舒适性和获得个人的发展机会。理想城市人居环境应注重人文环境与自然环境的和谐发展,其中居民生活质量是人文环境建设优先关注的重点主题之一,城市安全、交通设施和公共服务设施等是影响居民生活质量的重要因素。关注居民物质生活同时,亦要注重居民精神生活、城市文化特色传承等,凸显城市的品质与绿色空间(图3-2-1)。

（二）距离协调度模型

协调涵义表达为系统之间配合得当,达到和谐一致。系统是动态的,须对系统之间的关系不断调整,达到系统整体最优。引入欧式距离测量系统实际状态与理想状态的失配距离,即评价变量的实际值与变量值之间的偏差。

设 E 为长三角城市群经济—环境系统 i 发展状况对应于 m 个测度指标、n 个年份的样本矩阵,则

$$E = \lfloor e_{ijt} \rfloor_{m \times n} \tag{3-2-1}$$

式中,e_{ijt} 代表 t 时期子系统 i 第 j 项指标值,正向值 e_{ijt} 取实际值;逆向值 e_{ijt} 取

---

① 马仁锋,周小靖,李倩.中国城市公共服务及其对突发公共卫生事件响应研究进展[J].上海城市管理,2021,30(06):27-37.

② 马仁锋.长三角城市加强创新要素对接流动及战略优化研究[J].宁波经济(三江论坛),2021(05):16-19.

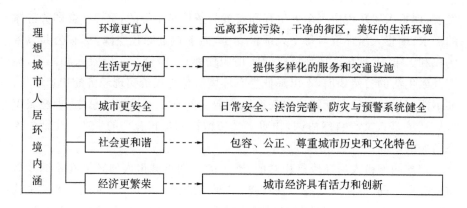

图 3-2-1　理想城市人居环境内涵

实际值的倒数,经处理后所有的指标均越大越好。

同样,设 E' 为标准化样本矩阵,则

$$E' = [e'_{ijt}]_{m \times n} \quad 其中\ e'_{ijt} \in [0,1] \tag{3-2-2}$$

式中,e'_{ijt} 为指标标准化值;$\max e'_{ijt}$ 为第 j 项指标的最大值;$\min e'_{ijt}$ 为第 j 项指标的最小值;i 是子系统分标;j 为指标序号,t 为年份下标。

处理评价指标体系构建评价模型,包括发展度模型、协调度模型以及协调发展度模型:发展度模型又包括各子系统发展度模型和综合发展度模型,其处理方式采用多目标属性中的"线性加权综合法";协调发展度模型采用"非线性加权综合法",步骤如下:

(1)设 e'_{ijt} 是第 t 年子系统 i 的第 j 项指标的标准化值,则子系统发展度模型为

$$x_{it} = F(A_{it}) = \sum_{j=1}^{g} w_j e'_{ijt} \tag{3-2-3}$$

式中,w_j 为子系统第 j 项指标权重;g 为区域子系统指标个数;x_{it} 为第 t 年份子系统 i 的发展度,其值愈大,子系统发展水平愈高。

子系统的综合发展度用系统发展度的算术平均值表示,公式如下:

$$x_t = F_2(x_{it}) = 1/m \sum_{i=1}^{m} x_{it} \tag{3-2-4}$$

式中,x_t 表示 t 年份区域经济—环境系统综合发展水平,其值愈大,综合发展水平越高;m 是研究区域系统个数,本书:$m=2$。

(2)另设 x_{1t},x'_{1t} 和 $x_{2t} x'_{2t}$ 分别为经济—环境系统 t 年份的实际值和理想

值。当两子系统发展度相等时($x'_{1t}=x_{2t}$，$x'_{2t}=x_{1t}$)，两子系统相互拉动，发展状态一致，则系统之间的失配度越小。距离协调度模型为：

$$c_t = \left(\sqrt{1 - \sqrt{\frac{\sum_{i=1}^{2} (x_{it} - x'_{it})^2}{\sum_{i=1}^{m} s_i^2}}} \right)^k \qquad (3\text{-}2\text{-}5)$$

其中，由于 $x_{1t}, x'_{1t}, x_{2t}, x'_{2t} \in [0,1]$，取 $k=2$，令 $s_1 = s_2 = 1$，则经济—环境系统距离协调度为：

$$c_t = \left(\sqrt{1 - \sqrt{\frac{(x_{1t} - x'_{2t}) + (x_{2t} - x'_{1t})}{2}}} \right)^2 = 1 - |x_{1t} - x_{2t}| \qquad (3\text{-}2\text{-}6)$$

式中，c_t 表示 t 年度的系统协调度，其值越大，系统的实际与理想的协调状态的距离越近，则两系统协调水平越高，失配度越小。

(3)系统协调发展度反映两系统之间的失配水平高低，基于距离协调度的系统协调发展度公式为：

$$HD_t = D(x_t, c_t) = \sqrt{x_t c_t} \qquad (3\text{-}2\text{-}7)$$

式中，HD_t 表示第 t 年份的系统协调发展度，HD_t 值越大，系统协调发展水平越高，失配距离越小。

距离协调发展度模型综合了经济—生态协调状态和两者所处的发展层次，虽简便但不粗糙，又具有综合、概括等特征，可用于不同城市之间、同一城市在不同时期环境与经济协调发展状况的评估。

(三)健康距离模型

城市群人居环境失配度值域的度量，借鉴评估生态系统优劣状态的健康距离模型，具有两个优点：一是能够对处于不同演化阶段的人居环境失配状态纵向比较；二是基于不同健康基数的人居环境失配度横向对比。

健康距离模型最初应用于生态系统健康的测度和评估。引入系统集思想，建立矩阵方程对城市群人居环境失配度评价，形成一种新涵义：城市群人居环境受到外界各种因素的扰动和压力后，其结构和功能发生了变化，致使实际城市群人居环境状态与最优人居环境状态的"距离"愈来愈大。这种"距离"可通过"健康损益值——健康距离(HD)"来测量(图 3-2-2)。

如图 3-2-2，假设 G 和 F 是两个不同状态的城市人居环境系统，$x_1, x_2, x_3, \cdots, x_n$ 是人居环境系统的共有属性，$x_{g1}, x_{g2}, x_{g3}, \cdots, x_{gn}$ 是最优人居环境状态 G 的具体指标，$x_{f1}, x_{f2}, x_{f3}, \cdots, x_{fn}$ 是实际人居环境状态 F 的具体指标。计

算步骤如下：

(1)从实际人居环境状态 F 的具体指标 $x_{f1}, x_{f2}, x_{f3}, \cdots, x_{fn}$ 中，运用最值法选取 $x_{g1}, x_{g2}, x_{g3}, \cdots, x_{gn}$ 作为最优人居环境状态 G 的具体指标；

(2)x_{gi} 到 x_{fi} 的相对距离：$\dfrac{|x_{fi} - x_{gi}|}{x_{gi}} \times_i$，其中 w_i 为第 i 项指标的权重；

(3)G 到 F 的相对综合健康距离：

$$HD(G, F) = \sum_{i=1}^{n} \left| \frac{F(x_{fi}) - G(x_{gi})}{G(x_{gi})} \right| \times W_i \qquad (3\text{-}2\text{-}8)$$

式中，$HD(G, F$ 为 G 到 F 的相对综合健康距离；$G(x_{gi})$ 为城市人居环境的标准值；$F(x_{fi})$ 为城市人居环境的实际值；W_i 为第 i 个系统的权重。此处，相对综合健康距离 HD 即为城市人居环境的度量值，HD 值越大，则失配度越大，反之越小。

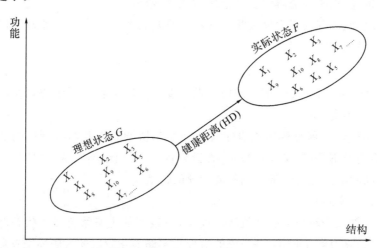

图 3-2-2　城市群人居环境失配度模型

二、测量准则

(一)人居环境失配判别标准

城市群人居环境的判别标准，学界没有统一定论。依据理想人居环境内涵，鉴于城市群人居环境演化分析维度提出人居环境失配度四方面的判别标准：经济发展度、环境怡人度、基本公共服务完善度、居住环境宜居度(图 3-2-3)。此四判断标准相互作用、相互影响，缺一不可，共同构成解读人居环境失配度的路径。

（1）经济发展度。城市（群）经济发展度可用经济发展水平和发展潜力衡量。①经济发展水平维度，城市作为区域的政治、经济和文化中心，具有极值性。经济发展是社会进步的物质基础，城市人居环境改善的首要条件是城市具有雄厚的经济实力和较高的经济发展水平。理想人居环境是一个经济繁荣的城市，可以采用经济总量、经济结构和经济效益三指标衡量。②城市经济发展潜力分析，理想城市人居环境不仅要求城市具有高水平的经济态势，而且具有强劲的经济发展潜力。发展潜力是城市可持续发展的持续动力，是居民获得良好居住、生活和工作环境的物质基础；发展成本、科研能力和创新能力是最能体现城市经济发展潜力的关键因素。

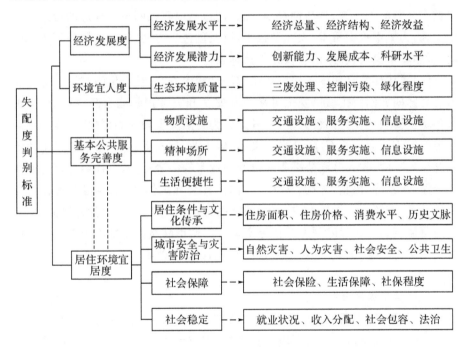

图 3-2-3　城市群人居环境失配度判别标准体系

（2）环境怡人度。环境宜人度要求城市遵循自然的发展，保持自然环境的功能完整，具有良好的生态环境。自然环境承载范围内创造宜人的城市环境与生态景观，满足居民的生理和心理舒适的要求。①自然环境是城市人居环境的基底，是人居环境失配判别标准的基础。气候、水文、土壤、植被等是人居环境的自然要素,不仅直接关系到人的身心健康和生活质量,而且影响城市生态景观与城市风场/水系/温度场运行效率。②一定条件下,城市自然环境对人类活动承载力具有临界限度。城市经济活动超过临界限度时,负面效应将会产生,给城市自然环境可持续带来潜在的危害。生态环境质量可用污染物排放量占比、工业"三废"综合利用率和绿化程度等指标衡量。

(3)基本公共服务完善度。完善的基本公共服务与基础设施是居民通勤、居住以及游憩的保证。①基础设施方面,不仅需要充足的、符合健康要求的生态型住宅,以及与之配套的给排水、能源、交通等基础公共设施;②承载城市人文精神与教育的场所,包括文化设施,如高校、博物馆、图书馆、文化馆;居民休闲娱乐场所,如体育馆、大型综合商场、影剧院等。③生活便捷性。城市群需要拥有完善的生产性、生活性基础设施,还包括以互联网+为标志的信息化基础设施,为城市吸引资本、人才和技术,以及创造出方便、快捷的居住环境。因此,可用城市交通设施、信息设施等指标表达。

(4)居住环境宜居度。居住环境宜居度涵盖安全、社会保障与社会稳定和历史文脉四方面。①城市安全可从公共安全和灾害预防能力两方面分析,灾害预防主要为突发性的公共事件,其又分为自然灾害和人为事故;②城市社会稳定指城市社会运行有序、公平正义、安居乐业、治安良好等,可以用民主法治观念深入程度、收入分配公平程度以及失业率等衡量;③城市社会保障主要指社会保险、救济、福利、优抚、互助等在内的社会保障体系,是维持城市各阶层利益关系、缓解社会矛盾、维护安定团结的稳定器,可用最低生活保障制度、社保的覆盖度和社会保险制度等指标衡量。④城市品质需要城市历史文化遗产和现代文化设施,各级各类文保单位与现代文化设施是衡量城市文化品质标志。

(二)指标遴选及体系化

综合城市群人居环境失配度的内涵,借鉴国内外人居环境失配度评价的实证指标,选取城市群人居环境评价指标,重点考虑三方面:①城市群是高质量一体化的复杂巨系统,人居环境失配评价指标应由不同子系统组成;②城市群人居环境失配指标的结构,既包括衡量子系统间失配的客观指标,又包括子系统内部要素关系测量;③注重尺度的影响,不同尺度的人居环境失配评价重点有所区别,城市内部和城市之间的失配评价指标选取应能反映这些重点。为此,遴选测量城市群人居环境失配的指标遵循如下四原则:

(1)全面性和层次性相结合。城市群人居环境由复杂程度不一、不同作用强度的要素及其功能体构成,每个要素及其功能亦对其分支系统产生影响。遴选指标既要综合反映系统的主要特征,又要关注各子系统的要素组合关系及其功能变化趋势。高层次系统及其功能包涵并决定子系统的功能,子系统的功能影响系统整体功能的发挥。因此,指标遴选应从整体出发考虑各层次各重要因素及其功能的相关衡量指标,以反映所代表层级在评价中的地位和作用。

(2)科学性和可获性。以人居环境失配内涵和突出性问题为导向遴选评价指标,尽可能采用简单指标进行集成,用最少的指标刻画人居环境的状态、趋势及其时空变化过程。评价过程采用的定性指标,应尽量通过科学的方法使之量化。评价指标筛选时候应考虑原始数据获取难易程度,统筹考虑指标设计的系统性与数据获取的难度。尽量遴选区域统计年鉴或各部门年度统计报告,也可结合相关高校长期田野调查累积的数据库(如中国国家调查数据库(Chinese National Survey Data Archive,CNSDA)等),尤应规避数据源不明的评价指标。

(3)突出区域性和动态性。依据评价对象选取指标,尽可能选取具有相同文化背景、经济条件相似和同一发展阶段的指标。衡量城市群人居环境失配度在不同尺度所要达到的目标不同,因此指标选择与指标阈值判定各有侧重。遴选具有地域特色的指标以充分反映城市发展特色,以便全面衡量城市的经济、环境、公共服务和居住环境的失配状况。此外,人居环境失配现象在不同发展阶段的表象亦不同,建立评价指标时须保持一定弹性,适应区域发展阶段特点。

(4)阶段性和可比性。城市群人居环境演化是阶段性过程,设立阶段性目标有利于测量指标的期望效果。因此,评价指标应能反映阶段性,既考察最终目标,亦能预测各阶段的发展目标。构建的指标体系对于不同城市要有统一的衡量指标,以便比较不同城市的时空间变化分析,进而针对指标表征的问题,透视出人居环境各子系统及其要素间的失配状况,便于进行合理调控。

(三)指标项及其度量

遵循判别标准和指标体系构建原则,依据城市群人居环境失配度的科学内涵并借鉴国内外城市或区域人居环境评价实证案例,围绕经济发展、生态环境、基本公共服务、居住环境四维度建立了城市群人居环境失配度的客观评价体系,包括15个指标项和41个指标(表3-2-1)。

(1)经济发展维度,包括经济实力、经济发展潜力、经济结构三个指标项,衡量城际经济发展水平与潜力要素。选取人均 GDP、人均地方财政收入和经济密度三个指标,刻画经济发展的真实实力和经济发展水平;经济发展潜力考察科教水平和创新能力两方面,选取教育支出占 GDP 比率和 R&D 占 GDP

表 3-2-1   城市群人居环境失配度的衡量指标体系

维度	指标项 (要素层)	指标(单位)	阈值标准值	标准来源	属性	权重
经济—环境 子系统 (0.380)	经济实力 (0.2165)	人均 GDP(元)	139653	杭州市(2015 年)	正向	0.1096
		人均财政收入(万元/人)	38251	上海市(2015 年)	正向	0.0721
		经济密度(万元/km²)	39620.64	上海市(2015 年)	正向	0.0349
	发展潜力 (0.1630)	教育支出占财政支出比率(%)	29.41	衢州市(2015 年)	正向	0.0707
		R&D 占 GDP 的比率(%)	3.73	上海市(2015 年)	正向	0.0923
	经济结构 (0.1491)	第三产业产值占 GDP 的比重(%)	67.8	上海市(2015 年)	正向	0.0775
		人均外贸出口商品总值(万美元)	12167.86	苏州市(2015 年)	正向	0.0510
		国际旅游外汇收入(万美元)	640500	上海市(2010 年)	正向	0.0207
	环境舒适 (0.3154)	人均公园绿地面积(m²/人)	19.14	扬州市(2010 年)	正向	0.0983
		建成区绿化覆盖率(%)	49.78	湖州市(2010 年)	正向	0.1190
		空气质量二级及以上天数比例(%)	99	丽水市(2005 年)	正向	0.0981
	环境健康 (0.1560)	大气污染模数	0.89	丽水市(2010 年)	负向	0.0371
		水污染负荷	0.004	上海市(2015 年)	负向	0.0460
		工业固体废物排综合利用率(%)	100	宿迁市(2005 年)	正向	0.0729
基本公共服 务子系统 (0.200)	教育文化 (0.1085)	每十万人博物馆数(个)	1.64	舟山市(2015 年)	正向	0.0639
		每十万人高校数(座)	0.64	南京市(2005 年)	正向	0.0333
		人均图书数(册)	2284	上海市(2015 年)	正向	0.0113
	医疗卫生 (0.1275)	万人医生数(位)	48.14	杭州市(2015 年)	正向	0.0500
		万人床位数(张)	87.95	杭州市(2015 年)	正向	0.0775
	休闲娱乐 (0.2056)	万达广场数(个)	6	上海市(2015 年)	正向	0.0507
		每十万人影剧院数(个)	20.9	扬州(2000 年)	正向	0.0545
		每十万人体育场馆数(个)	3.41	宁波市(2015 年)	正向	0.1004
	交通便捷 (0.3878)	路网密度	208.12	上海市(2015 年)	正向	0.1413
		交通干线影响度	31	上海市(2015 年)	正向	0.0863
		区位优势度	5	苏州市(2015 年)	正向	0.1602
	社会保障 (0.1706)	基本城镇医疗保险参保率(%)	57.03	上海市(2015 年)	正向	0.0583
		基本城镇养老保险参保率(%)	78.65	杭州市(2015 年)	正向	0.0684
		基本失业保险参保率(%)	48.29	杭州市(2015 年)	正向	0.0439

续表

维度	指标项 （要素层）	指标（单位）	阈值标准值	标准来源	属性	权重
居住环境 子系统 (0.420)	居住条件 (0.2307)	人均住房面积（m²）	48.4	台州市（2015 年）	正向	0.1303
		房价收入比（%）	1.64	南通市（2000 年）	负向	0.0904
		人口密度（人/km²）	144	丽水市（2000 年）	负向	0.0099
	社会稳定 (0.1758)	城乡居民收入比（%）	1.23	无锡市（1990 年）	负向	0.0418
		城镇登记失业率（%）	0.2	盐城市（1990 年）	负向	0.0846
		居民受教育程度（%）	40.4	上海市（2015 年）	正向	0.0494
	社会包容 (0.0688)	外来人口比重（%）	40.64	上海市（2015 年）	正向	0.0688
	公共安全 (0.3429)	万人刑事案件立案数（件）	1.44	盐城市（1995 年）	负向	0.0503
		万车死亡人数（人）	1.31	上海市（1990 年）	负向	0.0823
		广场、绿地和校园占城市建设 用地比重（%）	32.43	常州市（2005 年）	正向	0.0849
		人为灾害预防	2	杭州市（2015 年）	正向	0.1255
	文化丰厚 (0.1817)	文物古迹	2	南京市（2015 年）	正向	0.0854
		传统艺术	1.5	宁波市（2010 年）	正向	0.0963

注:各指标标准值的设定主要参考江苏省、浙江省各城市及上海市最优标准。

比率表征；经济结构从产业结构、经济外向结构视角选取第三产业产值占GDP 比重、人均实际利用外资额和旅游外汇收入指标衡量。

（2）生态环境质量维度包括：①城市生态环境质量不仅指城市居民对自然环境舒适性需求的满足程度，要求城市环境要舒适美观，而且更加注重城市生态环境的健康与否，尽可能地减少环境污染负外部性（城市街区和城市之间的边际负效应）。因此，生态环境宜人可从环境舒适、环境健康要素层遴选具体指标。选取人均公共绿地面积、城市绿化覆盖率、空气质量二级及以上天数的比例三指标，反映生态环境舒适程度；环境健康选取大气污染模数、水污染负荷、万元工业产值固体废弃物排放量要素，从空气、水、土等要素全面反映生态环境健康度。

（3）基本公共服务维度。城市基本公共服务包括生活便捷和交通优势两个要素层。生活方便主要测度居民对日常生活服务设施的需求满足程度，一是教育文化、医疗卫生和休闲娱乐等日常生活设施的完备齐全程度，可以选取万人博物馆数、万人高校数、万人图书数反映教育文化发展水平；二是选取万人医生数、万人床位数两个指标，共同反映城市医疗卫生服务水平；三是大型国际化商场数、精神娱乐和休闲活动场所三方面来衡量休闲娱乐设施的完备程度，可采用万达广场数、万人影剧院数、万人体育馆数指标表征；四是城镇医疗保险覆盖率、城镇养老保险覆盖率和失业保险覆盖率三要素可以反映城市居民基本生活权利得到保障的程度。城市交通优势以理想目标为参照系，从"质""量""势"三方面综合集成刻画和评价区域交通环境的优劣，可选取交通网络密度、交通干线影响度和区位优势度三指标[①]。

(4)城市居住环境维度。城市居住环境可以聚焦居住条件、社会稳定、社会包容、公共安全和文化氛围丰度等要素层遴选指标。人均住房面积、房价收入比和人口密度以反映城市住房条件；城乡居民收入比、城镇登记失业率、居民受教育程度来表达社会稳定程度；以外来人口比重表达社会包容性；以万人刑事案件数，万车死亡率，广场、绿地和校园面积占城市建设用地比和人为灾害预防表达城市公共安全程度；从文物古迹、传统艺术两方面衡量文化氛围丰度。

(四)指标测量及其数据源

城市群人居环境失配度衡量指标体系中不仅有多个简单易计算的统计数据指标，而且也有诸多单指标复合而成的集成测算指标。集成数据指标的内涵丰富，计算过程复杂，需要说明计算过程。

(1)经济密度：用于测度城市经济发展水平与集聚程度。可以采用城市国民生产总值与城市辖区面积之比计算，表征城市单位面积经济活动的效率和土地利用密集程度。其值愈大，经济效益越高，城市经济越发达。

(2)大气污染模数：用来表征大气质量好坏或其污染程度，采用大气污染模数是 SO_2、烟尘和粉尘等大气污染物排放量总和与城市面积的比值，其值越大污染越严重。

(3)水污染负荷：用来表示水污染程度的指标，一般采用 COD 污染指数，是一个地区 COD 排放量与该地区水资源总量的比值。

(4)房价收入比(Price-to-Income Ratio)：用于衡量家庭住房购买力和承受力，是居民住房支付能力的指示器，也是衡量居民对居民幸福感和生活质量的一个重要指标。房价收入比一般用每套住宅商品房销售价格(HP)与家庭平均年收入(HI)之比表示。其中，HP 是住宅商品房单位面积平均销售价

---

① 金凤君,王成金,李秀伟.中国区域交通优势的甄别方法及应用分析[J].地理学报,2008(8):787-798.

格、城镇人均住房建筑面积与家庭人口数的乘积;HI 是城镇居民人均可支配收入与家庭人口数的乘积。

(5)社会保障:基本城镇医疗、养老、失业参保率分别用当年医疗、养老、失业参保人数与当年常住总人口的比重表达。

(6)路网密度:用于测度城市发展的支撑能力和未来发展潜力,主要通过交通设施运营长度或点数量与城市土地面积的绝对比值表示,其值越大,网络越密集,区域交通通达度越好,本书主要采用具有普适性的公路路网密度。

(7)交通干线影响度:依据交通设施的技术—经济特征,按照交通智能理念进行分类赋值。首先,确定城市是否拥有重要或大型交通设施及数量;其次,测算该城市行政中心与交通干线交通距离;最后,根据各距离的权重(表3-2-2)分别计算城市交通干线影响值。

表 3-2-2　交通干线技术水平权重赋值

类型	子类型	标准	赋值	类型	子类型	标准	赋值
铁路	复线铁路	拥有复线铁路	2.0	水运	枢纽港口	拥有主枢纽港	1.5
		≤30km 距离	1.5			≤30km 距离	1.0
		≤60km	1.0			≤60km	0.5
		其他	0.0			其他	0.0
	单线铁路	拥有单线铁路	1.0		一般港口	拥有一般港口	0.5
		≤30km	0.5			其他	0.0
		其他	0.0	公路	干线机场	拥有干线机场	1.0
公路	高速公路	拥有高速公路	1.5			≤30km	0.5
		≤30km 距离	1.0			其他	0.0
		≤60km	0.5		支线机场	拥有支线机场	0.5
		其他	0.0			其他	0.0
	国道公路	拥有国道	0.5				
		其他	0.0				

资料来源:樊杰.主体功能区划技术规程[M].北京:科学出版社,2020

(8)区位优势度:区域中心城市具有统领城市群空间结构的能力,与中心城市距离远近直接影响其城市发展潜力。采用最短路径模型进行评估城市的辐射范围,假设相对封闭的交通网络中,任意两节点间均以最短距离实现交通。根据各城市与城市群关键节点的最短距离,参照距离衰减规律对各城市赋值权重（表 3-2-3）。

表 3-2-3 各城市距离城市群中心城市的权重赋值

级别	距离	赋值	级别	距离	赋值
1	0～50	2	4	300～600	0.5
2	50～150	1.5	5	600～1000	0
3	150～300	1			

资料来源：樊杰.主体功能区划技术规程[M].北京：科学出版社,2020

（9）人为灾害预防：应对恐怖袭击、大规模火灾、大爆炸等破坏性人为灾害机制和预案周密完整的城市得 2 分；完整但不够周密的城市得 1 分；几乎没有的城市得 0 分。

（10）文物古迹：有世界文化遗产/世界文化景观,全国重点文物保护单位、国家历史文化名城,国家非物质文化遗产保存较好的城市得 2 分；保护一般的城市得 1 分,保护较差的城市得 0 分。

（11）传统艺术：具有地方特色传统艺术的保存状况,按照较好、一般、较差分别赋值相关城市 1.5 分、0.7 分、0 分。

（12）居民受教育程度：指各城市大学以上程度人口占常住人口的比重。

三、评判标准

（一）评判标准值选择

评价标准是度量城市群人居环境状况的相对标尺。城市群人居环境失配度评判指标的标准值确定依据如下：一是采用国际或国内非营利性机构和政府研究报告的标准值；二是参考国内外人居环境优越城市群的现状值；三是依据长三角城市群研究结果中极值作为标准值；四是参考《地理学报》《城市规划》等权威期刊刊发城市群相关实证研究结果。

理想城市群人居环境城市群各发展阶段的最佳状态,不存在某城市群人居环境干支系统最优且其下属的每一项指标最优情形。长三角城市群既在经济总量领先中国,又处于经济—生态—科技创新综合可持续发展的前沿,同时也是中国城市群城镇化水平最高且问题最密集的区域。因此,针对城市群内部人居环境比较,对促进城市群均衡化发展以及解决城市协调发展及要素流动具有重要价值。为此,研究过程采用长三角城市群人居环境干支系统的指标最值作为长三角地区发展阶段的标准值,这些标准值构成最优人居环境发展态势的矩阵,确定长三角城市群人居环境失配状态标准值(表 3-2-1)。

(二)人居环境失配度测算

1. 指标因子规范化

样本矩阵构建:定义 X 为城市群人居环境分维度失配状况对应于 m 个评价指标与 n 个评价对象的样本矩阵,则设

$$X=\lfloor x_{ij}\rfloor_{n\times m} \tag{3-2-9}$$

式中:x_{ij} 是第 i 年第 j 项指标原始值。

数据标准化处理:城市群人居环境失配度评价指标的原始数据、类型和来源不尽相同,并且各指标原始值在数量级上相差悬殊且无可比性,为了消除各指标的数量级以及量纲之间的差异对计算结果影响,需要建立数学模型对样本数据进行变换处理。城市群人居环境失配度评价指标体系,将评价指标分为正向型指标和逆向型指标两类,正向型指标表示指标数值越大描述的人居环境质量越优,逆向型指标表示指标越小人居环境质量越优。

各指标原始值量纲不同,导致其运算结果受到干扰和影响,为消除指标量纲不同对计算结果扰动,对各指标原始数据进行无量纲化。采用极差标准化对原始数据进行标准化处理。设标准化后的样本矩阵为 Y,则

$$Y=\lfloor y_{ij}\rfloor_{n\times m},y_{ij}\in[0,1] \tag{3-2-10}$$

其中

$$y_{ij}=\begin{cases} x_{ij}-\min x_{ij}/\max x_{ij}-\min x_{ij} & \text{正向性} \\ \max x_{ij}-x_{ij}/\max x_{ij}-\min x_{ij} & \text{逆向性} \end{cases} \tag{3-2-11}$$

式中:y_{ij} 为标准化值;$\max x_{ij}$ 为第 j 项指标的最大值;$\min x_{ij}$ 为第 j 项指标的最小值。

2. 权重选择

指标权重是指标之间相对重要性程度的反映,可以影响评价结果的准确性和可靠性。确定指标权重方法有主观赋权法和客观赋权法两类思路,主观赋权法指研究者按照各指标的重要程度,依照研究经验主观地确定各个指标的权重值,实质是专家经验的反映,其决策或评价结果都带有很大主观随意性,包括特尔菲法(Delphi)、层次分析法(AHP)和专家调查法等;客观赋权法是根据指标原始信息,经过统计方法处理后得到各指标权重值,具有较强的数学理论支撑,较为客观,如熵权法、主成分分析法、因子法、变异系数法、均方差方法、TOPSIS 等。书中采用客观赋权方法中均方差赋权法,计算公式为:

① 计算变量的均值：

$$\overline{x_j} = 1/n \sum_{i=1}^{n} x_{ij} \tag{3-2-12}$$

其中，x_{ij} 是第 i 年第 j 指标下对应的标准化指标值（$n = 1,2,3,\cdots$）。

② 计算第 j 指标的均方差，公式为：

$$\alpha_j = \sqrt{\sum_{i=1}^{n} (x_{ij} - \overline{x_j})^2} \tag{3-2-13}$$

③ 计算各指标的权重系数：

$$w_j = \alpha_j / \sum_{j=1}^{m} \alpha_j \tag{3-2-14}$$

其中，m 为某评价要素下指标个数，则 $w_j \in [0,1]$，$\sum_{j=1}^{m} w_j = 1$。

3. 二级指标的计算

二级指标值（V_i）是根据它包含的三级指标指数值乘以各自的权重后进行加总，计算公式为：

$$V_i = \sum_{i=1}^{n} f_i Q_i \tag{3-2-15}$$

式中，f_i—— 某三级指标的权重；Q_i—— 某二级指标所包含的三级指标项数。

4. 一级指标的计算

一级指标数值（D_i）是根据其所包含的二级指标数值乘以各自权重后进行加总，计算公式为：

$$D_i = \sum_{i=1}^{N} g_i V_i \tag{3-2-16}$$

式中，g_i—— 某二级指标的权重；N—— 该一级指标所包含的二级指标项数。

5. 计算城市群人居环境综合指数

城市群人居环境综合指数（HCI）是将各指标项指数乘以各自权重后进行加总计算，公式为：

$$HCI = \sum_{i=1}^{n} W_i D_i \tag{3-2-17}$$

式中，W_i—— 某一级指标的权重；D_i—— 该一级指标距离值；n—— 项数。

在计算指标项数值和城市群人居环境综合指数时，权重确定采用特尔斐和语义变量分析法（决策分析法）相结合的方式计算权重（表 3-2-1）。

第三节 技术路线与数据来源

一、关键技术路线

城镇化进程中暴露出很多问题可以归结为城市群或城市人居环境的要素失配或协调性问题。本书以广域与微观"人地关系"理论为基础,从经济增长与环境排放、基本公共服务、居住环境等人居环境子系统协调发展三方面衡量城市群人居环境演化。首先,系统梳理国内外城市与城市群人居环境研究进展,辨析城市群人居环境演化的影响因素,诠释城市群人居环境演化衡量方法,创造性提出城市群人居环境失配度以刻画城市群人居环境演化过程。其次,构造了基于距离协调、健康距离主导的城市群人居环境协调性刻画模型——人居环境失配度。第三,综合运用 EKC 曲线、环境耦合度等工具分析长三角城市群人居环境的背景值——经济发展与环境排放、基本公共服务、居住环境之间关系及其演进,系统刻画城市群人居环境的经济发展—生态环境、基本公共服务、居住环境等子系统时空演变特征,甄别要素维度失配格局和要素复合维度人居环境失配格局,诊断城市群人居环境演化的基本特征、发展态势与关键障碍(图 3-3-1)。

二、研究数据来源

参照人居环境变化规律和中国城市规划的时间节点,选取 5 年为一个周期采集面板数据。研究数据来源于相关城市的统计年鉴、统计公报、普查数据、抽样调查数据、地理信息数据以及其他专题报告数据。

(1)统计年鉴:中国统计出版社出版的《中国统计年鉴》《中国城市统计年鉴》《江苏统计年鉴》《浙江统计年鉴》和《上海统计年鉴》以及长三角其他地级市的统计年鉴,住建部编辑出版的《中国城市建设统计年鉴》及《长三角与珠三角城市统计年鉴》《中国区域经济统计年鉴》等。

(2)普查数据和抽样数据:流动人口、常住人口、居民受教育程度等数据参考长三角地区城市的人口普查公报、1‰人口抽样调查主要数据公报等。

(3)资源环境、科技创新等专题统计数据:源于长三角城市的国民经济和社会发展统计公报、水资源统计公报、全国 R&D 资源清查公报等。

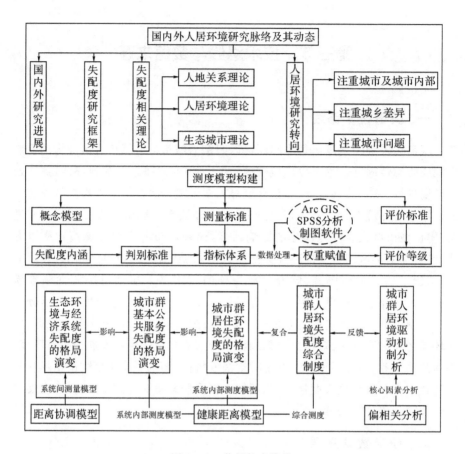

图 3-3-1　分析技术路线

(4)地理信息数据:源于国家基础地理信息系统公布的长三角地区基础地理信息矢量数据。

中 篇

长江三角洲城市群人居环境演化：过程、格局与机理

第四章　城市群人居环境建设的长三角经验与全国意义

第一节　中国沿海城市经济增长与环境污染脱钩

　　1972 年联合国人类环境大会之后,环境与发展的关系成为全球热点。1992 年和 2012 年两次在巴西里约热内卢举行的联合国环境与发展会议使各国共同开始关注发展与环境保护问题[①]。中国沿海城市经济快速增长,也伴随着严重的环境污染,环境约束的趋紧致使政府与学界日益关注经济增长与环境污染的关系[②]。学界有关经济增长与环境质量的关系研究多从环境库兹涅茨曲线视角展开。Grossman 和 Krueger[③] 于 1991 年开创性地将库兹涅茨曲线引入经济增长和环境质量的关系研究,并得到了环境库兹涅茨曲线(EKC),表明环境污染水平与经济增长之间的散点曲线呈"倒 U 型"。此后,实证表明两者关系可以是"倒 U 型"[④]、"N 型"[⑤][⑥]和"U 型"[⑦]等。对此,学界提

　　①　侯鹏,王桥,申文明.生态系统综合评估研究进展:内涵、框架与挑战[J].地理研究,2015,34(10):1809-1823.

　　②　陈向阳.环境库兹涅茨曲线的理论与实证研究[J].中国经济问题,2015(3):51-62.

　　③　吕健.中国经济增长与环境污染关系的空间计量分析[J].财贸研究,2011(4):1-7.

　　④　Selden T,Song D. Environmental quality and development:is there a Kuznets curve for air pollution estimates[J]. Journal of Environmental Economics and Management,1994(27):147-162.

　　⑤　Inmaculada M Z,Aurelia B M. People mean group estimation of an environmental Kuznets curve for CO2 [J]. Economics Letters,2004,82:121-126.

　　⑥　田晓四,陈杰,朱诚.南京市经济增长与工业"三废"污染水平计量模型研究[J].长江流域资源与环境,2007,16(4):410-413.

　　⑦　沈锋.上海市经济增长与环境污染关系的研究[J].财经研究,2008(9):81-90.

出用复合指标测量二者关系：如吴跃明①等建立了耦合度模型并运用灰色系统进行预测，赵翠薇②运用灰色关联分析和效益函数模型刻画贵州环境与经济发展的协调性，马丽③运用耦合协调度模型计算中国 350 个地级单元的经济环境耦合度和协调度。鉴于环境污染与经济增长相互关系的复杂性，学界开始关注经济发展与能源消耗问题：如张小平④测算了甘肃省 1990—2010 年能源碳排放与经济增长的脱钩关系，王崇梅⑤测度了 1990—2007 年中国 GDP 与能源消耗强度脱钩问题，张蕾⑥测度了 2000—2007 年长三角 16 市的生产总值和工业"三废"指标脱钩状态。总之，现有研究都以某一地区为对象，利用长时段经济与环境质量数据模拟二者关系，并引入耦合模型与脱钩理论尝试解释经济与环境之间复杂的关系，却并未关注到沿海城市快速发展的经济与日益下降的环境质量。为此，运用《中国城市统计年鉴》和《中国环境统计年鉴》2007—2013 年 17 个城市的面板数据，基于熵值法赋值引入脱钩模型刻画沿海 17 个城市经济发展与环境污染之间的关系及其时空演变特征，以期为沿海地区可持续发展提供决策参考⑦⑧。

一、模型构建与数据源

(一)指标遴选与数据处理

科学合理的指标体系构建是脱钩分析的前提条件之一，借鉴已有研究成果构建沿海城市经济发展与环境污染评价指标体系：选取工业废水排放量、工业二氧化硫排放量和工业固体废物排放量这 3 个指标表征环境污染指标，地

---

① 吴跃明,张子珩,郎东峰.新型环境经济协调度预测模型及应用[J].南京大学学报(自然科学版),1996,32(3):466-472.

② 赵翠薇.欠发达地区经济发展与环境变化的协调性研究[J].贵州师范大学学报(自然科学版),2007,25(7):101-106.

③ 马丽,金凤君,刘毅.中国经济与环境污染耦合度格局及工业结构解析[J].干旱区资源与环境,2012,67(10):1299-1307.

④ 张小平,郭灵巧.甘肃省经济增长与能源碳排放间的脱钩分析[J].地域研究与开发,2013,05:95-98.

⑤ 王崇梅.中国经济增长与能源消耗脱钩分析[J].中国人口资源与环境,2010,20(3):35-37.

⑥ 张蕾,陈雯,陈晓.长江三角洲地区环境污染与经济增长的脱钩时空分析[J].中国人口资源与环境,2011,S1:275-279.

⑦ 马仁锋,吴丹丹,张文忠,倪欣欣,朱保羽.城市文化创意产业微区位模型及杭州案例[J].经济地理,2019,39(11):123-133.

⑧ 马仁锋,王腾飞.城市空间结构对新兴产业区位影响研究动态与展望[J].世界地理研究,2019,28(05):141-152.

方生产总值表征经济发展指标。运用熵值法来计算指标的权重,以避免主观赋值的影响偏差。其主要步骤如下:首先需对初始数据做标准化处理;然后计算出指标的权重;最后根据熵值法所得权重的大小来计算各个单项指标的得分以及综合环境污染得分数据。数据标准化处理:首先需对初始数据做正规化处理。指标值越大对系统发展越有利时,采用正向指标计算方法;指标值越小对系统发展越好时,采用负向指标计算方法处理。

正向和负向指标计算方法依次为

$$X'_{ij} = (X_{ij} - \min X_{ij})/(\max X_{ij} - \min X_{ij})$$
$$X'_{ij} = (\max X_{ij} - X_{ij})/(\max X_{ij} - \min X_{ij})$$
(4-1-1)

指标权重 W_j 及综合实力得分 S_i 计算公式为

$$W_j = \left[1 + k \sum_{i=1}^{m} (Y_{ij} * \ln Y_{ij}) \right] \Big/ \sum_{j=1}^{n} dj$$
(4-1-2)

$$S_i = \sum_{j}^{n} W_{ij} * X'_{ij}$$
(4-1-3)

其中,$\max X_{ij}$ 和 $\min X_{ij}$ 表示指标的最大值和最小值;m 是研究区数量;n 为指标数。

考虑到数据的可得性和样本量,沿海城市的工业环境污染数据来自相关年份的《中国环境统计年鉴》,地方经济发展数据源于各年份的《中国城市统计年鉴》。17 个沿海城市的选取标准亦源自《中国环境统计年鉴》。

(二)模型的选择

目前主要采用 OECD 脱钩指数、Tapio 弹性分析和基于 IPAT 方程的脱钩分析模型测量脱钩度。其中,OECD 脱钩指数模型应用较为广泛,但其对数据要求不高,且指标的敏感性较强,并不能准确判断脱钩的程度和类别;而Tapio 弹性分析模型很好地解决了这些问题,但是该方法对脱钩类别划分得过于精细,有可能会导致概念和分类的混乱;比较而言,IPAT 方程具备系统性和适应性,能灵活处理不同领域的问题。鉴于此,选取陆钟武等[①]基于IPAT 方程所推导出的脱钩指数模型用于研究沿海城市经济发展与环境污染的脱钩情况,脱钩公式为

$$Dr = \frac{t}{g}(1+g)$$
(4-1-4)

式中,Dr 为资源脱钩指数;g 为一定时期内 GDP 的年增长率(GDP 增长时 g

---

① 陆钟武.脱钩指数:资源消耗、废物排放与经济增长的定量表达[J].资源科学,2011(1):2-9.

为正值、下降时 g 为负值);t 为同期内单位 GDP 资源消耗的年下降率(下降时 t 为正值、升高时 t 为负值);脱钩关系划分根据 Dr 值进行分类[①](表 4-1-1)。

表 4-1-1　脱钩指数的三个等级划分

Dr	脱钩程度($g>0$)	Dr	脱钩程度($g<0$)
<0	未脱钩	>1	未脱钩
$[0,1)$	相对脱钩	$[0,1)$	相对脱钩
>1	绝对脱钩	<0	绝对脱钩

二、沿海城市经济发展与环境污染的脱钩分异格局

(一)脱钩指数 Dr 计算

基于熵值法和 3 个工业环境污染指标数据计算 17 个沿海城市环境污染各指标的权重如表 4-1-2 所示。根据表 4-1-3 中 17 个沿海城市环境污染 3 个因子所占比重,得出 17 个城市的环境污染数据,并结合沿海城市经济发展数据,计算出沿海各个城市经济发展指数的年增长率和单位 GDP 环境污染的年下降率 t,代入脱钩指数公式,得到沿海城市 2007—2013 年各年份的脱钩指数 Dr(表 4-1-3)。

表 4-1-2　沿海城市环境污染 3 个子系统所占权重

城市	工业废水	工业 SO_2	工业固体废弃物
天津	0.28957	0.23448	0.47595
秦皇岛	0.22749	0.38684	0.38567
大连	0.35114	0.30981	0.33905
上海	0.27775	0.35579	0.36647
连云港	0.44181	0.24168	0.31651
宁波	0.38881	0.24260	0.36859
温州	0.38273	0.36980	0.24747
福州	0.28168	0.33283	0.38549
厦门	0.40402	0.33415	0.26183

---

① 张蕾,陈雯,陈晓.长江三角洲地区环境污染与经济增长的脱钩时空分析[J].中国人口资源与环境,2011,S1:275-279.

续表

城市	工业废水	工业 SO₂	工业固体废弃物
青岛	0.30426	0.30005	0.39570
烟台	0.47380	0.23402	0.29218
深圳	0.36101	0.39325	0.24574
珠海	0.30774	0.27644	0.41583
汕头	0.33007	0.26940	0.40052
湛江	0.34964	0.34396	0.30640
北海	0.29078	0.39842	0.31080
海口	0.31837	0.34905	0.33259

表 4-1-3　沿海城市经济与环境污染的脱钩效应（2007—2013）

城市	Dr					
	2007—2008 年	2008—2009 年	2009—2010 年	2010—2011 年	2011—2012 年	2012—2013 年
天津	1.18089	1.26475	0.94452	0.98068	1.24532	1.19201
秦皇岛	1.87349	19.35785	−0.33645	−0.09235	1.61586	0.31755
大连	1.88249	0.87485	1.07786	0.22806	1.15645	2.62076
上海	1.96865	1.16743	1.77069	−0.81411	0.25813	1.28529
连云港	1.31968	0.90908	0.66125	−3.68104	1.18124	2.06510
宁波	1.15330	0.68369	0.65555	0.73295	0.82012	1.29882
温州	1.08066	6.98519	−6.31315	4.12344	1.21990	1.67098
福州	1.57480	2.70718	0.07483	0.51687	1.22937	2.14932
厦门	1.54511	1.54337	0.02645	−25.06151	2.33043	0.83810
青岛	0.83131	0.21156	0.77029	0.73199	1.11055	1.44712
烟台	1.14825	0.62080	0.42455	0.47485	0.23576	0.79622
深圳	1.65756	1.56234	0.31905	−0.49536	−0.44120	0.10582
珠海	0.48327	4.08802	0.75594	2.24957	−0.89146	0.96085
汕头	0.83103	2.12012	−0.41781	2.06516	2.01891	−0.11314
湛江	1.49386	1.19897	0.92681	0.32291	−2.69176	3.32271
北海	0.87722	17.30797	0.57447	−0.63446	0.30125	2.32210
海口	2.09025	1.15084	0.67364	−0.34338	−1.82450	1.58626

（二）脱钩指数的整体态势演进

如表 4-1-3 所示脱钩指数,可知沿海城市经济发展与环境污染脱钩的整体历程为"绝对脱钩—相对脱钩—未脱钩—相对脱钩—绝对脱钩"的演进过程。"十一五"期间,节能减排政策推动下沿海城市环境保护取得阶段性成效,但环境质量改善任重道远,尤其是工业污染问题仍旧严重。2008 年沿海地区多数城市处于绝对脱钩的状态,这在很大程度上受益于 2008 年北京奥运会的举办,即相关部门下发了较为严格的环境政策,同时盛会的举行也促进了沿海城市旅游业的发展,从而使得沿海城市的经济发展与环境污染实现了绝大部分的绝对脱钩,环境污染得到了有效控制。奥运盛会的影响力使得沿海城市从 2008 年绝对脱钩,经历了 2009 年的相对脱钩,最后演变到 2010 年的未脱钩。2010 年之后可持续发展观作为中国发展的指南,沿海城市经济发展和环境污染又呈现出相对脱钩和绝对脱钩的趋势。但是,因各城市地理位置和经济发展程度不同,脱钩状态呈现参差不齐的现象。

（三）沿海城市经济发展与环境质量脱钩状态的区域分异

根据表 4-1-1 和表 4-1-3 数据得沿海 17 城市 2007—2013 年间经济发展与环境质量关系的脱钩类型（表 4-1-4）,整体可分为 3 类状态:未脱钩城市、相对脱钩城市、绝对脱钩城市。

表 4-1-4　沿海城市 2007—2013 年经济发展与环境污染脱钩状态演变

城市	脱钩状态					
	2007—2008 年	2008—2009 年	2009—2010 年	2010—2011 年	2011—2012 年	2012—2013 年
天津	绝对脱钩	绝对脱钩	相对脱钩	相对脱钩	绝对脱钩	绝对脱钩
秦皇岛	绝对脱钩	未脱钩	未脱钩	未脱钩	绝对脱钩	相对脱钩
大连	绝对脱钩	相对脱钩	绝对脱钩	相对脱钩	绝对脱钩	绝对脱钩
上海	绝对脱钩	绝对脱钩	绝对脱钩	未脱钩	相对脱钩	绝对脱钩
连云港	绝对脱钩	相对脱钩	相对脱钩	未脱钩	绝对脱钩	绝对脱钩
宁波	绝对脱钩	相对脱钩	相对脱钩	相对脱钩	相对脱钩	绝对脱钩
温州	绝对脱钩	绝对脱钩	未脱钩	绝对脱钩	绝对脱钩	绝对脱钩
福州	绝对脱钩	绝对脱钩	相对脱钩	相对脱钩	绝对脱钩	绝对脱钩
厦门	绝对脱钩	绝对脱钩	相对脱钩	未脱钩	绝对脱钩	相对脱钩
青岛	相对脱钩	相对脱钩	相对脱钩	相对脱钩	绝对脱钩	绝对脱钩

城市	脱钩状态					
	2007—2008 年	2008—2009 年	2009—2010 年	2010—2011 年	2011—2012 年	2012—2013 年
烟台	绝对脱钩	相对脱钩	相对脱钩	相对脱钩	相对脱钩	相对脱钩
深圳	绝对脱钩	绝对脱钩	相对脱钩	未脱钩	未脱钩	相对脱钩
珠海	相对脱钩	绝对脱钩	相对脱钩	绝对脱钩	未脱钩	相对脱钩
汕头	相对脱钩	绝对脱钩	未脱钩	绝对脱钩	绝对脱钩	未脱钩
湛江	绝对脱钩	绝对脱钩	相对脱钩	相对脱钩	未脱钩	绝对脱钩
北海	相对脱钩	绝对脱钩	相对脱钩	未脱钩	相对脱钩	绝对脱钩
海口	绝对脱钩	绝对脱钩	相对脱钩	未脱钩	未脱钩	绝对脱钩

　　未脱钩城市,主要包括秦皇岛、温州、连云港、上海、厦门、深圳、北海、海口等城市在某些年份出现的状态或者持续状态。1)个别年份某些城市经济增长与环境污染关系呈现未脱钩状态,如 2010 年的温州和汕头、2011 年的连云港、上海、深圳、北海和海口等。在 2010 年温州市未脱钩指数最高(-6.31315);2011 年未脱钩的 7 城市中厦门未脱钩指数最高(-25.06151)、连云港其次(-3.68104),其余城市未脱钩指数均在[-1,0]区间内;2012 年深圳、珠海、湛江和海口处于未脱钩状态,但是未脱钩指数均较低;2013 年仅有汕头出现未脱钩现象,且脱钩指数为-0.11314。2)秦皇岛作为中国北方工业、旅游业重点发展城市,2009—2011 年连续处于未脱钩状态。究其成因在于作为世界级汽车轮毂制造基地、中国最大铝制品加工生产基地以及北方最大粮油加工基地,秦皇岛市的经济发展呈现衰退趋势,而且受港口工业影响环境污染居高不下,二者相关程度较高。

　　沿海城市在不同阶段均存在一定程度的相对脱钩现象。2008 年珠海、青岛、汕头和北海处于相对脱钩状态,2009 年大连、连云港、宁波、青岛、烟台处于相对脱钩状态,2009—2010 年绝大部分沿海城市处于绝对脱钩状态。到 2011 年,天津、大连、宁波、福州、青岛、烟台、湛江处于相对脱钩状态,相对脱钩的沿海城市数量较 2010 年变少,且相对脱钩的指数较小。2009—2012 年,上海和北海由未脱钩变为绝对脱钩,宁波和烟台连续四年保持相对脱钩状态,深圳和珠海由未脱钩转变为相对脱钩状态,同时秦皇岛、厦门由绝对脱钩转变为相对脱钩。

　　2008 年沿海城市中多数城市处于绝对脱钩状态(除珠海、汕头、北海、青岛），说明环境污染与沿海经济发展的相关关系较弱。自 2009 年开始，处于绝对脱钩城市逐渐减少，直至 2011 年降到最低，作为"十二五"规划的第一年，各城市均铆足了劲进行发展，对污染的控制有所懈怠，导致 2011 年仅有温州、珠海和汕头处于绝对脱钩状态。2012—2013 年沿海城市经济增长与环境污染的依赖性降低，大部分城市的脱钩状态较好，处于绝对脱钩状态。

三、结论与讨论

从整体脱钩状态演变看，作为对外开放程度较高的沿海城市，2007—2013 年间工业经济发展与环境污染呈现了绝对脱钩—相对脱钩—未脱钩—相对脱钩—绝对脱钩的演变过程，未来将持续绝对脱钩的态势。受 2008 年前后国家政策强制性实施，沿海城市经济发展与环境污染的脱钩明显。随后的 2009—2011 年受"十一五"规划的最后两年和"十二五"规划的开局年，工业发展速度相对加快，导致大部分沿海城市的工业污染状况严重，脱钩城市骤降。2012 年后，国家日益重视环境问题，导致沿海城市逐渐转向经济发展与环境污染绝对脱钩的状态。就脱钩状态的城市差异而言，17 个沿海城市中位于中北部的沿海城市以绝对脱钩为主，且脱钩指数较好；南部沿海城市的绝对脱钩指数不高。尤其是深圳、珠海、汕头、湛江作为中国首批对外开放城市，加工制造业是主要产业，带来了相应的环境问题，它们的脱钩指数和脱钩发展状态在全国沿海城市中一直处于落后水平。这表明南部沿海城市的经济发展与环境污染的依赖性强，亟待加快其产业结构转型升级。

通过脱钩状态的测量可知，中国沿海城市在实现经济发展的同时，大部分城市的经济发展及其可持续性较好。鉴于沿海城市经济增长与环境污染脱钩的差异，在推动城市经济、环境协调发展过程中应注重：1）各沿海城市应强化统筹经济发展与环境质量的协调性，提高经济发展的集约度和绿色水平，实现可持续发展；2）各沿海城市经济发展及其环境污染的关系存在内部差异，意味着北方、南方沿海城市应追求经济增长与环境质量的"双赢"，但是模式可以多样化；同时，脱钩水平较差的城市应该学习较高城市的经济结构优化政策、节能环保技术推广应用与新技术研发等实现城市经济发展可持续的技术、先进管理经验。总体而言，沿海城市应构建绿色、生态的地方发展策略，首要任务是优化产业结构和能源结构，大力发展第三产业和高新技术产业，推动经济增长模式转型；其次是加速新型节能环保技术的研发与应用，推动工业能耗降低和三废排放当量降低；再次是大幅提升终端用能的电气化水平，尤其是在城市交通、工业领域钢铁、建材、石化生产的煤/油改电。对于北方沿海城市而言，既要着力推进工业领域的节能改造和绿色能源替代煤炭，又要强化民生用能的去煤化和城市私家车总量控制，同时积极推进港口与旅游相关的第三产业节能环保转型；对于南方沿海城市，首要任务是全面提升城市公共交通质量与结构以降低私家车出行增速，其次要提高产业环保准入门槛，淘汰现有各种所有制高能耗企业，再次要全面推进陆海统筹和科技研发，支持海洋经济和战略性新兴产业的绿色发展，降低产业发展的环境污染水平。

第二节　中国东部地区城市基本公共服务区域差异演化

公共服务即提供公共产品和服务，包括城乡公共设施、社会保障服务和教育、科技、文化、卫生、体育等公共事业，为社会公众生活提供保障和创造条件[①].《国家基本公共服务体系"十二五"规划》提出基本公共服务指建立在一定社会共识基础上，由政府主导提供的与经济社会发展水平和阶段相适应，旨在保障全体公民生存和发展基本需求. 减小区际基本公共服务差异是消除区域发展鸿沟的重要前提，区际基本公共服务发展均衡才能消除区域发展的起点差异. 相关研究集中在(1)中国社会性公共服务区域差异与经济发展区域差异有一定的耦合性，且近期呈逐步扩大态势[②③]。(2)多指标测算省际、市际和县际基本公共服务水平的差距及其变化[④⑤⑥]；研究发现 2004—2008 年我国 28 个省基本公共服务均等化指数总体趋好，但远未实现城乡基本公共服务均等化；城际基本公共服务差距明显，且呈从东部沿海到中、西部逐步降低的特

---

①　中国行政管理学会课题组.加快我国社会管理和公共服务改革的研究报告[J].中国行政管理,2005(2):10-15.

②　李敏纳,覃成林,李润田.中国社会性公共服务区域差异分析[J].经济地理,2009,29(6):887-893.

③　王楠楠,王益澄,马仁锋,等.山东半岛与长三角、珠三角城市群综合竞争力比较研究[J].宁波大学学报(理工版),2015,28(4):114-119.

④　任强.中国省际公共服务水平差异的变化:运用基尼系数的测度方法[J].中央财经大学学报,2009(11):5-9.

⑤　安体富,任强.公共服务均等化:理论、问题与对策[J].财贸经济,2007(8):48-53.

⑥　马慧强,韩增林,江海旭.我国基本公共服务空间差异格局与质量特征分析[J].经济地理,2011,31(2):212-217.

点。(3)从财政、政治、经济等角度研究基本公共服务差异的成因[1][2][3][4][5][6],认为财政非均等化导致公共服务发展的不均衡,且中国区域差异大,人们无法通过自由流动实现公共服务均等化[7];财政转移支付制度一定程度上缓解公共服务区域差异扩大。[8] 总体而言,公共服务区域差异研究成果较多,但鲜见针对中国东部沿海城市相关研究。

本研究构建基本公共服务指标体系,利用定量方法刻画中国东部地区城市基本公共服务各指标的差异和总体水平分异及两者的演化特征,以期揭示中国东部地区不均衡发展状态。

一、基本公共服务失配度评价、分级与诊断

(一)数据标准化与指标权重赋值

借鉴相关研究,选取教育、文化体育、医疗卫生3要素7个指标衡量城市基本公共服务水平(表4-2-1)。(1)教育基本公共服务:着眼于普通高等教育供给量,选取普通高等院校数表征城市对高中阶段和本科阶段受教育需求人口的吸引力和集聚力。(2)文化体育基本公共服务:选取公共图书馆数及其藏书量,主要是因为图书馆承担精神文化传承,支撑城市文化发展,表征城市文化空间的丰富程度;体育场数、影院剧院数反映城市休闲娱乐活动品质。(3)医疗卫生公共服务:遴选卫生机构数与卫生机构床位数,这是国际通常采用衡量医疗卫生公共服务水平的核心指标。

① 郭宏宅.公共服务均等化:理论评价与实际应用[J].当代财经,2008(3):29-33.
② 陈昌盛,蔡跃洲.中国政府公共服务:体制变迁与地区综合评估[M].北京:中国社会科学出版社,2007.
③ 胡陶.基于财政视角的公共服务均等化问题研究[J].改革与开放,2017(5):17-18.
④ 肖育才,谢芬.转移支付与县级基本公共服务均等化[J].西南民族大学学报(人文社科版),2016,37(6):107-113.
⑤ 汤玉刚,陈强,满利苹.资本化、财政激励与地方公共服务提供[J].经济学(季刊),2016,15(1):217-240.
⑥ 陈文辉.论医疗卫生的公共产品特性及其实现形式[J].宁波大学学报(理工版),2007(2):268-273.
⑦ 张恒龙,陈宪.构建和谐社会与实现公共服务均等化[J].地方财政研究,2007(1):13-17.
⑧ 郭琪.实现地区间公共服务均等化的途径[J].当代经济,2006(3):6-7.

表 4-2-1 基本公共服务测度指标

分类	统计指标
教育	普通高等院校个数/个
文化体育	公共图书馆个数/个
	图书馆藏书量/万册
	体育场个数/个
	影院和剧院个数/个
医疗卫生	卫生机构个数/个
	卫生机构床位数/张

（二）基本公共服务失配度测算

国内主要采用层次分析法、数据包络分析研究法刻画区域公共服务综合水平，常用泰尔指数、基尼系数、变异系数、熵值等方法分析公共服务的区域差异。为此，首先选用泰尔指数法分析城际不同指标差异，随后采用熵值法刻画城际基本公共服务整体差异。（1）泰尔指数是从信息量概念出发测度不平等性和差异性，将总体差异性分解为各部分间差异性和各部分内部的差异性。泰尔指数可衡量公共服务某指标在各个城市间的差异程度，其公式为：

$$T = \frac{1}{n} \sum_{i=1}^{n} \left[\frac{X_i}{\sum_{i=1}^{n} X_i} \times \ln \left(\frac{X_i}{\sum_{i=1}^{n} X_i} \right) \right] \qquad (4\text{-}2\text{-}1)$$

其中，T 为泰尔指数、X_1 为某项特定指标第 1 个城市数值、X_i 为公共服务某特定指标第 i 个城市数值。泰尔指数 T 为 0 时说明在某项特定指标城际没有任何不平等；当 T 为 1 时表示某项特定指标城际存在绝对不平等。

（2）熵值法计算城市基本公共服务发展水平，可避免主观赋值偏差。首先标准化初始数据，然后计算出指标权重，最后根据熵值法所得权重计算总得分。数据标准化过程正向、负向指标的计算方法分别为

$$X'_{ij} = (X_{ij} - \min X_{ij}) / (\max X_{ij} - \min X_{ij})$$
$$X'_{ij} = (\max X_{ij} - X_{ij}) / (\max X_{ij} - \min X_{ij}) \qquad (4\text{-}2\text{-}2)$$

指标权重 w_j 计算式为：

$$w_j = (1 - e_j) \Big/ \sum_{j=1}^{n} (1 - e_j) \qquad (4\text{-}2\text{-}3)$$

其中：

$$e_j = -k \sum_{i=1}^{m} (Y_{ij} * \ln Y_{ij}) \qquad (4\text{-}2\text{-}4)$$

$$\left(Y_{ij} = X'_{ij} \Big/ \sum_{i=1}^{m} X'_{ij} ; k = 1/\ln m ; 0 \leqslant ej \leqslant 1 \right) \qquad (4\text{-}2\text{-}5)$$

综合实力得分 S_i 计算式为：

$$S_i = \sum_{j=1}^{n} W_{ij} * X'_{ij} \qquad (4\text{-}2\text{-}6)$$

其中，$\max X_{ij}$ 和 $\min X_{ij}$ 表示指标的最大值和最小值。m 是研究城市数量，n 为公共服务指标数。

二、基本公共服务失配度的时空特征演变

(一)基本公共服务时间演变特征分析

分别测度 2015 年、2010 年、1995 年、1985 年城际普通高等院校数、公共图书馆数、图书馆藏书量、体育场数、影剧院数、卫生机构数以及卫生机构床位数的差异(表 4-2-2)。从所得到的指数可以看出，东部各城市各指标差异较小，说明东部沿海地区城际文化体育、教育、医疗卫生公共服务水平区域差异程度较低；体育场数 4 个年份的指数始终较小，说明城际体育相关公共服务水平差异最小；而卫生机构数及卫生机构床位数指数排名始终处于前列，说明东部沿海城市医疗基本公共设施差异最大。

表 4-2-2　东部沿海地区城市基本公共服务泰尔指数

指标/人均量	泰尔指数			
	1985	1995	2010	2015
普通高等院校数	0.0222	0.0439	0.0434	0.0421
公共图书馆数	0.0513	0.0482	0.0314	0.0311
图书馆藏书量	0.0436	0.0402	0.0361	0.0357
体育场数	0.0225	0.0203	0.0201	0.0133
影剧院数	0.0516	0.0398	0.0456	0.0443
卫生机构数	0.0517	0.0462	0.0453	0.0483
卫生机构床位数	0.0492	0.0471	0.0482	0.0478

东部地区城市文化体育公共服务泰尔指数变化趋势显示，除图书馆藏书量没有较大变动之外，其他指标泰尔指数总体呈下降趋势，即东部沿海地区城

际文化体育公共服务差距逐步缩小。体育公共服务泰尔指数明显小于文化公共服务泰尔指数,且不断下降,说明东部地区城际体育公共服务水平差距明显小于文化公共服务水平差距,且不断缩小。文化公共服务中公共图书馆数及影剧院数泰尔指数变化幅度相对较大,3项指标泰尔指数排名不断发生变化,但2010年、2015年指数显示,这3项指标在地区间的差距程度逐渐拉大。东部地区城市教育公共服务泰尔指数变化趋势显示,普通高等学校数量泰尔指数呈现明显上升后小幅下降,2015年东部地区城际普通高等教育学校数差距较1985年差距明显扩大,但1995—2015年普通高等学校泰尔指数小幅下降。原因是建设高等院校扩大城市人才数量成为一个城市提升科教竞争力的必经之路。从东部地区城市医疗卫生公共服务泰尔指数变化趋势可看出,医疗卫生设施泰尔指数波动较为明显,但整体呈下降趋势,其中2000年前后其泰尔指数下降幅度最大。此外,两指标2015年较1985年的泰尔指数更为接近,说明东部地区城际医疗卫生差距不断缩小,且两项指标的城际差距程度逐渐趋同。

运用熵值法计算2015年、2010年、1995年、1985年东部地区城市基本公共服务数据,得到7个指标所占权重,见表4-2-3。从表4-2-3可知:(1)1985年以来文化、教育、卫生水平对基本公共服务总体水平贡献差距逐渐缩小,其中体育建设对基本公共服务整体水平贡献度变化最大。(2)据权重计算得分(表4-2-4),发现城市基本公共服务水平存在较大差距,3个直辖市及省会城市4个年份均位列前茅。从变化趋势看,前5名城市与后5名城市得分之差逐渐减小,即城际差异1985—2015年整体呈现下降趋势,说明东部地区城际基本公共服务均等化水平逐步提升。(3)就城市群区域看,长三角、环渤海地区城市基本公共服务总体水平高于珠三角地区。

表 4-2-3　基本公共服务指标权重

指标	权重			
	1985 年	1995 年	2010 年	2015 年
普通高等院校数	0.1544	0.1405	0.1397	0.1929
公共图书馆数	0.1430	0.2274	0.1499	0.1134
图书馆藏书量	0.1407	0.1298	0.1428	0.1119
体育场数	0.0829	0.0820	0.1463	0.2236
影剧院数	0.2695	0.0837	0.1442	0.0840
卫生机构数	0.1168	0.1679	0.1373	0.1542
卫生机构床位数	0.0927	0.1688	0.1397	0.1199

表 4-2-4　东部地区城市 1985、1995、2010、2015 年基本公共服务评价

城市	各年份基本公共服务得分/排名				城市	各年份基本公共服务得分/排名			
	1985	1995	2010	2015		1985	1995	2010	2015
北京市	0.6573/2	0.8448/1	0.6195/1	0.7963/1	宁波市	0.1032/35	0.1487/22	0.1650/18	0.3963/6
天津市	0.3630/5	0.5135/3	0.3064/6	0.4977/4	温州市	0.3155/7	0.1469/23	0.1451/24	0.2729/12
上海市	0.6765/1	0.7511/2	0.5441/2	0.6013/2	绍兴市	0.1222/30	0.0831/47	0.0945/37	0.2175/17
保定市	0.0515/48	0.1885/13	0.2607/7	0.2459/15	湖州市	0.1113/34	0.0611/60	0.0396/69	0.1250/38
唐山市	0.1790/16	0.2033/10	0.1885/14	0.1492/31	嘉兴市	0.1672/19	0.0853/45	0.1379/25	0.2073/19
承德市	0.0259/57	0.1233/30	0.0876/43	0.0980/54	金华市	0.1680/18	0.1084/32	0.0654/49	0.2827/11
廊坊市	0.0069/72	0.0654/58	0.1235/27	0.1241/39	衢州市	0.1340/27	0.0658/57	0.0354/74	0.0881/59
沧州市 *	0.0149/67	0.1199/31	0.1879/15	0.1333/35	台州市 *	0.0117/70	0.1043/35	0.0893/42	0.2518/14
衡水市	0.0125/68	0.0322/75	0.1158/30	0.0800/66	丽水市 *	—	0.0338/74	0.0476/60	0.1256/37
邢台市	0.0199/63	0.1668/19	0.1807/16	0.1194/42	舟山市 *	—	0.0443/66	0.0253/80	0.0626/75
邯郸市	0.0655/42	0.1896/12	0.1655/17	0.1643/26	福州市	0.3299/6	0.2135/8	0.1479/22	0.2173/18
秦皇岛市	0.0608/43	0.0805/48	0.0948/36	0.0900/57	泉州市	0.0234/58	0.0781/50	0.0936/39	0.1833/21
张家口市	0.0545/45	0.1417/24	0.1147/31	0.1152/44	莆田市	0.0896/37	0.0234/76	0.0762/45	0.0654/74
石家庄市	0.1006/36	0.2793/6	0.2429/9	0.2852/10	漳州市	0.0216/61	0.0956/38	0.0527/58	0.0874/61
济南市	0.1323/29	0.1992/11	0.2481/8	0.2939/9	宁德市 *	—	0.0006/87	0.0359/72	0.0773/69
青岛市	0.1820/15	0.2073/9	0.2376/10	0.2522/13	南平市	0.0216/60	0.0944/40	0.0381/70	0.0854/62
淄博市	0.0808/38	0.1361/26	0.1167/28	0.1075/48	三明市	0.1336/28	0.1030/36	0.0431/64	0.1029/50
枣庄市	0.1147/32	0.0888/42	0.0594/54	0.0622/76	龙岩市	0.0335/52	0.0124/82	0.0355/73	0.0934/56
东营市	0.0276/56	0.0449/65	0.0470/61	0.0713/72	厦门市	0.0566/44	0.0614/59	0.0752/46	0.1158/43
烟台市	0.2389/12	0.1704/17	0.1475/23	0.1660/25	广州市	0.2071/14	0.3471/4	0.3372/5	0.4306/5
潍坊市	0.1681/17	0.1785/16	0.1983/13	0.1665/24	深圳市	0.0276/55	0.0666/56	0.3483/3	0.3517/7
济宁市	0.0437/51	0.1676/18	0.1579/19	0.1382/33	珠海市	0.0118/69	0.0205/78	0.0422/65	0.1348/34
泰安市	0.1126/33	0.1075/33	0.1065/32	0.1052/49	汕头市	0.1530/20	0.0762/52	0.0353/75	0.0721/71
威海市	0.0033/75	0.0603/61	0.0715/47	0.1522/30	佛山市	0.0712/41	0.0944/39	0.0894/41	0.1240/41
日照市	0.0041/74	0.0419/67	0.0545/57	0.0485/81	韶关市	0.1439/22	0.1056/34	0.0368/71	0.0990/53
滨州市	0.0183/64	0.0404/70	0.0629/51	0.0794/67	湛江市	0.1368/24	0.1814/15	0.0597/53	0.1088/46
德州市	0.0172/66	0.0414/69	0.0997/33	0.0999/52	肇庆市	0.0522/47	0.0789/49	0.0433/63	0.1722/23
聊城市	0.0287/54	0.0471/63	0.1166/29	0.1241/40	江门市	0.1162/31	0.0842/46	0.0334/77	0.0413/83
菏泽市	0.0503/49	0.0419/68	0.0937/38	0.1397/32	茂名市	0.0802/39	0.0668/55	0.0340/76	0.0703/73
莱芜市	0.0180/65	0.0120/83	0.0276/79	0.0450/82	梅州市	0.0523/46	0.0923/41	0.0407/68	0.1120/45
临沂市	0.0488/50	0.1401/25	0.1554/21	0.1583/29	汕尾市 *	—	0.0201/79	0.0150/87	0.0395/85
南京市	0.3987/4	0.3400/5	0.2067/12	0.3154/8	河源市 *	—	0.0467/64	0.0200/82	0.0522/80

城市	各年份基本公共服务得分/排名				城市	各年份基本公共服务得分/排名			
	1985	1995	2010	2015		1985	1995	2010	2015
无锡市	0.1404/23	0.1260/28	0.0979/35	0.1726/22	阳江市*	—	0.0346/72	0.0167/84	0.0404/84
徐州市	0.1353/26	0.1339/27	0.1262/26	0.1593/27	清远市*	—	0.0698/54	0.0451/62	0.0833/64
常州市	0.1367/25	0.0870/44	0.0627/52	0.0852/63	东莞市	0.0291/53	0.1029/37	0.2271/11	0.1908/20
苏州市	0.2516/8	0.1633/20	0.1576/20	0.2218/16	中山市	0.0199/62	0.0219/77	0.0277/78	0.0551/77
南通市	0.2416/10	0.1576/21	0.0986/34	0.1583/28	潮州市	0.0231/59	0.0190/80	0.0191/83	0.0336/87
连云港市	0.0768/40	0.0710/53	0.0631/50	0.0887/58	揭阳市*	—	0.0376/71	0.0222/81	0.0530/78
淮安市*	0.2401/11	0.0771/51	0.0778/44	0.1012/51	云浮市*	—	0.0342/73	0.0155/86	0.0359/86
盐城市	0.2264/13	0.1243/29	0.0896/40	0.1257/36	惠州市	0.0113/71	0.0553/62	0.0415/67	0.0967/55
扬州市	0.2430/9	0.1879/14	0.0578/56	0.0742/70	海口市*	—	0.0189/81	0.0668/48	0.0791/68
镇江市	0.1524/21	0.0872/43	0.0417/66	0.0523/79	三亚市*	—	0.0046/84	0.0165/85	0.0241/88
泰州市	0.0062/73	0.0031/85	0.0579/55	0.0806/65	三沙市*	—	—	0.0004/88	0.0000/89
宿迁市*	—	0.0019/86	0.0522/59	0.0874/60	儋州市*	—	—	—	0.1078/47
杭州市	0.4144/3	0.2638/7	0.3446/4	0.5728/3					

注：* 表示数据缺失

（二）基本公共服务失配度空间格局特征分析

为明确各城市基本公共服务水平在东部地区相对水平,采用计算标准分对所有城市基本公共服务进行分级。标准分为原始分数与平均数之差除以标准差的商,以标准差为单位表示一个原始分数在团体中所处相对位置,即表示某原始分数在平均数以上或以下几个标准差的位置,分别采用表 4-2-4 中 1985 年、1995 年、2010 年、2015 年数据进行标准分计算,并以 0.5 个标准差为单位对东部地区城市进行分级,结果从高分至低分分为 6 级。

表 4-2-5　基本公共服务分级

区域	1985 年						1995 年					
	一级	二级	三级	四级	五级	六级	一级	二级	三级	四级	五级	六级
环渤海地区	6	1	0	1	1	21	14	1	1	1	1	12
长三角地区	12	4	0	1	1	3	8	1	2	0	2	12
珠三角地区	4	2	0	1	0	17	3	0	0	0	3	26
合计	22	7	0	3	2	41	25	2	3	1	6	51

续表

区域	2010 年						2015 年					
	一级	二级	三级	四级	五级	六级	一级	二级	三级	四级	五级	六级
环渤海地区	15	0	4	1	0	10	6	3	1	2	2	16
长三角地区	8	0	0	0	0	17	11	0	2	0	0	12
珠三角地区	4	0	0	0	0	29	6	0	0	0	0	28
合计	27	0	4	1	0	56	22	3	3	2	2	56

从表 4-2-5 可知:(1)1985 年 1~6 级城市平均得分分别为 0.2781、0.1356、0、0.1177、0.1120、0.0385,可见平均线下城市数量较多,且一级城市平均得分为六级城市的 7 倍多,说明东部地区城市基本公共服务水平整体差异明显,且个体城市间差异较大。若按三大城市群对不同级别城市分别统计可知,一、二级城市集中分布在长三角地区,六级城市以环渤海、珠三角地区城市为主。综上,1985 年基本公共服务水平长三角地区高于环渤海地区和珠三角地区,其中长三角内部差异小于环渤海和珠三角地区内部差异。(2)1995 年一至六级城市平均得分分别为 0.2597、0.1350、0.1245、0.1199、0.1053、0.0521,一级城市平均得分为六级城市的 5 倍,说明东部地区城市公共服务水平整体差异明显,但与 1985 年相比差异已逐渐缩小。按三大城市群对不同级别城市分别进行统计可知,一、二级城市集中分布在长三角地区和环渤海地区,六级城市以珠三角地区城市为主,珠三角地区六级城市占比大于环渤海和长三角地区占比之和。综上,1995 年东部地区公共服务水平环渤海地区高于长三角地区和珠三角地区,较 1985 年环渤海地区城市公共服务水平提升明显,且内部差异变小。(3)2010 年一至六级城市平均得分分别为 0.2336、0、0.1159、0.1065、0、0.0530,一级城市平均得分为六级城市的 4 倍多,说明东部地区城市基本公共服务水平整体差异仍十分明显,但与 1995 年相比城际分异程度减小。按三大城市群对不同级别城市分别统计可知,一、二级城市集中分布在环渤海和长三角地区,而六级城市仍以珠三角地区为主。综上,2010 年东部地区基本公共服务水平环渤海地区高于长三角地区和珠三角地区。(4)2015 年一至六级城市平均得分分别为 0.3230、0.1656、0.1586、0.1507、0.1389、0.0837,一级城市平均得分为六级城市的 3.8 倍,说明东部地区城市公共服务水平分异下降。按三大城市群对不同级别城市分别统计可知,一、二级城市集中分布在长三角和环渤海地区,六级城市以珠三角地区为主。综上,

2015 年东部地区基本公共服务水平长三角地区高于环渤海地区和珠三角地区。

　　基于东部地区各城市基本公共服务得分,运用 ArcGIS10.2 自然间断点法(Jenks),将城市基本公共服务水平进行空间分级,共划分为 5 个等级,对比 4 个年份可知:(1)东部地区城市基本公共服务水平整体不断提高,且差异逐渐缩小,空间上整体呈现由零散的斑块状不断向整体的形态转变,其中长三角与珠三角地区转变速度明显快于珠三角地区。(2)基本公共服务水平最低级别的城市逐步减少,已由 1985 年的 30 个减少至 2015 年的 18 个。(3)较明显的空间演变过程主要是以各自省会城市为发展点,周边地区逐步扩散形成块状的整体水平相对较高区域,其中河北省区域、江浙一带分别以北京市、上海市为核心,带动周边基本公共服务水平的提升。(4)东部地区 10 个省(市)基本公共服务水平均逐步提高,但江苏省提升速度较慢,导致其城市基本公共服务水平在整个东部地区排名出现滑落的趋势。

三、长三角城市群基本公共服务失配演变及其空间分异

　　总体看 1985—2015 年东部沿海地区基本公共服务总评价得分偏低,且城市间差异明显。东部沿海地区城市的文化体育、教育、医疗卫生公共服务水平的区域差异程度相当,其中体育相关公共服务水平差异最小,医疗卫生公共服务水平差异始终最大,卫生机构个数及卫生机构床位数指数排名始终处于前列。从变化趋势看:(1)东部沿海地区城市基本公共服务评价得分不断上升,1985—2015 年基本公共服务水平一级城市与六级城市平均得分差距由 7 倍降至 3.8 倍,空间格局整体呈现由零散的斑块状不断向毗连成片形态转变。(2)东部沿海地区城市间文化体育、教育、医疗卫生 3 项一级指标差异程度整体呈现下降趋势,医疗卫生内部 2 项指标的城市间差距程度逐渐趋同,而文化体育内部 4 项指标的差异程度逐渐拉大。(3)标准分数是以城市得分距平均得分距离为基础判断城市在中国东部沿海地区的位序,20 年间基本公共服务一、二级城市占比之和由 38.67% 减小至 29.21%,基本公共服务第五、六级城市之和由 1985 年的 57.33% 突升至 1995 年的 65.12%,后又逐渐降为 62.92%。(4)长三角和环渤海地区城市基本公共服务得分总体高于珠三角地区,且 1985—2015 年间珠三角地区差异缩减速度相对较低,于 1995 年出现差距峰值。

　　相关结论表明:(1)中国东部沿海地区基本公共服务水平总体偏低,且城

际空间不均衡性明显,其中医疗卫生公共服务非均等化情况最为严重。(2)1985—2015 年,东部沿海地区城市基本公共服务水平整体不断提高,高水平城市与低水平城市差距明显缩小,且城市间的文化体育、教育、医疗卫生不均等现象不断得到缓解,但文化体育服务建设应重点提升。(3)根据基本公共服务第一、二级城市与第五、六级城市占比均呈现下降趋势,可知大多数城市基本公共服务水平距平均水平偏离程度越来越小,即中国东部沿海地区城市基本公共服务分异趋势逐渐缩小。(4)珠三角地区基本公共服务水平及其发展与空间均等化速度始终落后于长三角地区和环渤海地区;珠三角 1995 年出现差距峰值现象或许与广东省设立惠州市、肇庆市等 7 个地级市和 1988 年分设海南省有关,行政区划调整使珠三角地区城市基数增加,使得原本相对薄弱的城市公共服务设施更加薄弱。

第三节　长三角城乡融合时空演变及发展水平测度研究

自改革开放以来,随着经济的高速发展和城镇化的快速演进,我国的城乡发展面貌发生了极大的改变,城镇化水平进入中后期发展阶段[1],城乡居民的生活水平及生活质量得到明显提高与改善,中国社会面临重要转型,亟需实现全面的高水平城乡融合。2003 年起,我国正式向高水平城乡融合阶段迈进,但随着社会矛盾变化及社会转型,一系列新的问题应运而生。社会矛盾在空间上的最直接体现是城乡发展的不平衡[2],集中体现为城市空间蔓延,城乡二元结构加剧、生态环境问题频发[3]、资源配置不合理和人地关系紧张等[4]。2014 年提出的新型城镇化与 2017 年党的十九大报告提出的乡村振兴战略的

---

① 陈明星,叶超.深入推进新型城镇化与城乡融合发展的思考与建议[J].国家治理,2020(32):42-45.

② 刘融融,胡佳欣,王星.西北地区城乡融合发展时空特征与影响因素研究[J].兰州大学学报(社会科学版),2019,47(06):106-118.

③ 叶超,于洁,张清源,朱晓丹.从治理到城乡治理:国际前沿、发展态势与中国路径[J].地理科学进展,2021,40(01):15-27.

④ 何仁伟.城乡融合与乡村振兴:理论探讨、机理阐释与实现路径[J].地理研究,2018,37(11):2127-2140.叶超.探寻新时代城乡发展的路径——"新时代的城镇化与城乡融合发展"专辑序言[J].地理科学进展,2021,40(01):1-2.

共同实施,是破解城乡二元结构的主要途径[①],也是促进城乡融合的关键。解决矛盾的主要途径就在于重塑城乡关系,促进城乡融合进一步发展。

现阶段,中国城镇化已经进入了中后期,科学地评估进入 21 世纪以来我国城乡融合取得的进展,对于总结过去发展过程面临的问题和经验教训,以及进一步开展新时代城乡融合工作意义重大。

长三角作为我国经济最活跃、开放程度最高、创新能力最强的区域之一,一方面拥有较高的城乡发展基础,另一方面,高速发展的经济背后面临着更为严峻的城乡和区域发展差异问题,呈现出发展的复杂性和空间形态的多样性。因此其城乡融合的经验对于全国都具有示范意义。2010 年国务院正式批准实施长三角区域规划,这是进一步提升长江三角洲地区整体实力和国际竞争力的重大部署。党的十八大以来,长三角一体化取得明显成效,经济社会发展走在全国前列,具备更高起点上推动更高质量一体化发展的良好条件,也面临新的机遇和挑战。2018 年,长江三角洲区域一体化发展正式上升为国家战略,该地区的战略性地位及示范性意义不言而喻。

2021 年不仅是“十四五”的开局之年,也正值两个一百年交汇之际。在这一时间节点对长三角地区的城乡融合发展水平进行分析评价以及分析其时空演变格局,对于总结经验,攻坚下一阶段目标具有重大意义。但国内现阶段对于长三角地区城乡融合的研究还比较少,这一地区城乡融合发展究竟该如何测度评价、长三角地区过去的时空演变格局到底是什么都尚不清楚。因此本书以长三角 41 个地市为研究对象,通过建立指标体系,评价 2005、2010、2015、2019 年四个时期各市在城乡经济、空间、生活和社会 4 个方面的融合状况以及空间分异和空间集聚状态,总结长三角过去城乡融合发展进程和取得的进展及现在仍然存在的问题,为下一阶段设计更为合理的发展战略提供科学依据。

一、研究方法与指标体系构建

(一)城乡融合水平测度与空间分析方法

城乡融合水平测度的方法有许多种。如构建回归模型用 Stata 17.0 软件

---

① 王明田.城乡融合应在城市群地区率先推进[J].小城镇建设,2018,36(07):1.

进行计量分析①②、均方差决策法③等分析方法,但由于上述方法存在无法克服人为主观判断导致研究结果可信度降低、面对多年份数据无法形成统一的计算标准的问题,故本书选择目前学界常用且较为成熟的全局主成分分析法(GPCA)④⑤,也叫时序主成分分析、时序全局主成分分析,即通过制作时序立体数据表,将面板数据的各年份、各地区合并在一起进行分析。该方法的优点在于能够对指标、时间、空间三维立体数据进行处理。

空间分析分为空间差异分析和空间相关性分析。借助 ArcGIS10.2 软件的自然间断点法,对城乡融合得分进行不同年份的空间差异分析,借助 Geoda 软件的全局空间自相关分析法,对不同年份城乡融合得分进行不同年份的空间相关性分析。

(二)指标体系构建与数据源

城乡融合是城镇化建设的高级阶段⑥,也是城乡关系发展的终极追求。国家部署的新型城镇化与乡村振兴两大战略也是为了推进"城市进阶城镇化、乡村普遍城镇化"来最终实现城乡融合的目标。近年来国家提出的一系列政策的提出都为未来的城乡融合指明了方向——党的十七大报告指出,要贯彻以人为核心的新型城镇化和建立健全城乡融合发展的机制体制。党的十九届五中全会发布的《中共中央关于制定国民经济和社会发展第十四个五年规划和二〇三五年远景目标的建议》也重点强调了推进以人为核心的新型城镇化。这说明在实现城乡融合的过程中,实现人的利益最大化是终极目标。同时,城乡关系经历了经济发展、社会生活、生态环境等方面有机统一,最终达到要素自由流动、产业一体化发展、生活方式和生活水平协调发展以及以人为本的高级状态⑦。

测度城乡融合需要把握两点:一是合理度量现存的城乡差距,二是指标要

---

① 李盼. 长江经济带城乡协调发展水平测度与影响因素分析[D]. 江西财经大学,2018.

② 窦旺胜,王成新,蒋旭,刘曰庆. 基于乡村振兴视角的山东省城乡融合发展水平研究[J]. 湖南师范大学自然科学学报,2019,42(06):1-8.

③ 张克听,莫豫佳. 经济发达地区城乡融合发展水平测度及差异分析[J]. 当代经济,2021(01):30-34.

④ 张旺,周跃云,胡光伟. 超大城市"新三化"的时空耦合协调性分析——以中国十大城市为例[J]. 地理科学,2013,33(05):562-569.

⑤ 周佳宁,秦富仓,刘佳,朱高立,邹伟. 多维视域下中国城乡融合水平测度、时空演变与影响机制[J]. 中国人口·资源与环境,2019,29(09):166-176.

⑥ 周凯,宋兰旗. 中国城乡融合制度变迁的动力机制研究[J]. 当代经济研究,2014(12):74-79.

⑦ 赵德起,陈娜. 中国城乡融合发展水平测度研究[J]. 经济问题探索,2019(12):1-28.

能衡量要素在城乡之间的流动。城乡融合需要通过城乡协同治理来实现,因此把握城乡之间现存的差距对于实现城乡治理、促进城乡融合尤为重要。城乡融合由人口流动、资金流动等各种"流空间"组成[①],所有的"流空间"都强调要素在城乡之间的双向流动,其最终目的是缩小城乡之间的差距。因此,基于新型城镇化背景下城乡融合的内涵,遵循指标的系统性、代表性与科学性原则,本节构建了一个可以同时刻画城乡差距和反映城乡要素流动的城乡融合发展水平综合评价指标体系(表4-3-1),从经济融合、人口融合、生活融合、社会融合4个维度出发,评价长三角地区41个城市城乡融合的发展程度,对长三角地区进行总体水平和各层次水平的比较和因素分析。

各项指标的解释:

(1)提高农民收入,缩小城乡收入差距是城乡协调发展中的首要问题。城乡人均可支配收入之比(X_1)反映了城乡居民收入的差距,可以衡量我国对城乡二元结构的改革程度。

(2)城镇化率(X_2)反映农村人口向城市的转移程度,意味着人口要素流动,在一定程度上可以用来衡量城乡融合的发展进程。

(3)就业非农化(X_3)是指农业转移人口在进入城市之后实现身份转化,并获得与城市居民一致的身份认同,共享合法权利的过程[②]。可以在一定程度上反映对现行户籍制度的改革和突破,代表农业转移人口实现了在技能素质、生存职业以及生活行为方式的市民化,更好地融入了城市生活。

(4)城乡居民住房面积之比(X_4)可以在一定程度上代表高质量空间布局和城乡对住房保障的要求。城乡居民住房面积之比的缩小可说明城乡居民的住宅权益是否平等,反映新居住方式的变化[③]。

(5)城乡居民文教娱乐支出之比(X_5)体现了城乡居民在生活消费支出中对文教娱乐方面,即对精神生活层面的需要。可以用以说明城乡居民生活质量是否提高,因此选取该指标来衡量城乡的社会融合。

---

① 吴宝华,张雅光.马克思主义城乡融合理论与农业转移人口市民化[J].思想理论教育导刊,2014(07):82-86.

② 李兵弟.农村住房制度构建与国家住房制度深化改革——城乡融合发展的顶层制度设计[J].城乡建设,2021(01):25-33. .

③ 周芳冰.长三角地区城乡融合发展的空间差异及其影响因素研究.[D].江南大学,2020.

表 4-3-1　长三角城乡融合发展水平评价指标体系

目标层	指标层	准则层	变量
城乡融合评价指标体系	经济融合	城乡人均可支配收入之比	X_1
	人口融合	城镇化率	X_2
		就业非农化	X_3
	生活融合	城乡居民住房面积之比	X_4
	社会融合	城乡居民文教娱乐支出之比	X_5

考虑到数据的可获取性和真实性,本节数据来源于各年份《中国城市统计年鉴》《浙江省统计年鉴》《江苏省统计年鉴》《安徽省统计年鉴》以及 EPS(Economy Prediction System)全球统计数据/分析平台,部分数据来源于 41个城市的统计年鉴或国民经济与社会发展统计公报,或根据其中的数据计算。

二、长三角城乡融合现状分析

(一)省域尺度整体发展情况

城镇化率可以体现城市人口比重、发展程度及其对地区经济社会发展的作用力。它可以揭示城乡融合的发展水平,也能反映城乡融合发展所处的特定阶段。通常情况下城镇化率与城乡融合水平成正比[1],城乡收入比是衡量城乡收入差距的一个重要指标,某种程度上表征城乡融合的程度[2]。因此通过长三角地区的历年城镇化率和城乡收入比,可以对其整体发展情况进行分析。通过收集 2005 年、2010 年、2015 年和 2019 年长三角地区三省一市的城镇化率和城乡可支配收入之比的数据,可以发现:上海作为长三角地区发展的重心,城镇化率早在 2005 年就保持着较高的水平(90%左右),远超其他三省。城乡收入比在研究年份内的波动较小,表明上海的城乡发展基本维持稳态;而江苏、浙江和安徽三省则虽年份的推移呈现出城镇化率的显著提高和城乡收入比的显著降低,说明三省内部城乡差距在逐渐缩小,区域整体融合水平提高。

(二)城市尺度测度结果及空间分析

省域尺度所能反映出的是区域整体较为宏观的城乡融合状态。想要进一

---

① 李爱民.我国城乡融合发展的进程、问题与路径[J].宏观经济管理,2019(02):35-42.
② 叶超,于洁.迈向城乡融合:新型城镇化与乡村振兴结合研究的关键与趋势[J].地理科学,2020,40(04):528-534.

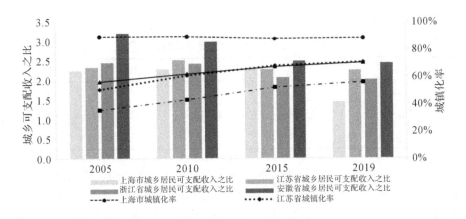

图 4-3-1 三省一市城乡可支配收入比与城镇化率图

步分析长三角地区的城乡融合状态及存在的问题，需要细化研究的尺度。因此，将研究尺度由省级尺度调整到城市尺度。

采用全局主成分分析法，计算出 2005、2010、2015、2019 年四个年份长三角各地级市的城乡融合水平得分。将 5 个指标的原始数据录入 SPSS 软件，进行全局主成分分析。分析结果显示，KMO 统计量为 0.641，显著性＜0.01，因此该研究适合全局主成分分析法。根据累计贡献率大于 85% 的标准，提取出了两个主成分，能够较好地解释指标的特征，反映城乡融合的真实水平。根据旋转后的成分矩阵和初始特征值，得到各主成分的计算公式：

$$F_1 = 0.12 * X_1 + 0.12 * X_2 + 0.13 * X_3 + 0.044 * X_4 + 0.085 * X_5$$
$$F_2 = -0.055 * X_1 + 0.04 * X_2 + 0.033 * X_3 + 0.15 * X_4 - 0.11 * X_5$$
$$F = 0.45964 * F_1 + 0.27209 * F_2$$

F 即为最后的城乡融合综合得分。因为选取的 5 个指标均为比值类数据，但对城乡融合的说明程度各不相同。因此通过数据处理，将它们转化为比值越小，越能说明城乡融合水平越好的数据。

为了更为直观的分析城乡融合的空间特征，将从 SPSS22.0 软件中获得的城乡融合得分数据在 ArcGIS10.2 中用自然间断点法进行城乡融合水平分级。根据分数由小到大依次划分为高水平城乡融合、较高水平城乡融合、较低水平城乡融合和低水平城乡融合四个等级。将同样的数据用 Geoda 软件进行全局空间自相关和局部空间自相关分析，得到各年份地级市之间城乡融合水平所呈现出的空间关联性，分析结果如表 4-3-2 所示，各研究年份的莫兰指数值均大于 1，且均通过 99.9% 的可置信度检验标准，说明长三角各地级市在任一年份都呈现出强空间关联性。

表 4-3-2　各年份全局空间自相关分析结果

	2005	2010	2015	2019
Moran's I	0.437	0.523	0.547	0.525
Z-value	4.4543	5.4385	5.8947	5.7276
p	<0.001	<0.001	<0.001	<0.001

首先，ArcGIS10.2 中空间差异分析结果反映出，城乡融合等级出现明显的地区分层现象。在各研究年份总是由沿海向内陆递减的，且时空上呈现出先向南北延伸再向内影响内陆的趋势，上海作为长三角地区的发展中心，在各研究年份都被划为高水平城乡融合地区。上海及其周边地区形成了一个"LL"聚集区，及高水平城乡融合城市在上海附近出现聚集的现象。越向内陆延伸，城乡融合的发展水平越低，最低的位置出现在安徽省远离江浙两省的城市，并且出现了"HH"聚集区，即低水平城乡融合城市在安徽省内部出现聚集的现象。

第二，随着年份的增加，城乡融合水平在较高及以上的城市范围逐渐扩大，较高及以上城乡融合发展重心出现向西转移趋势。早在 2005 年，长三角地区就开始发育一条以上海为起点，沿三省交界城市，如苏州、杭州、嘉兴、芜湖、铜陵等城市为轴，向南北两侧方向逐渐扩张的城乡融合发展趋势线。2019年较高及以上城乡融合水平的城市相较于 2005 年，更多的分布在了苏北、浙南等沿海城市。位于内陆的安徽省城乡融合水平也有所提高，且越靠近江浙两省的城市，城乡融合水平越高。整体来看，城乡融合的重心开始由东部沿海向内陆延伸。

最后，根据全局空间自相关反映的结果（表 4-3-2）和 LISA 聚类图、LISA显著性地图反映的空间自相关结果看，各城市之间的整体联系加强。2005 年的 LISA 聚集图反映出在上海市周围存在较大范围的"LL"集聚现象，即高水平城乡融合城市聚集。安徽省的六安市、阜阳市、亳州市、蚌埠市等城市周围出现"HH"集聚现象，即低水平城乡融合城市聚集。除这两大聚集区之外，其他的城市均呈现出不显著的空间关联关系。到 2019 年，LISA 聚集图反映出的城市之间的空间关联明显分散了很多，除了依然明显的上海周围城市的高水平城乡融合集聚和安徽省内部低水平城乡融合集聚之外，与两大聚集区沟通的江浙城市也呈现出了"LH""HL"集聚的现象。这说明长三角地区各城市之间的空间联系增强,城乡融合的水平趋于整合。

三、长三角地区城乡融合差异及问题分析

根据上述分析结论,综合长三角地区的经济发展和政策趋势,对长三角地区在城乡融合进程中出现的差异和问题进行总结大致可以概括为以下四点。

（一）政策差异

政策制定的目的及推广实施存在地区和行政级别之间的差异。国家层面的规划是基于区域整体做出的合理部署,主要是战略和顶层设计;省域尺度,在基于国家规划进行省域规划的转化和实施时,会根据自身的发展情况和发展能力对总规进行调整,转化为管理条例或者区域城乡发展规划;城市尺度,则是进一步以省域尺度的规划为基础,制定更为详细的规划[①]。政策差异则是城乡融合出现差异的深层原因。

长三角地区为修复长期以来存在的户籍二元制度及关联制度的问题,出台了一系列的政策。2009年国家人口计生委发布《关于推动流动人口服务管理体制创新促进长江三角洲地区一体化发展的指导意见》,对长三角地区的户籍制度改革进行了详细安排,旨在逐步破除城乡二元社会管理体制。2012年江苏省政府进一步积极稳妥推进户籍管理制度改革,落实放宽中小城市和小城镇落户条件的政策,并要求不断满足符合条件的农村人口落户需求,不断提高城乡基本公共服务水平。2016年,浙江省修订了《浙江省流动人口居住登记条例》,标志着浙江省告别临时居住证,迎来统一实行居住证制度的时代,逐步扩大了居住证持有人享受公共服务和便利的范围。2017年安徽省修订了《安徽省流动人口居住登记办法》,逐步建立流动人口服务管理综合信息系统,建立健全为居住证持有人提供基本公共服务和便利的机制。2020年上海市公布《上海市引进人才申办本市常住户口办法》,对人才落户标准进行了详细规定。可见,长三角地区对外来人口的户籍政策由最初的"限制"到随后的"允许",又演化到2019年及之后的"鼓励"[②]。将三省一市的户籍制度进行比较,可以发现存在改革方向和目标差异问题。江浙皖三省旨在缩小区域差异,且都在户籍登记制度的探索上取得了一定成果,而上海市则面临着激烈的人才的竞争问题,对户籍制度的改革还有很长的路要走。

---

①　樊士德,严文沁.长三角地区流动人口户籍政策评价与前瞻[J].江苏师范大学学报(哲学社会科学版),2015,41(04):96-103.

②　蔡昉,都阳,王美艳.户籍制度与劳动力市场保护[J].经济研究,2001(12):41-49.

（二）制度联动

制度存在全面去二元化困难，各制度之间缺乏有效、合理的联动机制。长三角地区存在城乡融合差异，存在发展基础不同这类内在原因，而最根本的外在原因是各制度之间缺乏有机联动。与城乡关系息息相关的制度包含户籍制度、土地制度、城乡就业一体化制度、住房保障制度、财政制度以及社会服务均等化制度等。每一种制度都代表城乡关系的一个分支，追根溯源都与城乡融合息息相关，不应将每一制度的实施视为某个独立动作的推进，制度的制定和实施过程中要有全局观念，要实现制度之间的"你中有我，我中有你"。城乡融合强调破解城乡二元制度，不再孤立地将"城"与"乡"看作两种主体，这一目标实现的根本路径就是破解城乡之间的制度二元差异以及科学、合理的调动各制度之间的联动性。

新中国成立之初为发展重工业而实行的城乡二元户籍制度以及配套制度曾在很大程度上阻碍了劳动力的流动，比如排他性的就业、社会保障及福利制度。户籍制度带来了较高的迁移成本[1]，"贯彻以人为本的新型城镇化建设"、"加快农业转移人口市民化、提高保障和改善民生水平"两种观点先后在党的十七大与十九大报告中被提出[2]，人的高质量流动作为城乡融合非常重要的话题之一，却因户籍二元制度的存在无法高效实现。长期以来，长三角地区实行的城乡户籍二元制度造成了一系列的问题：外来流动人口与本地居民之间的不平等待遇并未被熨平甚至呈现进一步扩大的趋势，户籍制度产生的种种限制也对附加于其上的教育、住房、医疗等社会保障制度改革形成了倒逼，同时也造成了城乡居民的就业隔离、就业歧视以及工资差异，这是出现民工荒的主要原因[3]。2014年7月，《国务院关于进一步推进户籍制度改革的意见》的发布，我国施行了多年的城乡"二元制"户籍管理制度开始冰解[4]，我国的户籍制度不断进行着调整。2019年，国家取消常住人口300万人以下城市的落户政策，在户籍制度逐渐放开的环境下，农民工的入户意愿并没有得到提高，有

---

① 史叶婷，金丽馥.新时代长三角地区新生代农民工问题聚焦和解决路径[J].江苏农业科学，2018，46(23)：422-426.

② 张智勇.珠三角与长三角农民工供给短缺的差异性——基于户籍制度压制的分析[J].改革与战略，2008，24(12)：119-122.

③ 欧永慧，李海珍.新户改政策下"农二代"落户意愿与政策目标契合度分析——以长三角地区为例[J].新经济，2015(17)：27.

④ 聂伟，风笑天.就业质量、社会交往与农民工入户意愿——基于珠三角和长三角的农民工调查[J].农业经济问题，2016，37(06)：34-42＋111.

两种原因导致这种结果。一是新时代农民工比初代农民工具备更高的技能素质、学历和就业要求,同时也更容易在社会认同、社交活动及心理上出现问题[1]。二是由于现行制度对农民工的影响,土地制度使得农民在放弃土地使用权的同时无法得到相应的补偿,从而产生对土地的依赖心理,入户意愿降低[2][3]。高层次农民工更容易受到大城市吸引的同时,其所需要背负的住房压力也更大,这也是阻碍人口流动的原因之一[4]。

（三）行政边界制约

行政边界对于要素流动形成制约。长三角地区在推动城乡融合的过程中,应该以城市群为主体的城镇格局,推进户籍、土地和财税制度的联动改革,实现人口、土地和资金之间的要素协调。长三角地区城乡融合的空间分析表明长三角地区在整体上存在空间关联,并且在同一省份内部的城市往往表现出比较强的空间差异性;省与省之间的城市之间存在较强的空间关联性。这说明在地区之间的开放程度不够,不同城市之间存在着边界阻碍效应,为保证宏观政策对区域发展的有效推动,需要加强地方政府间的合作和综合调控。以土地制度看,由于土地属于一种不动产,决定了土地流转存在"物权分离"的问题,土地的跨区流动受限,只能进行局部流动。现行的土地制度改革只限于省域范围内统筹,还没在省际展开。在保证耕地红线不破的前提下,增减挂钩的土地管理方式很难从根本上解决用地紧张的矛盾。要真正解决城镇化用地紧张矛盾,就必须允许土地跨区域流动。因此,无论是省级还是市级行政尺度,都存在着行政边界对要素流动的阻碍,如何打破这一边界阻碍将是新时代城乡融合需要进一步探索的问题。

（四）多维主体缺失

政策实施的主体缺乏多维联动。从协同视角观察,我国城乡社会治理存在价值取向偏差、多元主体协同不足、制度改革相互掣肘以及基层治理路径依赖失灵等问题。城乡治理存在不同的参与者,包括政府、市场、社会组织和公民等。每一类群体对城乡治理都存在不同的侧重点,在城乡融合过程中,要听

① 聂伟,风笑天.就业质量、社会交往与农民工入户意愿——基于珠三角和长三角的农民工调查[J].农业经济问题,2016,37(06):34-42＋111.

② 陈学法.长三角统筹土地制度变革的路径——从区域内统筹向跨区域统筹转变[J].复旦学报(社会科学版),2014,56(03):124-132.

③ 凌永辉,查婷俊.新型城镇化中的制度联动改革及其协调效应——以长三角地区为例[J].经济体制改革,2019(05):44-50.

④ 康铜杰.长三角城市对劳动力吸引力影响因素实证研究[D].安徽大学,2019.

到不同参与者的声音,保证多元主体在城乡融合过程中的高效参与。乡村振兴和新型城镇化战略延续了传统的国家主导、自上而下的城乡治理传统,在长三角地区体现为国家层面进行顶层设计,省域层面进行规划和条例的转换,并且进一步细化到城市和县域去,尚未完全实现城乡融合的多元主体协同治理。这也是长三角地区城乡融合过程中面临的关键阻碍。未来应考虑如何在各尺度之间进行政策的衔接与转换,调动各主体参与到城乡融合中来。

四、结论与讨论

实现城乡融合,必须贯彻落实新型城镇化战略和乡村振兴战略。长三角作为国家重要经济中心和城镇化基础最好的地区之一,探索分析其城乡融合发展状态对于把握当前国家城乡融合发展阶段以及对未来城乡融合发展趋势都具有重要指导意义。从缩小差距和实现要素流动两方面入手,从经济、人口、生活、社会四维度选取城乡居民可支配收入、城镇化率、城乡居民人均居住面积、城乡居民文教娱乐支出以及就业非农化五个指标构建评价城乡融合的指标体系,以 2005、2010、2015、2019 四个年份长三角省域尺度的三省一市和城市尺度的 41 个地级市作为研究对象,通过全局主成分分析法对省域尺度和城市尺度进行城乡融合结果测度及空间分析。根据测度结果得出:首先,城乡融合等级出现明显的地区分层现象。第二,随着年份的增加,城乡融合水平在较高及以上的城市范围逐渐扩大,较高及以上城乡融合发展重心出现向西转移趋势。最后,根据 LISA 聚类地图、LISA 显著性地图反映的空间自相关结果看,各城市之间的整体联系加强。

长三角地区在城乡融合进程中出现的差异和问题:(1)政策制定的目的及推广实施存在地区和行政级别之间的差异。(2)制度存在全面去二元化困难,各制度之间缺乏有效、合理的联动机制。(3)行政边界对于要素流动形成制约。(4)政策实施的主体缺乏多维联动。

城乡融合是一个涉及经济、社会、生态、空间等维度的复杂社会过程,新时代城乡融合应该推动制度改革,打破城乡之间制度二元结构,促进要素跨行政边界流动,加强地区之间的合作和沟通,最终实现以人为本的城乡融合状态。

第四节　长江三角洲地区特色小镇地域类型及其适应性营造路径

　　特色小镇指聚焦特色产业和新兴产业,以某一产业为主导集聚人口—产业—创新/创意/创业要素的小城镇发展模式①。2016 年 7 月,中国政府发布《关于开展特色小镇培育工作的通知》、10 月住房和城乡建设部印发《住房和城乡建设部关于公布第一批中国特色小镇名单的通知》(建村〔2016〕221 号)公布第一批 127 个全国特色小镇;2017 年 8 月印发《住房和城乡建设部关于公布第二批全国特色小镇名单的通知》(建村〔2017〕178 号)公布第二批 276 个全国特色小镇。国家公布的 403 个特色小镇名单中,长江三角洲(长三角)地区的三省一市入围第一、二批分别有 23、46 个。其中,浙江特色小镇不同于江苏、上海、安徽建制镇特色小镇,相对独立于市区进行发展,但也并非单独的行政区划单位或产业园概念,是一种立足特色产业,涵盖文化、生活、社交等多种功能的空间载体,已成为产业升级抓手,然而全国多数省份为方便管理仍将特色小镇以建制镇为基础管制旨在解决城镇化特色与动力不足问题②③④。中国共产党十九大报告提出"乡村振兴战略",特色小镇建设具有重要战略意义,既是乡村产业发展的新引擎,利于破解城乡二元结构推进新型城镇化,又是乡村振兴实践形式之一有着重要农业农村复兴意义⑤⑥。中国特色小镇源于浙江省探索如何复兴块状经济,随后被中央政府提炼推广。有关特色小镇研究起步较晚,大部分特色小镇依旧处于计划和建设阶段⑦。相关研究不足之处:①三省一市特色小镇关注度存在差异,多聚焦浙江省经验启示,较少比较三省

---

　　① 曾江,慈锋.新型城镇化背景下特色小镇建设[J].宏观经济管理,2016(12):51-56.

　　② 段进军,翟令鑫.关于特色小镇空间生产实践的思考[J].苏州大学学报(哲学社会科学版),2018,39(5):112-119.

　　③ Grzegorz M. An agency perspective of resilience:The case of Pomorskie region[J]. European Planning Studies,2018,26(5):1-18.

　　④ 谢宏,李颖灏,韦有义.浙江省特色小镇的空间结构特征及影响因素研究[J].地理科学,2018,38(8):1283-1291.

　　⑤ 李国平,席强敏,吴爱芝,等.中国小城镇产业结构特征及影响因素研究[J].地理科学,2018,38(11):1769-1776.

　　⑥ 马仁锋,金邑霞,赵一然.乡村振兴规律的浙江探索[J].华东经济管理,2018,37(12):7-13.

　　⑦ 卫龙宝,史新杰.浙江特色小镇建设的若干思考与建议[J].浙江社会科学,2016(3):28-32.

一市特色小镇[1][2];②研究对象以个案为主,鲜见研究各特色小镇联系;③研究方法停留在个案定性分析,少有案例比较[3][4][5][6]。特色小镇创建以特色产业为主线,注重产业链思维,强调推动人口—产业—文化与空间的总体转型[7]。以 2016—2017 年长三角地区 69 个国家级特色小镇为研究对象,运用 ArcGIS10.5 空间分析及 SPSS20.0 聚类分析,探索长三角地区特色小镇的分布特征与地域类型,以期为特色小镇合理建设与规划管理提供理论基础。

一、研究区域与研究方法

(一)研究区域与数据来源

长三角地区范围在 2008 年初国务院提出"泛长三角"三省一市地域,该区域以平原为主,具低山丘陵、盆地等多种地貌,河网密度高;系中国最大的城镇连绵区,大部分县的乡镇工业产值超过地方生产总值的 50%,众多规模不等小城镇形成了长三角金字塔型城镇体系基座。

利用 ArcGIS10.5 矢量化长三角地区第一、二批 69 个国家级特色小镇,各特色小镇资料源于中国特色小镇官网(www.chntsxz.cn)和住房和城乡建设部官网(www.mohurd.gov.cn)。各市/县建设用地和国土面积数据源于各省市土地变更调查数据,全国重点镇名录源于 2016 年住房和城乡建设部发布《关于开展全国重点镇增补调整工作的通知》,中国历史文化名镇名录源于住房和城乡建设部公布的六批《中国历史文化名镇名录》[8],全国特色景观旅游名镇名录源于住房和城乡建设部联合国家旅游局公布的 3 批名单[9],公路、

---

① 盛世豪,张伟明.特色小镇:一种产业空间组织形式[J].浙江社会科学,2016(3):36-38.

② 林晓群,朱喜钢,孙洁,等.从"广度研究"走向"深度研究"[J].人文地理,2017,32(3):86-92.

③ 赵鹏军,刘迪.中国小城镇基础设施与社会经济发展的关联分析[J].地理科学进展,2018,37(9):1245-1256.

④ 周锦,赵正玉.乡村振兴战略背景下的文化建设路径研究[J].农村经济,2018(9):9-15.

⑤ 庄晋财,卢文秀,华贤宇.产业链空间分置与特色小镇产业培育[J].学习与实践,2018(8):36-43.

⑥ 罗震东,何鹤鸣.全球城市区域中的小城镇发展特征与趋势研究[J].城市规划,2013,37(1):9-16.

⑦ 李涛.产业集聚视角下我国特色小镇创新体系研究[J].科学管理研究,2017,35(6):61-64.

⑧ 程乾,凌素培.中国非物质文化遗产的空间分布特征及影响因素分析[J].地理科学,2013,33(10):1166-1172.

⑨ 康璟瑶,章锦河,胡欢,等.中国传统村落空间分布特征分析[J].地理科学进展,2016,35(7):839-850.

县界线、海拔高度等数据源于"国家基础地理信息系统 1：400 万数据库"。

（二）研究思路及方法

（1）分布刻画方法。包括如下 2 个方法：①核密度估计法。采用核函数对区域内不同的点进行分析，点越密集的区域地理事件发生概率约高，而点越稀疏的地方地理事件发生概率越低[1]，核密度估计法可以直观可视化特色小镇空间分布密集程度；②最近邻指数法。某区域点状要素的空间集聚程度是判定均匀、随机和集聚 3 种分布类型指标器[2]，运用 ArcGIS10.5 空间统计工具量测特色小镇平均最近邻距离，判别长三角地区特色小镇分布类型。

（2）地域类型识别方法。建立特色小镇多属性指标，如地貌条件、资源禀赋、发展潜力、主导产业等，利用 SPSS20.0 进行空间聚类分析甄别长三角地区特色小镇的空间异质性，继而划分地域类型。

二、长三角特色小镇空间分布特征

利用 ArcGIS10.5 软件可视化各市域特色小镇地址，同时结合核密度原理运用 ArcGIS10.5 软件中的 Spatial Analyst 工具核密度分析特色小镇，并进行类别标注，得到长三角地区特色小镇市域分布及核密度图。

（一）特色小镇市域空间分布差异显著且分布较不均衡

核密度分析结果显示长三角各市域特色小镇分布不均衡。上海主城市区数量最多，除此之外江苏省的苏州市、泰州市、无锡市，浙江省的杭州市、嘉兴市、宁波市和金华市都有一定数量的特色小镇；但仍有一些地区如安徽省的宿州市、淮北市等 7 市，江苏省的连云港市、宿迁市等 5 市没有特色小镇的分布，这些市主要集中在安徽北部和江苏北部地区；其余各市域则分别有 1～2 个特色小镇的分布。其中，浙江省各市域都有特色小镇覆盖，由于浙江省特色小镇建设发展较早，块状经济集群化发展，打造了一定规模的产业链、区位链，利用"自下而上"的发展，独立于城镇的中心建设，辐射面广、成长性好，特色小镇建设基本覆盖全省各市[3]。而江苏省特色小镇的建设主体仍然以面广量大的乡镇空间单元为主，与江苏省南部相比，江苏省北部很多乡镇的主导产业特色不

① 李伯华,尹莎,刘沛林,等.湖南省传统村落空间分布特征及影响因素分析[J].经济地理,2015,35(2):189-194.

② 施从美,江亚洲.基于 K-均值聚类统计的特色小镇评价[J].统计与决策,2018,34(21):57-59.

③ 卫龙宝,史新杰.浙江特色小镇建设的若干思考与建议[J].浙江社会科学,2016(3):28-32.

鲜明,特色产业与城镇建设的结合仍待深入探究①。除此之外,安徽省北部属于中原经济区,与承接长三角地区产业转移的中部、南部相比,经济发展水平差距较大,产业结构发展不平衡,虽具有一定的发展潜力,但均未得到政府很好的开发和宣传②。综上,造成了各市域特色小镇的分布较不均衡的状况。

(二)总体呈多中心集聚分布且不同密集区特色小镇具有不同空间本底属性

运用 ArcGIS 软件空间统计工具的平均最近邻测量长三角 69 个特色小镇的实际最近邻距离 r＝36.012、理论最近邻距离 r＝36.652,由文献③最邻近指数法原理可知最近邻点指数 R＝0.985＜1,说明长三角地区特色小镇空间分布类型趋于集聚型。可以看出长三角地区特色小镇总体呈多中心集聚分布,具多个密集区,特别是在浙苏沪交界处形成了高集聚区,围绕江苏省泰州市形成了次集聚区,其余浙江省中部、江苏省北部、安徽省南部、安徽省西部也有一定的集聚规模。集聚区域主要是经济社会条件较好的区域,特别是浙苏沪交界处,改革开放时期乡镇企业的兴起,带动了该地区乡镇经济的繁荣,推动了产业链的发展,并且该区域交通便利,方便承接以上海市为中心的都市圈产业转移,形成了一定规模的特色小镇。

继而围绕分区、交通干道、县域边缘区 3 方面更为细致分析密集区,将各县域边缘线、国道等数据导入 ArcGIS10.5 中进行矢量化处理,并利用 Spatial Analyst 工具的成本距离进行可达性分析,得到长三角地区特色小镇交通可达性分析及县域边缘分布图,可看出长三角地区特色小镇形成:①形成一心多组团集聚区的空间格局。长三角地区特色小镇总体形成以江浙沪交界处为核心,苏中、浙中、苏北、皖南等多组团集聚区的空间格局,这些集聚区多为具有一定经济基础或具有产业特色的区域。②沿交通干线带状分布显著。选取国道为主要交通干线的交通可达性分析结果分为 4 类,颜色越深表明交通成本越低,则路网通达度及特色小镇与道路的连接程度越高。可知长三角地区特色小镇基本在 Ⅱ 级通达度以内,交通成本较低通达度较好,呈沿交通干线带状分布的趋势。③多位于县域边缘。长三角地区特色小镇大多位于县域边界,这些地方多为乡镇地域,总体上仍然以乡镇空间单元为主推进城镇化与城镇发展特色化。

---

① 李鑫,李兴校,欧名豪.江苏省城镇化发展协调度评价与地区差异分析[J].人文地理,2012,27(3):50-54.

② 杨璐璐.中部六省城镇化质量空间格局演变及驱动因素[J].经济地理,2015,35(1):68-75.

③ 施从美,江亚洲.基于 K-均值聚类统计的特色小镇评价[J].统计与决策,2018,34(21):57-59.

三、特色小镇分类与地域类型识别

（一）分类标准与小镇类型特征

产业是特色小镇发展的根本动力,决定特色小镇未来发展路径,因此产业定位需要具备独特性[①]。由于当前特色小镇还在探索阶段,呈多元化发展。但大体上,特色小镇依照其产生路径可划分为两种类型:一是以文化和生态为基础者,赖以客观资源形成"特色"产业形成的原生小镇,这类特色小镇需要将客观资源与市场需求结合,尽可能实现美学营销;二是以传统产业和数字产业为基础者,其"特色"其实是创造出来的资源而非原始"特色",即通过开发利用发展而成,这就需要通过政策引导,尽可能集聚更多的专业化、创新型人才与技术,带动产业集群化发展[②]。由于一个特色小镇可以具备多种不同要素,为此可以在产生路径的基础上,以特色小镇的主导产业为主要分类因素划分特色小镇类型,表4-4-1将长三角地区特色小镇划分为旅游发展型、历史文化型、工业发展型和农业服务型4种主要类型。表4-4-1显示长三角地区工业发展型特色小镇最多,占总数的49%,旅游发展型与历史文化型接近,各占总数的20%左右,而农业服务型最少,仅占了总数的10%。这是由于中国优先发展东部地区,长三角地区形成中国工业基地,具有一定的工业基础,同时长三角以上海市为中心,无论是经济基础还是技术支撑都具备一定的优势,各省市互补性强,因此工业发展型特色小镇数量较多[③]。长三角地区第二批特色小镇相比第一批特色小镇来说,各类型小镇数量均有所增长,其中旅游发展型增长幅度相对较小,这是由于住房和城乡建设部发布的《住房和城乡建设部办公厅关于做好第二批全国特色小镇推荐工作的通知》中,明确要求以旅游文化产业为主导的特色小镇推荐比例不超过1/3,并要求有带动性强、储备质量高的产业项目。可见,中国在评定第二批特色小镇时对旅游发展型特色小镇数量有所控制,更重视产业的带动作用。

[①] 卫龙宝,史新杰.浙江特色小镇建设的若干思考与建议[J].浙江社会科学,2016(3):28-32.

[②] 李涛.产业集聚视角下我国特色小镇创新体系研究[J].科学管理研究,2017,35(6):61-64.

[③] 李伯华,尹莎,刘沛林,等.湖南省传统村落空间分布特征及影响因素分析[J].经济地理,2015,35(2):189-194.

表 4-4-1   长三角地区特色小镇类型结构

类型	省份	第一批数量	第二批数量	类型	省份	第一批数量	第二批数量
旅游发展型:以旅游业为主,对当地自然和人文资源的挖掘和景观的打造吸引游客,提升旅游收入占比	上海市	2	1	工业发展型:工业为主,制造业、加工业等发达,工业占比大,有发展较好的工业集聚区等,具有一定规模	上海市	1	2
	浙江省	3	4		浙江省	5	4
	江苏省	0	1		江苏省	6	10
	安徽省	1	2		安徽省	1	5
	总计	6	8		总计	13	21
历史文化型:历史脉络清晰、文化内涵特色鲜明,以历史文化产业为主,规划建设要延续历史文脉	上海市	0	2	农业服务型:现代农业发达,农产品面向市场,农产品生产科技含量高,配套设施较完善	上海市	0	2
	浙江省	0	5		浙江省	0	1
	江苏省	1	2		江苏省	0	2
	安徽省	2	2		安徽省	1	1
	总计	3	11		总计	1	6

(二)特色小镇地域类型识别逻辑与指标

特色小镇的开发仍然基于行政地域单元,对特色小镇市域差异性研究具有重要意义[①]。基于地域空间分异和联系规律,根据地级市为单位进行数量统计,选取以下 3 种指标,综合考虑地貌条件、资源禀赋、发展潜力、主导产业等多方面因素,运用空间聚类分析方法,对特色小镇的地域类型进行识别。

(1)地貌条件指标。地貌条件评价主要考察特色小镇所处的地理环境情况和资源禀赋条件,海拔高程可以较为直观地看出该地地貌状况,不同的地貌对该地区的气候、土壤等条件都会产生影响,从而形成平原镇、山区镇等不同类型的特色小镇以及不同的特色产业。长三角地区的地貌以平原为主,平原地区地势平坦,利于耕作,自身土地利用率高,同时水网密布,路网发达,内外联系方便,西南部分布有低山丘陵,因此形成了多种不同类型的特色小镇,并且分布较为集聚[②]。利用 ArcGIS10.5 软件可视化特色小镇所处地貌类型,并分为:I 类主要为平原地貌,地面平坦,无明显起伏特征;II 类主要为丘陵地

① 施从美,江亚洲。基于一均值聚类统计的特色小镇评价[J]. 统计与决策,2018,34(21):57-59.

② 吴健生,毛家颖,林倩,等.基于生境质量的城市增长边界研究[J].地理科学,2017,37(1):28-36.

貌,主要为低矮山丘,坡度较缓;III 类地形复杂多样,以盆谷为主,平原和丘陵交错。

(2)城镇建设指标。城镇建设指标主要指该特色小镇当前发展程度以及所获得称号,选取全国重点镇、中国历史文化名镇以及全国特色景观旅游名镇 3 种,对城镇建设进行划分,拥有称号越多,说明该县市发展程度越高,综合水平越好,基础设施建设越完善。按照其上方法,可将城镇建设指标编号分为以下 4 类:0 类为不具备任何一个称号;I 类为具备其中一种称号;II 类为具备其中两种称号;III 类为 3 种称号皆备。

(3)功能类型指标。主导产业是划定特色小镇类型的根本标准,特别是在新型城镇化背景下基于地域的专业化经济水平形成不同的主导产业,选取该指标可以看出该小镇的发展状况和主导产业[①],以各特色小镇主导产业划分功能类型为指标。

(三)特色小镇地域类型识别及其营造路径

运用 SPSS22.0 软件将长三角 69 个特色小镇的 3 个属性指标作为观测变量进行系统聚类分析得到聚类谱系图,当类间距取 15 时长三角地区特色小镇的地域类型可归并成 5 类,得出长三角地区特色小镇聚类类型。

长三角特色小镇 5 类的基本特征及其建设路径是:①A 类特色小镇属于平原地区工业发展型或农业服务型,地貌单一,发展程度一般,仍有较大的发展空间,与周边城镇联系不强。此类特色小镇应根据区位优势,促进产业集群化,利用产业带动,辐射周边发展,充分发挥好这些特色小镇的引领作用。②B 类特色小镇同属于平原地区工业发展型或农业服务型,与 A 类特色小镇不同的是,工业发展型特色小镇占有一定的地位,产业集聚程度较高,交通通达度好,发展规模大,在长三角地区中相对领先。此类县市的特色小镇需进一步完善生态环境建设,避免过度消耗资源,做好开发和保护工作,使特色小镇得以可持续发展。③C 类特色小镇属于丘陵—盆地地区工业发展型或农业服务型,地貌条件相对来说较为复杂多样,发展程度一般,注重与城镇化结合发展。该类特色小镇在发展中应坚持人与自然和谐共生,实现现代化建设,推动各项事业的全面发展。④D 类特色小镇属于河网或低山地区旅游发展型,此类地貌条件相对来说较为复杂多样,特色小镇的发展能够结合当地资源条件,充分发展旅游产业,但过于追求旅游开发,城镇综合发展程度一般。此类特色

---

① 杨璐璐.中部六省城镇化质量空间格局演变及驱动因素[J].经济地理,2015,35(1):68-75.

小镇需促进产业优化升级,壮大经济规模,承接长三角地区产业转移,促使特色小镇的多样化发展。⑤E 类特色小镇属于河网或低山地区历史文化—旅游发展型,具有一定的发展规模,综合水平高,多为历史文化型、旅游发展型特色小镇,能够结合独特丰富的资源及文化,打造特色小镇的"特色"品牌。此类特色小镇可加强区域内分工协调,完善基础设施建设,实现产城融合,进一步满足人们对新型城镇化的需求,使特色小镇保持活力,创造良好的人居环境。

四、结论与讨论

以长三角地区 69 个特色小镇为研究对象,运用 ArcGIS10.5 和 SPSS20.0 等软件,提取其地理位置并进行空间分布及类型特征进系统分析。研究发现:

(1)长三角地区特色小镇的空间分布类型趋于集聚型,具多个密集区,多集中在以上海为核心的江浙沪皖交界处,且各市域的特色小镇数量分布较不均衡,安徽省和江苏省北部的市域特色小镇较少甚至没有。

(2)长三角地区特色小镇在空间上形成一心多组团集聚区的空间格局,沿交通干线呈带状分布,并且多位于县域边缘区。

(3)特色小镇的类型较为多样化,依托当地特色资源与文化,形成不同的主导产业,由于长三角地区以第二产业为区域经济发展的主导产业,在两批特色小镇中工业发展型特色小镇最多,而旅游发展型小镇则受国家政策影响占比相对下降。

(4)长三角地区特色小镇的地域类型可分为 5 类,类型结构较为多样。基于特色小镇的空间分布特点及类型结构的地域特征,在后续的发展中可以充分考虑特色小镇之间的同异性特征,注重联动发展,使特色小镇更能发挥"特色",避免千城一面现象。当前中国特色小镇以招商引资当头,评价标准过于单一,导致模式过于雷同。

当前特色小镇已成为城镇经济集聚的节点之一,如何通过合理布局,实现小镇开发建设与文化创意产业结合,从而形成具有不同产业特色的小镇,向新型城镇网络转型,将成为特色小镇能否成为引领地方经济发展新增长点的关键[①]。运用定性、定量的方法,对长三角地区三省一市的特色小镇进行了综合研究,加以横向比较,但因标准不统一,对各个特色小镇的类型判定具有一定

---

① 武前波,徐伟.新时期传统小城镇向特色小镇转型的理论逻辑[J].经济地理,2018,38(2):82-89.

的人工偏差,仍存在一定的局限性。建议中国在对于特色小镇评定及建设上应当进行更严格把控,深度挖掘当地文化内涵,因地制宜,同时在确立有效约束机制的前提下,调整奖励机制并及时进行验收,形成各有特色的特色小镇模式。

第五节　长三角地区地名通名文化景观空间格局及影响因素

　　地名是特定空间中记录当地自然或人文地理实体的专有名称,是文化景观的重要组成,表征某地自然环境与经济社会形态互馈及其管理印迹[1]。地名通常由专名和通名构成,随着地名专名数量的增加及命名领域的拓展,相同或类似地理实体归并入一个共同的名词之下形成地名通名。地名通名的出现标志着人类对自然环境与社会发展及其互动认识的深化,是地名发展演变的必然趋势,也意味着地名命名日趋成熟[2]。刘盛佳[3]和吴郁芬[4]分别率先提出地名通名系统、地名通名集解,为地名通名的筛选与规范提供参考;随后潘先军[5]从文化角度考察具有地方特色的地名通名用字含义及其文化意蕴,范今朝[6]和朱竑[7]分析城市地名通名演变,总结城市地名通名分化趋势及城市化进程中历史地名消逝困境。综上,地名通名文化景观作为地名研究新领域,亟待探索除现有多数研究集中于地名通名的命名规律、文化意蕴、地域特点之外的空间分异规律与空间治理策略,尤应重视地名通名文化景观解析模型与范式建构。为此,借鉴学界地名研究思路,运用地理探测器、EOF 模型等方法构建地名通名文化景观研究范式,以长江三角洲地区(以下简称长三角/YRD)为案例,试图推进地名研究的学科融合,弥补单一方法解释力不足缺憾。同时,长三角为案例将能为城市群地名文化保护和地名行政管理提供新视野。

---

　　① 李如龙.汉语地名学论稿[M].上海:上海教育出版社,1998:3-10.

　　② 范今朝,邹昌辉.地名通名的发展演变与当代城市地区地名通名的特点[J].中国地名,2015,(2):29-31.

　　③ 刘盛佳.地名通名和通名系统的初步研究[J].华中师院学报,1981,(3):124-129.

　　④ 吴郁芬.中国地名通名集解[M].北京:测绘出版社,1993:5-12.

　　⑤ 潘先军.津·渡·溜·泾·浜——地名通名用字文化谈[J].汉字文化,2017,(16):91-93.

　　⑥ 范今朝,黄吉燕.城市地名规划及命名规则[J].城市问题,2005,(1):2-5.

　　⑦ 朱竑,周军,王彬.城市演进视角下的地名文化景观[J].地理研究,2009,28(3):829-837.

一、地名研究的文化景观渊源

索尔继承施吕特尔"景观形态"建立文化景观学派,提出文化景观是"附加在自然景观上的各种人类活动形态",主张实地观察地物景观研究其特征。文化景观的形成和变迁受多种因素影响,其中自然和人文两类因素构成文化景观的主体框架。自然因素为人类物质文化景观的建立和发展提供了基底条件,构成文化景观的自然因素,自然地带性规律与文化景观中诸多人文因素具有明显对应性关系。人文因素中"聚落"是文化景观的核心,聚落的形态、规模和密度集中反映所在地的人口特征,映射了区域文化特色、经济发展结构与水平[①]。城市化进程中自然景观向工业或城市景观的转化过程,形成了新文化景观并由此带来文化景观意象空间多元转化及人类社会感知的改变,文化景观对于自然和人文因素研究在景观描述中超越较为表面的形式和功能,进而达到对周围世界人文意义更深理解。综上,文化景观是人类社会发展与自然环境要素演变的"交汇点",拥有自然与文化双重属性。地名产生及其进化的基础(自然环境、人类活动及其密度分布)具有近似的发生过程,经济和社会文化建设政策也大致相同,因而地名研究可以借鉴文化景观的理论及其相关界定。

二、地名通名文化景观解析思路转型

中国传统地名学孕育于先秦,明、清进入繁荣鼎盛,形成以考据为主的"重考证、轻理论"传统地名学研究思路。相较西方传统地名学术语可总结中国地名考据学派主要探究地名标准化、政治空间地名命名合理化、地名词源等[②]。传统地名学发展阶段,国内外学者多基于考证方法在历史学、语言学、美学范畴下以地名本体为研究基础,探究地名解释和地名渊源,未形成独立学科,由此将中国地名研究以清末民初为界划分为传统地名学阶段和现代地名学阶段[③]。"中华民国"时期,中国现代地名研究确立的标志是地名学理论探索、地

---

① 汤茂林.文化景观的内涵及其研究进展[J].地理科学进展,2000,(1):70-79.

② Medway D, Warnaby G. What's in a name? Place branding and toponymic commodification [J]. Environment & Planning A, 2014, 46(1):153-167.

③ 华林甫.中国地名学史考论[M].北京:社会科学文献出版社,2002:1-13.

名分类阐述、地名辞书编撰、统一地名译名等①,地名研究已初现科学性。伴随国外地名学理论引介,1949 年后中国地名学研究逐步与国际接轨,先后开展了:(1)地名学研究内容划分、地名命名规律与原则等现代地名科学理论和方法论研究;(2)地名文化保护、地名规划、批判地名等应用研究②。至此,以实证主义方法论为指导,应用和理论探索进一步完善促推中国现代地名学成为独立学科(表 4-5-1)。

表 4-5-1　中国传统或现代地名学研究思路比较

阶段	主导思路	研究主体	研究特征	研究工具
传统地名	经验主义	地名本体	描述、归纳	质性研究(文献考证、美学法)
现代地名	实证主义、结构主义	地名本体、地名文化景观	系统、应用、批判	定量研究、案例研究

　　地名的影响深入人类生活各方面,各学科以不同视域及分析单元探索地名相关内容:行政管理关注地名管理的精细化、法规化及行政区划地名管理等问题,运用行政、法规手段履行地名的管理职能;城乡规划学中依据现行法规和规范对地名进行整体编排与统筹③④,地名规划过程中建立了理论体系。伴随城市化进程加速,自上而下推进地名标准化、规范化过程如何进一步保护具有文化记忆的地名面临新挑战。

　　地理学界从现象过程、成因主线研究地名,如 Lars Borin 等将瑞典文学作品中地名通过 GIS 可视化探讨地名时间过程;Stephan Fuchs 运用 GIS 分析中北美的德语系地名分布;Meryem Atik 以新西兰为例探讨了地名分析如何

---

　　① 华林甫.论民国时期中国地名学从传统向现代的过渡[J].历史地理研究,1999,15(1):348-350.
　　② 刘盛佳.地名学若干理论问题的探讨[J].华中师范大学学报,1980,(4):54-61.
　　③ 张生瑞,王英杰,张桐艳,等.基于跨省界自然地理实体地名空间格局的行政管理优化[J].地理学报,2019,74(4):797-813.
　　④ 李佩娟.快速城市化背景下的城市地名规划编制探讨[J].规划师,2008,24(8):45-48.

有助于景观特征形成①②③。中国学者研究了壮语系地区、广东、西藏等具有文化语言特色区域地名文化景观的产生原因与影响、历史变迁与时空分布、地名历史文化发掘与保护等④⑤⑥⑦。概而言之,国内外学者探讨了地名文化景观的演化特征,初步形成了以 GIS 分析为主要方法的区域分析和案例实证的地理学地名文化景观研究范式。同时,案例研究中地名景观影响因素研究多基于古籍文献和空间定性⑧⑨⑩⑪,较少综合运用定量与定性方法探索地名文化景观的空间分布及影响因素。

三、地名通名文化景观阐释模型构建

多学科交叉研究地名的内容体系可进一步凝练建构地名通名文化景观解析模型(图 4-5-1):(1)理论基础层主要发掘不同学科视域地名研究思路差异,进一步聚焦文化景观论阈的人与自然关联逻辑,丰富地名考证方法、筛选归纳地名通名,形成以地理学现象与成因解释的经典研究路径。(2)实证研究层重点揭示地名通名文化景观的分布机制及其影响因子探测,提升现象和成因的

---

① Borin L, Dana D, Leif-Jöran O, Geographic visualization of place names in Swedish literary texts [J], Literary and Linguistic Computing, 2014, 29(3):400-404.

② Stephan F. Toponymic GIS - Role and potential of place names in the context of geographic information systems [J]. Kartographische Nachrichten, 2015, 65(6):330-337.

③ Atlk M, Swaffield S. Place names and landscape character: a case study from Otago Region, New Zealand [J]. Landscape Research, 2017, 42(5): 1-16.

④ Wang F H, Wang G X, Hartmann J. Sinification of Zhuang place names in Guangxi, China [J]. Transactions of the Institute of British Geographers, 2011, 37(2): 317-333.

⑤ 王彬,黄秀莲,司徒尚纪.广东地名语言文化空间结构及景观特征分析[J].人文地理,2012,27(1):39-44.

⑥ 李巍,杨斌.藏族村落地名的空间格局、生成机制与保护策略[J].地理研究,2019,38(4):784-793.

⑦ 王长松,马千里.基于地名变迁的北京村落时空分布研究[J].干旱区资源与环境,2015,29(7):18-23.

⑧ 王涛,李君,陈长瑶,等.高原湖泊平坝区乡村"涉水"地名文化景观分析[J].经济地理,2020,40(12):231-239.

⑨ 陈晨,修春亮,陈伟,等.基于 GIS 的北京地名文化景观空间分布特征及其成因[J].地理科学,2014,34(4):420-429.

⑩ 李建华,米文宝,冯翠月,等.基于 GIS 的宁夏中卫县地名文化景观分析[J].人文地理,2011,26(1):100-104.

⑪ 王洪波,杨冉冉.基于 GIS 的保定乡村地名文化景观分析[J].干旱区资源与环境,2018,32(11): 99-105.

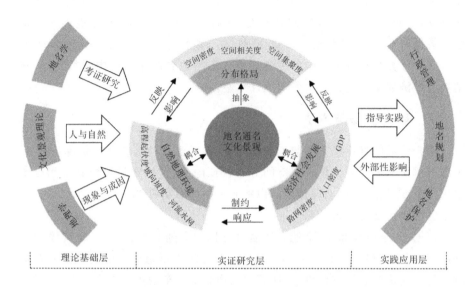

图 4-5-1　地名通名文化景观研究模型

解释逻辑。(3)实践应用层主要讨论行政管理体系下地名规划、地名保护等地名通名文化景观的外部性。

四、长三角案例及数据源

长三角包括上海市、江苏省、浙江省、安徽省,濒临黄海与东海,地处江、海交汇之地。长江三角洲发育演变过程极为复杂[①],形成了种类丰富的地貌,以丘陵、平原为主,总体地势由西南向东北倾斜,河川纵横交错、湖塘星罗棋布、山间河谷盆地相间、岛礁众多分散稀疏。自新石器时代伊始,长三角即出现人类活动,是中华古老文明发源地之一[②]。长三角文化既有鲜明的地域色彩,又相互渗透,有一脉相承的特点,普遍受江南文化影响。

本节数据源自:(1)长三角"三省一市"行政地名来自民政部国家地名信息库(dmfw.mca.gov.cn),获取长三角乡镇(街道)行政地名共 4520 个,各行政地名地理坐标数据来自百度地图 API,通过人工校对与确认,提取具有代表性地名通名文化景观及其经纬度,共 1517 个地名通名作为研究对象。(2)长三

---

①　杨达源.长江地貌过程[M].北京:地质出版社,2006:5-7.

②　邹逸麟.论长江三角洲地区人地关系的历史过程及今后发展[J].学术月刊,2003,(6):83-89.

角行政区划边界和数字高程模型（DEM）来自全国地理信息资源目录服务系统（www. webmap. cn）；河网水系密度、交通道路网密度、GDP 密度和人口密度等数据来自中国科学院资源环境科学与数据中心（http://www. resdc. cn）。（3）分类和分析过程中参考各地地方志与地名志作为历史资料支撑，其他社会经济数据来自长三角各地统计年鉴。

五、研究步骤与方法

结合地理信息系统方法与地统计理论，首先建立地名统计数据库识别 41 个城市单元地名通名文化景观空间分布特征向量，进而定量解释其空间分布格局与密度，最后采用地理探测器识别分布格局影响机制。

（一）经验正交函数计算

根据 41 个单元和 43 个地名通名百分比建立通名数据库（F 矩阵模型）。利用 Empirical Orthogonal Function（EOF）分解求得每个特征向量的方差贡献和特征向量的累积方差贡献，探究地名通名文化景观类型丰富度分布格局。

$$F = \begin{bmatrix} f_{11} & \cdots & f_{1n} \\ \vdots & \ddots & \vdots \\ f_{m1} & \cdots & f_{mn} \end{bmatrix}$$

式中：m 是区域单元，n 是通名要素，f_{mn} 表示在第 m 个区域单元上第 n 个地名通名百分比值。

（二）地理探测器

地理探测器（Geodetector）作为探测空间分层异质性并分析背后驱动因素的计量方法。选取因子探测器，探测长三角地名通名文化景观的空间分异性，识别各因素对长三角地名通名文化景观分布的解释度，使用 q 值进行度量。

六、长三角地名通名文化景观的空间特征

（一）类型与特征统计

借鉴已有研究地名用字统计分析与地名通名识别方式[1][2][3][4][5][6]，结合长三角地名相关史籍资料建立地名通名文化景观识别标准：（1）含义上必须能明确地表示某种地理实体的类别；（2）结构上必须能单独成词或者能分离、能替换；（3）统筹考察影响通名分布因素的自然环境、语言区和历史文化。分析长三角乡镇/街道地名，提取地名通名文化景观 1517 个，主要有：山、湖、溪、河、江、海、塘、石、港、浦、岗、沟、沙、岭、埠、水、湾、田、滨、泉、洋、川、峰、淮、洲、墩、圩、浜、坝、渡、洪、泾、寨、陵、堰、潭、池、滩、涧、梁、台、岩、渚等 43 字，其中与水体相关有 29 字，占比 69.1%，而与陆地地貌有关有 13 字，占比 30.9%。同时，与水体有关地名共有 3123 个，与陆地地貌有关地名有 1397 个。基于字频统计初步得出长三角地名通名文化景观类型多样，用字比例和数量显示出长三角地名通名文化景观受水体影响较大，与长三角地区河网密布水体众多特征相符合。

以城市划分长三角为 41 个单元并按"三省一市"从北向南、从西向东顺序编排，将各区域单元内地名通名用字类型进行 EOF 运算，EOF 展开特征向量表示各城市内地名通名用字丰富度的空间分布状态。计算显示各区域单元特征向量收敛性较快，前两个特征向量累积方差贡献率达到 83.31%，能够较为集中反映 43 个通名最主要的信息（表 4-5-2）。因此，可以用前 2 个模态的特征向量来表示地名通名文化景观在长三角城市的分布结构。其中，特征向量极值区是地名通名类型分布最丰富的区域，等级划分反映了不同区域对分布贡献强度的不同。

①　范今朝，邹吕辉.地名通名的发展演变与当代城市地区地名通名的特点[J].中国地名，2015，(2):29-31.

②　刘盛佳.地名通名和通名系统的初步研究[J].华中师院学报，1981，(3):124-129.

③　吴郁芬.中国地名通名集解[M].北京:测绘出版社，1993:5-12.

④　潘先军.津·渡·溜·泾·浜——地名通名用字文化谈[J].汉字文化，2017，(16):91-93.

⑤　王彬，黄秀莲，司徒尚纪.广东地名语言文化空间结构及景观特征分析[J].人文地理，2012，27(1):39-44.

⑥　李巍，杨斌.藏族村落地名的空间格局、生成机制与保护策略[J].地理研究，2019，38(4):784-793.

表 4-5-2   EOF 分析特征向量的方差贡献和累积方差贡献

特征向量	1	2	3	4	5	6
方差贡献/%	62.62	20.69	7.58	4.31	2.62	1.19
累计方差贡献/%	62.62	83.31	90.89	95.2	97.82	99.01

EOF 模型第一模态方差贡献率为 62.62%，EOF 第一模态反映了各区域单元地名通名文化景观分布丰富度空间分布特征。第一模态特征向量值均为正值，极大值出现在亳州市，并且亳州市周围的阜阳、合肥、六安、池州等安徽中西部地区其值也相对较高；低值区集中分布在长三角中部东北—西南一线。省域角度看第一模态地名通名文化景观丰富程度呈安徽省、浙江省、江苏省、上海市依次减少。第二模态的方差贡献为 20.69%，较第一模态有更明显等级分布特征。长三角地名通名文化景观丰富度在 41 个单元中总体呈现沿东北—西南带状分布且有从内陆到沿海递减趋势。

（二）空间分布格局与密度

EOF 分析发现研究区地名通名的空间分布有显著空间异质性，据最邻近指数法测得长三角地名通名文化景观的期望最邻近距离为 9.04km、平均最邻近距离为 7.51km，显著性水平 $P<0.01$，Z 值为-12.61，表明长三角地名通名文化景观空间分布呈集聚型。进一步采用不平衡指数验证区域分布均衡性，计算得不平衡指数为 0.501，表明长三角地名通名在区域内部分布不均匀。

长三角地名通名在空间上呈现出典型的非均衡性特征，形成了一个一级中心、两个次级中心带状分布格局，并近似倾斜"Z"字坐落特征。一级中心集中分布于皖中、苏南、浙北和上海构成的长三角中部地带，皖北和苏北、浙东南形成的两个次级中心并围绕一级中心地带向四周扩散分布，并呈现逐级降低趋势，长三角地名通名文化景观核密度最低值分布在皖北、皖南和浙西北。

（三）空间相关性

利用 Moran's I 计算得长三角地名通名文化景观分布的全局相关度为 0.6482，正态统计量 z 值为 128.5589（z 值远大于置信水平临界值 37），$P<0.01$ 检验效果较为显著，表征地名通名空间分布具有显著的空间正相关性，空间集聚特征较为明显。

采用 ArcGIS10.5 软件热点分析工具（Getis-Ord Gi *）生成长研究区地名通名文化景观冷热点图，呈现以西北和东南为热点区、东部为冷点区以及周围为次冷区与次热区的格局。热点区为双中心格局,主要分布于安徽西部和浙江南部等地,分别呈现两个团块状分布态势。冷点区为单中心,主要分布在东部沿海区域,呈现纵向连续带状分布态势。统计结果显示,冷点区和次冷点区占研究区的 11.21%,热点区和次热点区占研究区 34.75%。概而言之,长三角地区地名通名文化景观具有较强空间正相关性。

七、长三角地名通名文化景观分布影响机制

地名通名文化景观同时含有地域自然环境和社会经济环境两维内涵,回顾关于地名文化分布及其成因研究既有观点[1][2][3][4][5][6][7],多数学者提出地名文化成因的差异化解释路径,但均从自然环境和人文环境两方面着手分析地名文化分布的形成机制。同时,进一步考察学界 A 级景区、传统古村落、特色小镇等同样具有文化脉络的地物空间分异研究[8][9][10][11],综合遴选海拔、起伏度、坡度、坡向和河流水系 5 项自然环境类影响因素和 GDP、人口和路网密度 3 项社会经济指标探测地名文化景观分布成员,各指标数据按自然断点法分为 6 类,利用地理探测器测算各指标对长三角地名通名文化景观分布格局的影响度。结果显示,各指标影响力排序为路网密度(0.281067)＞GDP(0.224141)＞河网密度(0.191842)＞人口密度(0.185212)＞高程(0.04573)

---

① 朱竑,周军,王彬.城市演进视角下的地名文化景观[J].地理研究,2009,28(3):829-837.

② Medway D, Warnaby G. What's in a name? Place branding and toponymic commodification [J]. Environment & Planning A, 2014, 46(1):153-167.

③ 华林甫.中国地名学史考论[M].北京:社会科学文献出版社,2002:1-13.

④ 华林甫.论民国时期中国地名学从传统向现代的过渡[J].历史地理研究,1999,15(1):348-350.

⑤ 刘盛佳.地名学若干理论问题的探讨[J].华中师范大学学报,1980,(4):54-61.

⑥ 张生瑞,王英杰,张桐艳,等.基于跨省界自然地理实体地名空间格局的行政管理优化[J].地理学报,2019,74(4):797-813.

⑦ 李佩娟.快速城市化背景下的城市地名规划编制探讨[J].规划师,2008,24(8):45-48.

⑧ 刘敏,郝炜.山西省国家 A 级旅游景区空间分布影响因素研究[J].地理学报,2020,75(4):878-888.

⑨ 赵宏波,魏甲晨,苗长虹,等.黄河流域历史文化名城名镇名村的空间分异与影响因素分析[J].干旱区资源与环境,2021,35(4):70-77.

⑩ 吴丹丹,吴杨,马仁锋.浙江美丽乡村空间格局及可持续发展模式研究[J].世界地理研究,2021,(5):1-17.

⑪ 杨燕,胡静,刘大均,等.贵州省苗族传统村落空间结构识别及影响机制[J].经济地理,2021,41(2):232-240.

＞起伏度(0.027651)＞坡度(0.027651)＞坡向(0.000614)。不难看出自然地理环境对长三角地名通名文化景观分布格局起着基础性作用,社会经济起决定性作用。同时佐证随着经济社会的发展,自然地理环境对经济社会发展的制约作用进一步减小,后者对前者响应速率提升明显。

(一)自然地理环境的影响

随着经济社会不断发展,自然地理环境对地名文化景观的影响逐渐减小,但自然环境铆定了长三角地名通名文化景观的空间骨架格局,对地名通名文化景观命名方式影响深远。高程起伏度(0.04573 和 0.027651)、坡向坡度(0.000614和0.027651)以及河网密度(0.191842)构成了长三角地名通名文化景观空间布局的基础框架,制约着长三角地名通名的布局形态、规模和密度。

分析长三角地名通名文化景观分布的海拔和地形起伏度发现,地名通名文化景观集中分布在海拔小于 200m 范围,总计 1365 个,约占总数 90％;集中分布在地形起伏度小于 20m 的区域,占总数的 64.27％。随着海拔升高、地形起伏变大,交通不便不适宜人类生活,同时观察不同类型地名数量占比增减发现,地貌由平原向山地转变过程以"山""溪""岭""峰"等命名的地名通名占比逐渐增加,在低山和中山地区均累计超过 80％。可见海拔越高,起伏度越大的地区,不仅地名通名文化景观分布越少,而且地貌类型对地名命名的影响越来越重要。因此,不同地貌类型区中地名命名也表明了与其地形相适应的命名规律。

坡度和坡向是长三角地名通名文化景观分布的重要因素,长三角地名通名文化景观有 82.79％,集中分布于小于 5°区域(表 4-5-3)。这些区内拥有较好的农耕条件,地理环境适宜进行农业生产活动,生产生活便利且成本低;坡向影响作物所受光照、热量、降水等强度大小,对农业生产具有约束作用。分析长三角地名通名文化景观的坡向占比(表 4-5-4)发现,阴坡(0°～90°和270°～360°)和阳坡(90°～270°)均有地名通名文化景观分布,且分布差异较小(阳坡 787 个、阴坡 730 个)。不同于高海拔或高纬度地区,长三角平原丘陵广布,海拔低、光照时间长,全年积温较高,导致坡向对农作物生长影响较小,且长三角以短日照作物"水稻"为主要农作物,所以坡向对地名通名文化景观分布的影响相对最小。

表 4-5-3　长三角地区地名通名文化景观坡度统计

坡度/°	地名通名文化景观/个	占比/%
<5	1256	82.79
5~15	145	9.56
15~25	94	6.2
>25	22	1.45

表 4-5-4　长三角地区地名通名文化景观坡向统计

坡向	坡向范围/°	地名通名文化景观/个	占比/%
北坡	0~45 和 315~360	412	27.16
东坡	45~135	340	22.41
南坡	135~225	382	25.18
西坡	225~315	383	25.25
阳坡	90~270	787	51.88
阴坡	0~90,270~360	730	48.12

　　长三角发育过程形成的诸多河网水系地貌本底条件是影响长三角地名通名文化景观分布最重要的自然地理因素。长三角地名通名文化景观分布呈从沿河到内陆逐渐减少,有近半数地名通名文化景观距离河流水系小于 1km,有 1359 个地名通名文化景观距河流在 5km 范围内,占比达到 89.58%。这说明沿水而居是长三角地名通名文化景观的普遍特征,河流对长三角地名通名分布具有较强的限制作用,人类活动在选址上具有亲水特点。地名文化景观用字呈现具有长三角地域特点的"浜"(通向江河的小河沟)、"泾"(河沟或沟渠)、"渚"(水中小块陆地)等字正是对本区域河流水网特征的反映[①]。河流水系在长三角居民生产生活与文化发展传承中扮演重要角色,距水源地近为农业生产和发展提供保障,又提供了交通运输能力,推动当地社会经济发展和文化交流。

　　总体而言,长三角地区地名通名主要分布在海拔 0~200m 的平原地带,总占比高达 72.56%。这是平原地带气候温和、水系发达、交通便利,适宜人类

---

　　① 陈晨,修春亮,陈伟,等.基于 GIS 的北京地名文化景观空间分布特征及其成因[J].地理科学,2014,34(4):420-429.

居住,人类活动频繁,从而累积了丰沃的地名资源。其次是丘陵,占比为12.34%;山地分布较少,占比仅为3.84%,这是此类区域气候条件较差、地势崎岖不平、交通不便,不适宜人类生活,稀疏的人类活动导致缺乏地名通名资源。

（二）经济社会发展的影响

经济社会发展水平是影响长三角地名通名文化景观分布的重要因素,经济发展水平、城市化速度指示了地名演化进程。地理探测发现路网密度(0.281067)、GDP(0.224141)和人口密度(0.185212)是影响长三角地名通名文化景观分布主要因素。

交通条件探测结果显示 q 值较大且通过检验,说明交通条件是长三角地名通名文化景观分布的重要影响因素。地名通名文化景观包括"山、岗、岭、洲"等反映不同自然地貌类型用字,同时核密度分析也显示其空间位置在各种地貌区域均有分布,所以交通条件既是人类活动及其流动载体,也在一定程度上表征了减小空间摩擦后的地名通名分布特征。通过 ArcGIS10.5 软件近邻分析(Near Analysis)统计得出距离路网大于 5km 的地名通名文化景观仅0.86%,小于 1km 的地名文化景观占 89.51%,同时地名文化景观分布密集区与路网密集区高度重合,表征长三角地名通名文化景观分布密度与道路密度呈正相关。

GDP 和人口分布是影响地名通名文化景观分布的重要动力。GDP 和人口是地名通名文化景观产生和传承的基石。长三角自古以来就是人口聚集的繁华之地,素有"鱼米之乡"之称。地理探测器计算 GDP 和人口的地名通名文化景观分布影响度得探测值 q 分别为 0.224141 和 0.185212,且通过显著性检验。地名通名文化景观核密度聚集区与 GDP 和人口分布密集区高度重合,GDP 和人口分布与地名通名文化景观分布格局呈正相关。人口经济聚集区为基础的长三角地名通名文化景观分布演变蕴含着诸多人类与自然共生共栖的过程。如意为"低洼地区防水护田的堤岸、围绕村庄的障碍物"的"圩"在长三角广布[①],以引导水流、保护堤岸的水工建筑物"坝"也广布于长三角,这显示了长三角人类活动适应自然、改造自然的过程,反映了地名通名文化景观分布和形态结构。

总之,交通的便捷性、人口集聚和经济发展水平深刻地影响地名文化景观的传承。优良的交通条件是地名通名文化景观的留存和发展的保障。在此基

---

① 谢莉.南方地名词"圩"探源[J].中国地名,2020,(6):18-19.

础上,人口的繁衍、迁徙与经济活动集聚为地名通名文化景观保护与可持续利用提供了可能。

（三）影响因素的交互作用分析

利用地理探测器分析长三角地名通名空间分布影响因素的交互作用（表4-5-5)发现:不同影响因素交互作用对地名通名分布的影响度存在差异,但二维因素交互作用影响度大于一维因素影响度。其中,路网密度与GDP的交互作用最强(0.320242),经济水平高且交通便利的地区更利于地名通名文化景观的传承与发展。自然地理影响长三角地名通名文化景观分布的较弱,但仍是重要因素之一。

表 4-5-5　地名通名文化景观分布影响因素的交互作用探测

	高程 $/x_1$	起伏度 $/x_2$	坡度 $/x_3$	坡向 $/x_4$	河网密度 $/x_5$	路网密 $/x_6$	GDP $/x_7$
起伏度 $/x_2$	0.054505						
坡度 $/x_3$	0.050362	0.032509					
坡向 $/x_4$	0.048496	0.033179	0.030797				
河网密度 $/x_5$	0.238961	0.226257	0.221602	0.196663			
路网密度 $/x_6$	0.290432	0.285862	0.287664	0.286336	0.313293		
GDP $/x_7$	0.240136	0.234195	0.232622	0.22724	0.284712	0.320242	
人口密度 $/x_8$	0.202446	0.202179	0.201081	0.19058	0.268964	0.298776	0.24988

八、结论与讨论

厘清地名研究理论脉络与实证渊源,构建地理学视角地名通名文化景观解析模型,以长三角为例佐证研究模型。主要研究发现:在模型理论基础层,依照地名通名文化景观识别标准筛选长三角地名通名文化景观1517个,其用字类型受河网水系影响最大,地名通名文化景观用字类型丰富度在41个单元中总体呈现内陆到沿海且沿东北—西南方向递减趋势。

在模型实证研究层:(1)长三角地名通名文化景观分布异质性显著,呈现典型非均衡集聚,空间上形成皖中、苏南、浙北和上海等东西条带状的一级中心于长三角中部、两个团块状次级中心分列南北;长三角地名通名文化景观分布呈显著空间正相关,空间集聚特征较为明显,热点区为双中心格局且分布于安徽西部和浙江南部等地,冷点区为单中心格局且分布在东部沿海呈纵向连续带状分布。(2)地名通名文化景观同时含有地域自然环境和社会经济环境两维内涵,长三角地名通名文化景观分布格局受自然环境和社会经济综合影响显著,主要分布在海拔 0~200m、地形起伏度小于 20m、坡度小于 5°的平原地带,人口集聚、经济发展水平和交通便捷性等社会经济因素对地名通名传承影响较大。

分析长三角地名通名文化景观的类型、空间分布特征及其影响因子,发现自然、经济与交通特征深刻影响地名文化景观形成和发展,本书分别在理论基础层和实证研究层论证地理学视角地名通名文化景观解析模型,在科学逻辑规范下提升模型实践应用层地名相关行政管理能力,规避地名规划与保护过程中"负外部性"影响。地名不仅是区域环境与社会变迁的标志,而且承继和活化区域文脉。随着工业化与城市化的快速推进,整村搬迁和撤村并居使得地形起伏较大、坡度较陡、交通不便的地名文化景观首当其冲消亡,取而代之的是体系化、规范化的新地名景观。处理好地名文化景观保护与城市建设的关系,规范地名命名、保护和规划相关准则是地名实践当务之急。行政管理体系中地名规划一直是中国地名工作的主要任务之一,有利于地名命名的科学性与规范化。但由于规划过程的信息不对称,极易发生命名滞后且与城市建设不协调现象,进而促成传统地名被动消亡。因此,地名规划与管理过程如何通过"顶层设计和自下而上"结合破除已有弊端,让城市空间扩展的同时,向文明底蕴深厚的城市发展是地名研究重要方向。为此,系统探索某一区域地名的稳定性[①]有助于地名文化遗产传承与保护。长三角案例的相关发现,地名通名文化景观的区域性和多元性深受自然地理、经济活动与交通条件的影响。科学保护地名、挖掘地名文化遗产,既需要深刻理解区域自然地理环境变迁,更应掌握人口迁徙与产业集聚及其时空阶段性,才能重建时空序列的地名及其文化景观变迁及其影响因素分析。如何重建长周期时空序列地名及其自然—人类活动数据是地名文化遗产保护和地名文化景观解析模型的难点与焦点。

---

① 李炳尧,刘保全,刘志聪.中国地名文化遗产保护理论与实践[M].北京:中国社会出版社,2019:2-26.

第五章 长三角创新要素对接流动的人居环境适应性分析

第一节 长三角地区创新要素对接流动的现实基础

区域创新理论是在城市内部创新环境理论基础上强调创新外部联系的重要性而产生的,受到政府和学界的高度重视。实际上,区域创新网络的提出就已经承认了知识、技术和人才等创新要素的流动性和可溢出性。因此,在界定区域创新要素内涵的基础上,甄别长三角城市创新要素类型及其对接路径有助于厘清创新主体的主动溢出模式和逻辑。刻画长三角创新要素的空间格局主要是明确各城市创新要素禀赋,识别出长三角创新要素"高地",同时创新要素需求格局的刻画有助于规划合理高效的创新空间对接路径。

一、长三角城市创新要素类型

长三角作为中国经济科技发展最快的地区,其城市创新要素类型较为多样。从人的视角论,科研院校的师生和各类企业的研发人员均是创新活动的主体,对创新产出起到直接推动作用。例如,上海的上海交通大学、复旦大学、宝钢集团和华为技术有限公司上海研究所,浙江的浙江大学和阿里巴巴集团,以及江苏的南京大学和南汽集团等作为创新人才的载体,是城市创新能力的重要砝码。长三角科技之所以发展这么快,与政府和科研机构投入的大量研发资金是密不可分的,这也是越来越多的研发人员集聚上海的原因之一;研发人员的发明专利既可以作为创新产出,同时又可视为进行创新活动所必须创新要素。当然,长三角外资企业的创新技术溢出对其他企业创新活动也起到一定催化作用。需要指出的是,长三角地区气候湿润宜人,交通发达,城市生活便利,是创新人才所青睐的工作地。此外,长三角地区及其部分城市具有相对先进的创新管理制度,包括优厚的创新资助政策、创新合作交流服务平台和中介机构等,成就了长三角优越的创新制度环境。

综上,长三角城市创新要素包括创新人才、创新技术、创新资金、创新平台、创新环境五类要素。其中,创新人才是创新活动的核心要素。人力资源角度,创新人才指在借鉴过去经验的基础上运用全新的视角审视问题,运用超常规的方式思考问题,并运用非传统的方法解决问题并实现创新的人。需要指出的是,创新人才的评价标准也会随着经济社会发展处于变化之中。20世纪80年代初,中国凡是"具有中专以上学历和初级以上职称的人员"即可以归入人才范畴。现阶段中国强调创新人才是指具有一定的独立创造能力,对未解决的问题能够提出可行的解决方案,对社会物质及精神文明建设作出一定贡献的人[1]。创新资金是创新活动的主导要素,即投入创新活动中的资本总和。它反映着一个国家或地区科技资源的运用及配置能力,国际上通用的衡量指标为研发投入投资量(R&D投资)。创新技术是指企业为了提高产品质量、开发生产新的产品、提供新的服务而购买或研发的新知识、新技术、新工艺。创新平台指创新人才进行创新研发活动的组织或机构,主要包括企业研发机构和高校院所。创新环境指促进创新活动、提高创新绩效的保障因素,主要包括制度环境、经济环境和社会文化环境三方面[2]。需要指出的是,长三角城市创新要素中,创新人才、创新技术、创新资金具有流动性,可以归为区域创新要素;创新平台和创新环境是服务于城市创新的本地创新要素,这些创新要素可能的数据来源及其统计口径详见表5-1-1。

表5-1-1 长三角创新要素数据源及其统计口径

创新要素	数据源	数据口径
创新人才	中国科技年鉴、各城市的统计年鉴	R&D人员
创新技术	中国科技年鉴、各城市的统计年鉴、国家知识产权局官网	发明专利授权数
创新资金	中国科技年鉴、各城市的统计年鉴	政府和规上企业R&D经费
创新平台	中国科技年鉴、各城市的统计年鉴	规上企业设有研发机构数
创新环境	各城市的统计年鉴、财政局和科协等相关政府部门官网	人均地区生产总值、职工平均工资、创新扶持政策数量

① 张旭.产业转移与创新要素流动互动机理研究[D].合肥:合肥工业大学,2016.
② 刘思明.中国区域创新能力驱动因素实证研究[D].北京:中国人民大学,2012.

二、长三角城市创新要素对接与流动实践回顾

长三角城市创新要素对接与流动实践主要有 7 种典型操作模式:产学研合作模式、高新技术园区间及其内部企业间创新合作模式、技术交易市场流动模式、科技中介服务对接模式、区域人才流动模式、产业转移带动技术合作与转移模式和城市政府推动创新合作模式[①]。

产学研合作模式是企业与高等院校合作创新、企业与科研院所合作创新及企业与高等院校、科研院所合作创新这三种合作创新方式的统称。产学研合作是技术创新的主要机制,因而是创新系统发展与完善的关键。例如上海高校中,上海交通大学最早开展产学研合作,规模也比较大,先后与昂立大学、南洋大学等合作研发。随后,复旦大学、同济大学、上海大学、东华大学、上海理工大学和华东师范大学等一些大学依托国家级大学科技园区形成了产学合作联盟。在浙江,企业作为创新主体,主动进行的产学研合作也越来越多。例如,截至 2020 年已经引入的产学研合作单位有:中国科学院宁波材料研究所、清华长江三角洲研究院、香港科技大学浙江先进制造研究所、浙江加州纳米技术研究院、中国科学院嘉兴应用技术研究与转化中心、中国机械科学研究院浙江分院、华中科技大学浙江先进制造研究所等 300 家,其中,以企业为主体共引进 230 家。江苏是中国高校院所最多的省份之一,同样也越来越重视产学研合作。例如,南京珠江路上的中国第二电子科技聚集区,利用南京的科教实力开展产学研合作,不断进行技术创新,有力提升了南京的城市竞争优势。具体案例详见表 5-1-2。

表 5-1-2　长三角产学研合作模式案例

合作对象	合作内容	成功经验
南京金龙客车制造有限公司和上海交大、清华大学	联合开发新一代整车控制器、四模混动系统	改革创新旧有体制,紧跟国家新能源发展、成立研究院,构建全方位科技创新体系、创新驱动打造低碳城市,实现技术领先等。
上海化工研究院、东方航空公司、南京理工大学等	成立工程技术研究中心研发环境健康风险评估技术	多种产学研模式全面推进,加速成果转化促产业升级、与高校共建学院和人才培养基地、联合研究所、联合实验室、产业技术联盟。

资料来源:中国产学研合作促进会官网

[①]　吕国辉.长江三角洲区域创新系统研究[M].杭州:浙江工商大学出版社,2014.

高新技术园区间及其内部企业间创新合作模式：长三角地处中国经济发展的前沿，是对外开放的窗口，高新技术产业的密集带，其高新技术园区发展态势非常强盛，成为长三角高新技术产业集群的最重要的载体。首先，高新技术产业群集在园区的重要原因之一就是通过技术和经验交流与合作实现技术创新，即高新技术园区内部创新合作模式；不同城市甚至不同省份间的不同园区之间的企业也可通过有效的技术交流与合作实现技术创新，即高新技术园区间创新合作模式。例如，浙江在2003年4月就提出要加强与上海、江苏在发展高新技术产业方面的分工与协作，联合制定长三角高新技术产业发展规划。具体案例详见表5-1-3。

表 5-1-3　长三角高新技术园区间及其内部企业间创新合作案例

案例	合作内容	成功经验
江阴国家高新区产学研合作创新示范基地	发展科技公共服务平台，成立同济大学江阴科技成果转化基地、上海交大技术转移中心江阴分中心。	政府引导，市场驱动；集成资源，发挥优势。发展公共服务平台，推动产学研合作创新。
中国（盐城）新能源汽车产学研合作创新示范基地	引进中大纯电动客车、奥新电动车、铃高电动车等三个整车企业及协鑫动力电池等一批汽车零部件项目，成立同济大学汽车学院盐城新能源汽车研究所等。	借助地方资源优势和优惠政策，打造完整产业链，形成一体化的创新型产业基地。

资料来源：中国产学研合作促进会官网

技术交易市场流动模式和科技中介服务对接模式：技术市场和技术产权交易市场是各技术要素流通的平台，也是科技合作和技术转移市场化运作的重要基础。20世纪90年代末，互联网技术开始应用于技术市场交易，为跨地区的技术交易提供便利，给传统的技术市场注入新的活力。值得一提的是，2004年签署的技术合同流向地占江浙两省的总合同数的比例分别为5.17%和3.8%，均高于其他省份[①]。另外，技术产权交易市场结合了技术市场和产权交易市场的优势，具有更大的灵活性和发展空间，不仅可以实现科技成果交易，还可以为技术开发筹集风险资本，为技术成果的转化提供全方位服务。科

---

① 卢俊.论我国技术产权交易市场与其他相关市场的关系[J].科技成果纵横，2004(1)：42-43.

技中介服务业是第三产业中最具活力和潜力的产业,科技中介是市场中介的一种,是在各种参与技术创新的市场主体之间,利用自身拥有的知识、人才、资金、信息等资源,为技术创新的成功实现起到沟通、联系、组织、协调等作用的组织及其活动,以及为参与技术创新的各种市场主体、各相关实体提供专业服务的组织及其活动[①]。长三角地区科技中介服务业经过近 20 年的发展,已经形成一定的框架体系。例如,截至 2018 年江苏省就拥有 1851 家中介服务企业。具体案例详见表 5-1-4。

表 5-1-4 技术交易市场流动模式和科技中介服务对接案例

案例	主要内容	成功经验
上海高校技术市场	由上海市教委、市科委和杨浦区政府三方共同构建的,是由技术需方、成果供方、交易服务方等三大市场主体联手共建技术合作和交易的大平台。	创新交易方式和服务模式,将线上平台与线下专业经纪人相结合,创建一个综合性技术需求-供给信息服务平台。
上海技术交易所	致力于促进跨地域、跨行业、跨组织间的技术贸易和高新技术产品交易,为加速科技成果产业化和商品化提供服务。	以市场需求为导向全力打造技术与资本高效对接的服务平台,探索符合市场的创新技术金融模式。
上海国际技术商城平台	通过商城提供的交易工具,上海见田企业管理咨询有限公司进行初步匹配后迅速"接单"上海观禧网络科技有限公司在 AI 音频识别技术的需求。	搭建拥有技术供给、项目资源、专家资源、政策支持、需求服务等技术转移转化全链条服务的综合平台。
科创帮	宁波鄞州区的一舟股份有限公司与瑞典科学家林奎斯特的签约合作	依据国家技术转移东部中心,成立规范的旗下机构深入长三角各地,为当地企业提供科技服务

资料来源:中国产学研合作促进会官网

区域人才流动模式:是一种以人才的城市间流动实现知识、技术对接流动的创新合作模式。知识经济时代,人力资本要素已成为经济发展中最具创造性的要素。人才的合作培养与交流,从某种意义上就意味着知识和科技的交

---

① 郭元源,池仁勇,段姗.科技中介功能、网络位置与产业集群绩效[J].科学学研究,2014,32(6):841-851.

流与合作。一方面,长三角地区的上海和江苏占有较多的高校院所,高科技人才密集;另一方面,长三角经济发展迅猛,对人才的吸引力与日俱增,大批高素质的人才流入长三角,增加了长三角人才数量。此外,长三角三省一市之间的经济联系密切,人才的流动也非常频繁。例如,2003 年 4 月长三角联合签署了《长江三角洲人才开发一体化共同宣言》,同年,立足上海、服务长三角、面向全国的统一网上人事人才互动服务平台—"21 世纪金才网"也成功开通;2004年 6 月 20 日,沪苏浙三省市及苏、浙所属的 19 个市共同通过了长三角人才开发一体化联席会议制度,并签署了 3 个旨在促进人才流动的协议;2006 年 3月,沪苏浙三省市人才交流中心达成共识,联手构建长三角人才市场网上平台,设置"长三角人才市场"页面。具体案例详见表 5-1-5。

表 5-1-5 区域人才流动案例

案例	主要内容	成功经验
宁波市高层次人才智力引进洽谈会	组织省内外企事业单位 800 家左右,推出需求在 10000 人以上。通过双向交流洽谈形式,招聘宁波市经济社会发展需求的专业人才、紧缺人才。	政府部门集中各类企业,并给予一定路费补贴,吸引各地人才,通过人才流动提高本市人才资本。
中国盐城第七届沿海发展人才峰会	盐城市向 237 个领军人才(团队)发放资助资金 1.62 亿元,签订 78 个教育、卫生、科技人才合作项目,揭牌成立在沪盐城籍高层次人才联合会和 4 个名医工作室。	政府推动、市场运作、互惠互利;通过独立办学、举办分校、联盟结对等引进名校名师;与国内知名医院合作,加大名院名医引进力度;借力上海国际人才高地效应。

资料来源:中国产学研合作促进会官网

产业转移带动技术合作与转移模式:是一种发达地区向具备一定产业承接条件的相对不发达地区转移本地区落后产业而带动技术创新流动的模式。在长三角区域内部,科技经济一体化进程的加快,引发了一系列蕴含科技合作的产业转移活动。例如上海信息产业的部分外移,为技术创新扩大了空间,从而可进行高层次的自主创新,发挥长三角核心城市的作用;而江浙两省在承接外移的信息制造业的同时,也承接相关的技术辐射,在此基础上形成有序的分工与合作。当然,这种创新要素对接流动模式依赖于发达地区产业转移力度。具体案例详见表 5-1-6。

表 5-1-6 产业转移带动技术合作与转移案例

案例	主要内容	成功经验
浙江吉利汽车有限公司	2002 年将总部迁到杭州,2003 年在台州建立主要生产制造基地,2005 年在上海建立了汽车研究院,负责核心技术研发。	充分利用各地区优势资源,实现产业的区域分工发展,从而带动技术流动。
上海纺织产业外迁	由于劳动力价格不断升高、有一定污染性、产品附加值低等,上海纺织业向南通、杭州、绍兴、宁波等地外迁,而在浙江北纺织业却已经形成了一些产业集群①。	将发达地区的技术竞争力不足的产业转移到特定区域,通过产业集群提升落后地区技术竞争力。

城市政府推动创新合作模式:是一种由城市政府制定相应政策措施促进创新要素对接流动的模式,多应用在人才吸引和产业承接等方面。例如,为了促进区域科技合作与技术转移的广泛、深入进行,江、浙、沪、皖政府联合发挥主导、引导、扶持作用,陆续制定、出台了一系列有关政策、规定,签署了各方面的合作协议,在制度、组织、人才、资金、环境、公共服务平台等方面建立并逐步完善一套四地通行通用的保障体系。另外,南京、上海等城市分别推出《南京市关于大学本科以上学历人才和技术技能人才来宁落户的实施办法(试行)》和《2018 年非上海生源应届普通高校毕业生进沪就业申请本市户籍评分办法》优惠政策吸引人才。具体案例详见表 5-1-7。

表 5-1-7 城市政府推动创新合作案例

案例	主要内容	成功经验
江苏省无锡惠山产学研合作创新示范基地	区政府主要领导带队先后赴上海、北京、南京、合肥、武汉、西安、哈尔滨等地开展产学研活动,并在每年十月开展政产学研合作洽谈会,达成一批合作项目。	政府打造产学研合作平台,并出面引进企业入园,引导园区内企业进行合作。

---

① 马登哲,江彦.上海:纺织产业外迁发展现代服务打造国际都市——访上海市社会科学院信息所王贻志所长[J].中国制造业信息化,2006(18):44-45.

续表

案例	主要内容	成功经验
吴江区产学研合作创新示范基地	吴江区委区政府、区科技局不断加大宣传力度,推动企业、高校院所产学研合作的开展吴江区政府与浙江大学、东南大学等八所院校先后签订全面合作协议。	多渠道宣传、提供政策和资金保障、制定考核指标、建立企业"千人计划"专家工作站、深入走访调研、加强与高校院所的沟通与联系,寻找资源、充分发挥科技镇长团成员的资源优势。

资料来源:中国产学研合作促进会官网

第二节　长三角城市创新要素空间格局

一、全国省域视角长三角创新要素禀赋

长三角城市创新要素包括创新人才、创新技术、创新资金、创新平台、创新环境五个要素,然而,可以借助官方统计数据能表现出来的包括创新人才、创新技术、创新资金、创新平台四种。其中,创新人才可以借助中国科技统计年鉴中的"研发人员数"来体现,创新技术可以利用中国科技统计年鉴中的"专利授权数"来体现,创新资金可以借助中国科技统计年鉴中的"研发费用"来体现,创新平台可以借助中国科技统计年鉴中的"研发机构数"来体现。因此,借助《中国科技统计年鉴 2016》收集中国 2015 年各省(自治区/直辖市)的研发人员数量、专利授权数量、研发费用和研发机构数量,并借助 ArcGIS10.0 的 5 级自然间断点分级法刻画其分布等级格局。可知:(1)2015 年北京市的创新人才要素禀赋最高,位于第一等级;其次,长三角地区的江苏省和上海市的创新人才禀赋较高,与陕西省和四川省同位于第二等级;而长三角地区的浙江省和安徽省的创新人才禀赋一般,与我国多数其他省份同位于第三等级。假设不同等级从低至高分别赋予 1、3、5、7、9 不同分值,区域创新人才禀赋分值等于该区域所包含省/市所得分值的平均分。那么,基于我国城市群地域划

分[①],我国三大城市群创新人才禀赋分别为:京津冀地区6.3分、长三角地区6分、珠三角地区5分。可见,长三角创新人才要素禀赋在我国处于中高位次,仅次于京津冀地区。(2)2015年广东省与长三角地区的江苏省和浙江省创新技术要素禀赋最高,位于第一等级;北京市、山东省和长三角地区的上海市创新技术要素禀赋也较高,同位于第二等级;而长三角地区的安徽省创新技术要素禀赋一般,位于第三等级。按照区域创新人才禀赋分值计算规则,计算创新技术要素分值得到:珠三角地区为9,长三角地区为7.5,京津冀地区为5.7。可见,长三角地区创新技术要素禀赋较高,仅次于珠三角地区。(3)2015年北京市的创新资金要素禀赋最高,位于第一等级;长三角地区的江苏省和上海市的创新资金要素禀赋较高,与陕西省和四川省同位于第二等级;而长三角地区的浙江省和安徽省的创新资金要素禀赋一般,与我国多数其他省份同位于第三等级。同理,按照区域创新人才禀赋分值计算规则,计算创新资金要素分值得到:京津冀地区6.3分、长三角地区6分、珠三角地区5分。可见,长三角创新人才要素禀赋在我国处于中高位次,与创新人才要素禀赋位次相同。(4)2015年北京市的创新平台要素禀赋最高,位于第一等级;长三角地区的江苏省和上海市创新平台要素禀赋较高,位于第二等级;而长三角地区的浙江省和安徽省创新平台要素禀赋一般,位于第三等级。同理,按照区域创新人才禀赋分值计算规则,计算创新平台要素分值得到:珠三角地区7分,长三角地区5分,京津冀地区4.3分。可见,长三角地区创新平台要素禀赋较高,仅次于珠三角地区。

综上,北京市创新要素中的创新人才、创新资金、创新平台要素禀赋处于全国第一等级,而这些创新要素禀赋在长三角地区整体处于全国较高位次,尤其是创新技术要素禀赋具有较好的发展前景,位于全国第一等级。除创新技术要素外,长三角创新要素禀赋整体呈现"东北高(江苏和上海),西南低(安徽和浙江)"的空间不均衡格局。具体而言,上海市和江苏省的苏南以大型的国企、央企和外资企业为主,这些企业所拥有丰富的创新人才、创新资金、研发机构和高端技术创新能力;而浙江省主要是以民营企业为主,创新人才、创新平台和创新资金均要求不高;安徽省经济和科技发展水平较低,创新要素禀赋整体较低。

---

① 方创琳,王振波,马海涛.中国城市群形成发育规律的理论认知与地理学贡献[J].地理学报,2018,73(4).

二、城市视角长三角创新要素分布格局

省域尺度创新要素禀赋研究显示长三角地区不同省(市)之间的创新要素禀赋有所差异。那么,长三角地区不同城市之间的创新要素禀赋空间格局又是如何呢?这不仅有助于厘清各城市的创新要素本底状况,促进以企业为创新主体带动长三角城市创新要素的有效对接,而且有助于为城市政府制定符合自身条件的优惠政策,充分发挥比较优势。因此,借助长三角地区三省一市的 41 个地级市 2016 年统计年鉴收集规上企业研发人员数、专利授权数、规上企业研发经费支出以及规上企业研发机构与普通高等学校数量之和分别作为衡量创新人才、创新技术、创新资金、创新平台四种要素的统计指标,并借助 ArcGIS10.0 的 5 级自然间断点分级法刻画其分布的等级格局。

长三角各城市中,上海市和江苏的南京市和苏州市创新人才要素禀赋最高,位于第一等级;江苏省的常州市和无锡市以及浙江省的杭州市、宁波市、绍兴市和嘉兴市创新人才要素禀赋也较高,位于第二等级;江苏省的南通市、扬州市、镇江市、泰州市、徐州市和浙江省的湖州市、金华市、台州市和温州市,以及安徽省的合肥市和芜湖市位于第三等级;其他城市均位于第四和第五等级,需要指出的是,创新人才要素禀赋第五等级的城市全部位于安徽省的北部、西部和南部省界。

长三角各城市中上海市和江苏省的苏州市,以及浙江省的杭州市和宁波市的创新技术要素禀赋最高,位于第一等级;江苏省的南京市、南通市和无锡市,以及浙江省的绍兴市和温州市的创新技术要素禀赋也较高,位于第二等级;江苏省的扬州市、泰州市、镇江市、常州市和浙江省的金华市、台州市、嘉兴市和湖州市,以及安徽省的合肥市创新技术要素禀赋位于第三等级;其他城市均位于第四和第五等级,且创新人才要素禀赋第五等级的城市绝大多数位于安徽省的北部和南部省界。

长三角各城市中上海市和江苏省的南京市和苏州市的创新资金要素禀赋最高,位于第一等级;江苏省的南通市、常州市、无锡市和浙江省的杭州市、宁波市、绍兴市和嘉兴市,以及安徽省的合肥市的创新资金要素禀赋较高,位于第二等级;江苏省的扬州市、泰州市、镇江市、芜湖市和徐州市以及浙江省的金华市、台州市、温州市和湖州市的创新资金要素禀赋位于第三等级;其他城市均位于第四和第五等级,需要指出的是,创新资金要素禀赋第五等级的城市全部位于安徽省的北部、西部和南部省界。

长三角各城市中上海市和江苏省的南京市的创新平台要素禀赋最高,位于第一等级;江苏省的苏州市、无锡市和常州市以及浙江省的杭州市、宁波市和绍兴市的创新平台要素禀赋较高位于第二等级;江苏省的扬州市、泰州市、镇江市、盐城市、南通市、淮安市、徐州市和浙江省的金华市、台州市、温州市和嘉兴市的创新资金要素禀赋位于第三等级;其他城市均位于第四和第五等级,且创新平台要素禀赋第五等级的城市绝大多数位于安徽省的北部和南部省界。

综上,城市尺度长三角城市创新要素禀赋呈现"东多西少,中间多南北少"空间格局;自南京(合肥)到上海,再到杭州,最终到宁波形成一个"Z"形创新要素丰裕带,尤其是"Z"形上部横带是整个长三角地区城市创新要素的"黄金腰带",而安徽北部、西部和南部省界线上自宿州市到黄山市形成一条"C"形创新要素贫瘠带。长三角内部创新要素的不均衡空间格局的成因主要包括:改革开放后政策倾斜、历史惯性、民间研发缺乏政策活力以及官办研发机构转制不足。其中,改革开放后由于大量央企和国企布局在上海,同时一些政策优势吸引大量外资企业入驻,而这类企业的研发创新能力较强,提升了上海的创新要素禀赋;随着上海工业企业逐渐迁移到苏南城市,进而提升了苏南各城市的创新要素禀赋;浙江主要是以民营企业为主,多数城市创新能力不足,杭州、宁波主要是由于集聚的新兴信息产业提升了城市创新能力;安徽省和苏北城市较低的创新能力除了缺少大型企业以外,还在于民间研发缺乏政策活力,同时官办研发机构具有较大的创新惰性,并且在历史惯性作用下共同导致长三角创新要素长期的不均衡空间格局。

第三节　长三角创新要素对接流动的机制优化与抓手

一、新兴产业视角长三角城市创新要素流动的需求格局

城市创新要素流动需求指某城市对创新要素的需求情况,是衡量该城市未来创新能力的重要指标,同时也是重塑区域创新网络的主要动力。在城市层面,创新需求无非体现在企业、高校科研院所和政府三类组织。其中,企业对创新的需求又是最大的,并且在众多企业中,新兴企业又是创新需求的主体。因此,本书用各城市新兴企业数量来间接衡量长三角城市创新流动

需求格局。

（一）长三角地区新兴产业发展态势

结合国家发展改革委公布的《战略性新兴产业分类目录》和《"十三五"国家战略性新兴产业发展规划》，并为保证数据统计口径一致和数据连续性，将新兴产业界定为 8 大类：节能环保产业、新兴信息产业、生物产业、新能源产业、新材料产业、新能源汽车产业、高端装备制造业和数字文化创意产业。进一步将国民经济行业分类代码与上述 8 类新兴产业进行匹配，得到新兴产业细分行业的行业代码（表 5-3-1）。

表 5-3-1　新兴产业行业范围界定

大类	细分行业及其代码
节能环保	人造原油制造（2512）、环境污染处理专用药剂材料制造（2665）、再生橡胶制造（2914）、环境保护专用设备制造（3591）、环境监测专用仪器仪表制造（4021）、废弃资源综合利用业（42）、污水处理及其再生利用（4620）
生物产业	生物化学农药及微生物农药制造（2632）、生物药品制造（2760）
新能源	风能原动设备制造（3415）、其他原动设备制造（3419）、燃气、太阳能及类似能源家用器具制造（3861）、核力发电（4413）、风力发电（4414）、太阳能发电（4415）、其他电力生产（4419）
新材料	合成材料制造（265）、合成纤维制造（282）、玻璃纤维和玻璃纤维增强塑料品制造（306）、特种陶瓷制品制造（3072）、耐火陶瓷品及其他耐火材料制造（3089）、贵金属冶炼（322）、稀有稀土金属冶炼（323）
新能源汽车	汽车整车制造（3610）中的新能源汽车制造
高端装备制造	航空、航天器及设备制造（374）、城市轨道交通设备制造（3720）、船舶及相关装置制造（373）、雷达及配套设备制造（3940）
文创品制造	工艺美术品制造（243）
新兴信息产业	信息传输，软件和信息技术服务业（65）

（二）新兴产业视角长三角城市创新要素需求格局的衡量

依据表 5-3-1 中的行业代码，借助 2013 年工业企业数据和第三次全国经济普查数据绘制长三角各城市新兴企业数量柱状图（图 5-3-1）。在省域层面，上海市创新要素流动需求最高；虽然江苏没有创新要素需求较突出的城市，但是苏南城市对创新要素需求均较大，导致江苏省创新要素流动需求位于第二

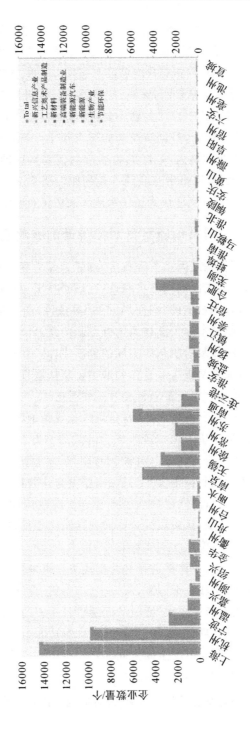

图5-3-1　长三角各城市新兴产业数量分布

等级；除杭州外，浙江省其他城市创新要素流动需求均较低，导致浙江省创新要素流动需求位于第三等级，安徽省创新要素流动需求最低。城市层面，上海、杭州的新兴企业数量最多，对创新要素需求最大；其次，苏州、南京和合肥的新兴企业数量次之，对创新要素需求较大；无锡、宁波、常州、徐州和南通的新兴企业数量一般，对创新要素需求处于长三角创新要素需求格局的第三梯度；长三角其他城市的新兴企业数量很少，对创新要素的需求很小。新兴产业层面，新兴信息产业占据了新兴产业的绝大部分，成为城市创新要素流动需求的重要推动力。因此，需要指出的是，杭州市互联网产业的比较优势会很大程度上刺激这座城市创新能力的提升，并可能成为长三角地区未来新的创新"龙头"。

二、加强长三角城市创新要素对接流动的战略设计

长三角城市创新体系之间扩大开放度、加强合作力度势在必行。为此，要充分考虑城市创新体系之间的内在关联性、区域科技资源布局的"根植性"、技术能力的非流动性、技术溢出的"空间局限性"等条件，通过强化制度创新、组织创新等途径，优化整合本地创新体系内外创新要素，针对企业、高等学校、科研院所、中介服务组织和政府机构等不同的创新主体，不断完善和更新配套政策举措和实施办法，促进基于区域合作的城市创新体系日臻成熟。

（一）加速长三角城市创新要素对接的总体思路

走科技创新合作、科学发展之路，既是未来长三角地区自身发展的迫切需要，也是提升地区经济竞争力和抗风险能力的战略需要。因此，"以政府为引导、以市场为基础、以企业为主体"，打破行政阻隔，增强区域内整体科技创新协同优势、实现整体发展利益最大化为目的，拓宽合作领域，完善合作机制，实现长三角地区的科技创新协同尽快从事务性合作向政策性对接转变，从局部性合作向整体性谋划转变，从阶段性合作向长期制度安排转变，从而在更大范围内整合资源，在更高层次上实现优势互补。

（二）创新要素流动与对接要有抓有放形成重点突破

创新本身涉及面广，涉及部门多、层级多，事物繁。同时，由于长三角各地之间经济和社会文化差异性较大，面临的问题也各不相同。因此，很难从整体上全方位地形成合作和协同的格局。为此，未来应从四个重点方向上入手，形成突破，并以此带动线和面上的全面协同。

1. 抓科技创新规划协同

协调布局是长三角地区科技创新协同的基础。因此，要从科技创新发展

规划入手推动彼此间的科技创新协同,包括在功能布局上加强协同与规划,逐渐形成具有全球影响力的科技创新中心、产业科技创新中心和创业梯度转移承接创新中心的新格局。

规划的重点应该集中在一些跨区域的调控目标设定、重大基础设施的统一布局、重要科技创新资源的开发、高新技术产业的空间布局、重要配套和扶持措施的统一等。特别是在科技产业发展规划上,要根据各地区的科技产业功能布局,构建长三角地区间的产业技术转移网络平台,以市场化的手段,提高区域间技术转移和科技成果转化速度和效率,各地要根据自身特点,选择自身的优势产业和特色产业。

2. 抓重大科技创新项目协同

长三角地区的科技创新要考虑重大项目的引领和示范作用,从重大或重点项目出发,形成"牵一发而动全身"的效果,这些重大项目包括重大科技创新工程和产业项目、重点的基础科技领域创新、关键核心技术等。为此,长三角地区要充分发挥区域内一系列国家重点实验室、国家实验室、国家级企业研发中心、国家工程技术中心等重点科研机构的作用,在及时跟踪世界科技创新最新前沿的同时,开展针对重大、重点领域的联合申报、联合攻关。同时,根据联合的科技创新规划,集中力量、联合支持一些重大科学研究和技术开发项目,争取在较短的时间内有所突破,占据高新技术的前沿领域。各地区把发展高新技术产业与改造提升现有产业结合起来,整合三省一市的重点开发区,推进技术创新链和产业链的融合。

3. 抓民生科技和生态环保科技

民生问题和生态问题是未来中国发展的两大重点问题,因此可以考虑从民生方面入手,一方面要加大政府对民生科技工作的财政投入,在民生科技和生态科技的人才培养、科技创新载体建设和基础设施条件改善方面加大政府的支持力度。另一方面,要积极推动民生领域和生态环保领域的对外开放,加强彼此间的交流与合作,以开放的心态积极引入民间资本、外国资本参与民生建设和生态建设。同时,加强一些重点领域如节能减排、人口与健康、公共安全等方面的联防、联控、联治。

4. 抓产业转型升级中的科技创新协同

产业和企业是科学技术创新的载体,同时,科技创新的成果也需要通过产业化确认和在市场中实现其应有的价值,因此,科技创新协同需要与长三角区域内的产业创新和转型升级结合起来。长三角地区在产业转型升级的过程中,可以围绕新兴产业技术的研发、新兴产业的功能布局,围绕新技术、新产业、新业态和新模式的"四新经济"展开,围绕产业链的布局来调整科技创新链的功能和对接。重点在企业和企业家的培育和能力提升、科技研发机构与企业的对接和科技研发人员之间的互动等方面。同时,在科技创新空间、苗圃、孵化器和加速器等的平台和园区建设和功能对接上加强互动与协同,在门槛和标准设置、风险补贴方式、跨区域决策机制、利益共享机制上加强跨区域的合作与协同。

(三)创新要素功能布局要加速形成"一核四中心多支柱全覆盖"

1. "一核":建成具有全球影响力的上海全球科创中心

在国务院批准《上海系统推进全面创新改革试验加快建设具有全球影响力的科技创新中心方案》明确提出了要建设上海张江综合性国家科学中心的思路,并将其定位为"国家创新体系的基础平台",其目的是"提升我国基础研究水平,强化源头创新能力,攻克一批关键核心技术,增强国际科技竞争话语权"。因此,张江是长三角区域科技创新的源泉与核心,紧紧围绕着张江重大科技基础设施群、国际影响力的大学和科研机构、学科交叉前沿及体制机制等方面的建设,形成对上海和长三角地区科技创新的引导和辐射作用。

围绕习近平总书记对上海的要求三个"牢牢把握"——要牢牢把握科技进步大方向,瞄准世界科技前沿领域和顶尖水平,力争在基础科技领域有大的创新,在关键核心技术领域取得大的突破;要牢牢把握产业革命大趋势,围绕产业链部署创新链,把科技创新真正落到产业发展上;要牢牢把握集聚人才大举措,加强科研院所和高等院校创新条件建设,完善知识产权运用和保护机制,让各类人才的创新智慧竞相迸发,上海应全面建成具有全球影响力的科技创新中心。

2. "四中心":南京、苏南、杭州和皖江

围绕着国家长三角城市群的功能定位以及国家对长三角三省一市创新发展的总体要求,在科技创新的功能定位上,需要围绕产业链、价值链和创新链发展的不同环节,对各区域进行不同的功能定位,其中南京、杭州作为长三角城市群的次中心城市,应定位为"具有国际影响力的科技创新中心",江苏(苏南)定位为"具有国际影响力的产业科技创新中心",浙江定位为"具有国际影响力的'互联网+'创新创业中心",皖江(合肥)经济带定位为"具有国际影响力的产业科技创新转移承接中心"。

3. 多支柱

一是将国家级重点实验室和企业研发中心打造成为长三角科技创新和产业化发展的重要支柱。

二是围绕科技创新集聚重点地区,形成若干创新节点:如上海可以围绕杨浦的高新技术园区和徐汇闵行漕河泾周边园区建设以及张江22分园为支点,形成"一城(张江科技城)两翼(杨浦和徐汇、闵行地区的高校)四线(廊)多点"的科技创新新格局。

江苏围绕苏南具有国际影响力的产业科技创新中心建设,逐渐形成基于南京的重大科技研发项目,积极推动苏锡常的重大科技成果产业化转换升级,同时,抓住京沪铁路沿海线的建设,推动南通徐州等地科技创新的发展,形成苏南与苏中、苏北的科技创新互动。

浙江围绕杭州互联网平台建设契机,向西以嘉兴、湖州为支点,向东南以宁波、绍兴为支点,形成对浙南及金华、衢州等地的科技创新辐射。

安徽在以合肥、芜湖和蚌埠为核心推动科技创新发展外,各地要结合自身科技创新特点,积极承接江浙沪发达地区的产业转移,并由此支撑本地区科技创新发展,通过融入长三角区域科技创新体系当中,逐渐形成具有自身特色和影响力的科技创新区域。

4. 全覆盖

要在"双创"的大背景下,形成大众创新,万众创业的新环境,让创新的意识、创业的勇气,成为长三角未来发展的新动能。

(四)创新要素流动与对接亟待构建四维保障机制

长三角的创新合作需要由行政主导向市场主导转变,要关注企业和企业家作为科技创新一线主体的科技创新需求,重视以市场机制作为科技研发资源配置的基础性作用;要以市场机制自发催生出各类科技创新研究成果,形成良性互惠的长效机制;要在跨部门、跨企业、跨地区之间的联合科技项目研发上有所突破,在支持科技企业共同推广新产品,拓展国内外两个市场上形成合力,从而使长三角区域内的科技企业的活力更强,发展能力更胜,竞争力迅速提升。

一是信息共享机制。在推动创新协同发展过程中,各地政府应按照"统一标准、合作建设、资源共享、推动应用"的思路,建立执法信息共享平台,可以从建设统一的政务信息共享发布平台、区域性统一市场准入标准和进行重大整治专项活动,形成促进共同创新发展的环境。

二是共决互信机制。包括建立共同的专家决策委员会负责对长三角地区科技创新协同重大问题的研究，相关政策出台前的共同研发、出台过程中的共决和出台效果的共评等。可以考虑以区域性信用体系建设为抓手，探索建立跨城市的科技创新服务机制。

三是风险共担和利益互惠机制。可以考虑从以下几个方面开展创新：共同成立科技创新产业投资基金，对长三角区域规划中的重大科技攻关项目、重大科技产业化项目进行联合投资，实现风险共担，利益均沾的长效机制。在园区共建方面可以考虑开展的股份合作模式、援建模式、托管模式、产业招商模式以及"异地生产、统一经营模式"；共建产业园等，共同分享产业园区带来的投资收益。

四是制度共信和共守机制。要从制度建设入手，形成制度性的长效机制。同时，合作各方需要按照制度的安排，切实将相关科技创新协同中的制度性成果落到实处，形成依规行政依法协同共同进步的新局面。

三、长三角加速创新要素对接流动的主体优化与实现路径

（一）建立推动政府间协同创新的固定体制

借助长三角城市群建设和发展的契机，在已有的政府间合作交流办公室的基础上，就科技创新协调的内容在政府间合作方面形成突破。落实 2018 年初三省一市政府签署《关于共同推进长三角区域协同创新网络建设合作框架协议》及《长三角区域协同创新网络建设行动计划（2018—2020 年）》，加速协同创新机制建设：一是机构及职能部门的协同。要参照长三角一体化发展规划，从国家层面上进行统一协调和推进，全面统筹规划长三角地区内的科技创新规划、政策配套服务和在合作过程中碰到的一些重大关键性问题。科技部牵头，会同沪苏浙三省建立"长三角科技创新合作联席会议制度"，以从省部级层面协调长三角地区科技创新合作关系。在省市级层面上则可参考长三角区域合作已形成的"三级运作，统分结合"协调模式。在此基础上，可以考虑选择一些典型地区，建立"国家科技创新综合试验示范区"开展科技创新协同的试点，以形成经验并推广复制。二是政策协同。在参照国家和各省科技规划和科技政策的基础上，率先在鼓励创新的政策方面上实现区域协同，如长三角区域科技合作的跨省市项目管理的相关办法、长三角区域内科技资源相互开放与共享的相关管理办法、推动跨区域的产学研合作管理办法、区域内科技同创的中长期发展规划和行动方案等。三是知识产权保护的跨区域协同，联合加

强知识产权保护,建立长三角地区知识产权保护协作网络,建立政府间知识产权保护的约定例会制度,完善区域内保护知识产权的执法协作关系,设立长三角区域知识产权保护案例处理中心。

1. 国际层面:积极创立和完善长三角地区与国际科技创新合作沟通与协调机制。

长三角地区科技创新一体化必须具有国际视野,需要顺应科技全球化潮流,完善长三角地区与国际科技合作协调机制。首先,发挥与现有国际科技合作组织的联系与作用,利用这些有利的条件和环境,构建长三角创新一体化发展的国际合作机制,并成为政府间科技合作组织工作的重点内容;发挥非政府间的科技合作组织在构建长三角科技创新一体化的统筹管理体系和协调机制中的作用。其次,探索创立专门的、新型的长三角创新国际合作协调组织,专门负责和具体承担有关的科技合作项目的组织、联系和协调,开拓新的合作方式,提高长三角地区与国际科技组织的合作水平。

2. 国家层面:构建以科技部门为主导的、有关部门密切合作的长三角科技创新协调机制,因此必须调动各部门的积极性和主动性。

首先,把长三角科技创新一体化发展纳入国家区域发展战略总体布局,需要设立国家级的"长三角科技创新一体化领导协调小组",专门负责与国家科技主管部门等建立联系、协调和指导工作。

其次,将长三角地区整体作为国家创新驱动发展战略的示范区,并设立相应的工作组织,负责长三角科技创新一体化构建及其试点的论证、方案和规划等;强化国家对长三角科技创新一体化工作的指导,督促在国家层面及时落实,也要在区域内各省、市协调推进。

3. 区域层面:在区域经济一体化发展条件下构建长三角科技创新一体化的专门协调机制。

首先,长三角区域各城市借鉴国内外的经验,建立由科技部牵头,省、市党委、政府主要领导共同组成的"长三角区域协同创新联席会议"制度,为长三角协同创新发展创造组织保障。其次,省市科技部门共同建立区域性的"长三角科技创新一体化发展行动小组",省、市分管科技工作的领导或科技部门的主要领导担任成员,设立办事机构,负责日常具体工作;打造长三角创新资源共享服务平台,联合科技攻关及建设自主创新体系等。

(二)构建政产学研各类创新主体间的跨区域流动与对接体制

形成以企业为主体,高校、科研院所为依托,市场导向、政府推动、社会参与的广泛的区域创新合作机制。借力于长三角城市群区域科技创新中心建设，合理定位城市群区域科技创新中心的功能与布局，重点发挥城市群众区域科技创新中心体系包括国家重点实验室、国家级企业技术中心、国家工程研究中心、国家工程技术研究中心、跨国公司研发总部等的作用。要加强科技研发的信息化平台建设，如在科技资源服务系统、科技创新服务系统和科技管理服务系统方面加强统筹与共建。在保证国家安全的前提下，推动各类国家级和省部级重点实验室、国家级和省部级工程技术研究中心、企业重点实验室、工程化服务平台等参与构建公共基础平台的建设当中来，共同构造长三角区域内的公共科技服务体系、创业创新服务体系和信息服务体系等科技服务体系。

结合国家科技创新计划，加强对长三角地区协同创新发展的顶层设计和主动布局，分步骤、分类型、分重点地支持重点区域创新发展。长三角协同创新需要顶层设计，要明确发展思路、目标及其优先合作领域。应以区域内经济社会发展对创新需求为基本出发点，集成整合优势创新资源，强化高端引领作用，实施重大创新专项和建设重大产业创新基地，完善区域创新体系，形成互动共赢的区域创新合作与发展机制以及点轴支撑的区域创新发展布局。应围绕原始创新能力提升，区域产业结构升级，解决资源、能源与环境问题，社会文化建设等方面确定协同创新的优先领域和重大专项。长三角地区协同创新发展需要积极探索区域创新协同发展模式，根据需要摸索适合长三角地区总体以及各地区间的产学研合作模式、跨城际联盟组织、创新主体互动模式以及多中心协同共生模式等。

长三角地区科技创新一体化发展需要合理构建联合攻关、自主创新的科技创新合作平台；需要建立以企业为主体、市场为导向、产学研相结合的技术创新体系和技术转移服务体系。

(三)构建长三角创新载体之间的流动与对接协同

要从"不求所有但求所用"的视角出发，积极发挥高新技术园区作为科技创新载体的重要作用，加强区域内高科技园区的协调和互动，包括：一是要大企业、大项目在园区建设中的引导、示范和带动作用，形成围绕大企业和大项目的产业链和创新链，壮大和提升科技产业园区的经济实力。二是要注重园区发展中的专业化和核心竞争力的培养，要依托地区比较优势，围绕科技园区核心竞争力的打造，加快培育区内的支柱产业和主导企业，在注重园区综合服务功能的同时，形成园区的自身发展特色，在长三角形成园区间功能互补、产业互惠、企业互通的良性竞争和百花齐放的园区发展新格局。三是创新园区的体制机制,提升园区的创新活力,一方面要充分利用好国家级高新区在园区建设中形成的先进管理经验和政策优势,另一方面要积极盘活园区资源,引入各类资本参与园区建设和管理,建立健全相关的激励机制,走好"一区多园、一园多基地"的园区互动合作的新路子。

(四)建立长三角区域科技创新转化和交易市场间协同机制

长三角区域内科技与产业发展离不开统一开放、有序竞争的公开、公平和公正的市场体系的建立。就政府而言,则是要围绕市场体系的建设,构建一套科学合理的市场竞争规则,实行一套统一非歧视的市场准则、市场准入原则、公平贸易原则,消除阻碍长三角区域内资金、人才、技术、资产、人口和产品流动的制度性障碍,从而推动长三角区域从受行政区划束缚的经济发展模式向面向世界开放的经济发展模式转变。

(五)积极建立长三角区域内科技创新中介间协同机制

要通过积极弱化政府职能,推动科技服务中介机构的市场化运作,并加强行业自律建设。科技创新服务机构是联系科技研发机构和技术应用单位或企业之间的纽带。因此,政府要高度重视科技服务中介的发展、培育与壮大,要从市场化和公司化的层面上来积极推动科技服务中介机构发展,要进一步规范对科技服务中介的管理和相关政策、法律和法规的建设,进一步优化服务机构的发展环境。同时要高度重视行业协会在企业科技研发中的积极作用,要加快行业协会发展,并通过行业协会、行业联盟等方式加强不同行业不同区域间的科技服务,并通过行业协会形成长三角地区科技服务的相关行业标准、准入门槛、管理制度,在强化行业自律的同时,提高行业的管理水平和能力。

(六)积极建立创新要素流动与对接新路径

1. 基于本地先进技术能力培养的创新要素流动与对接路径

先进技术能力是企业在持续技术变革过程中,选择、获取、消化、吸收、改进技术使之与其他资源相整合,从而形成产品和服务的累积性学识(或知识)持续发展的内生动力。对长三角地区皖北、苏北、浙西南等地区而言,结合自身要素禀赋特征,先进技术能力的培育可以分"两步走",即在现阶段充分利用开放的外部创新环境,积极参与全球价值链分工和合肥、苏南、杭州、上海等地产业转移项目,建立与发达经济体全方位的经济联系,在低端参与价值链分工过程中,通过技术选择、技术模仿培育外生性技术能力,在此基础上对先进技术消化吸收再创新,逐渐将外生性技术能力转化为内生性技术能力。具体而言,外生性技术能力培育到内生性技术能力形成可划分为三个阶段:第一阶段:基础阶段。技术使用能力的培育主要在于接触、了解先进技术,在"用中学",掌握某种先进技术的使用能力。第二阶段:过渡阶段。技术模仿与改进阶段。对先进技术了解掌握的基础上,在"供应中学",获取对先进技术内核消化、吸收的能力。第三阶段:突破阶段。即在关键领域、核心环节,推动企业自身自主创新进程,在"研发中学",培育企业自主创新能力。

2. 基于本地高级人力资本数量提升的创新要素流动与对接路径

皖北、苏北、浙西南等地区要改变与合肥、苏南、上海、杭甬等一二线城市人力资本数量、质量不对称现象,是推动创新高级要素交流和合作,实现协同发展目标的必然。

首先,专业化人力资本培养是皖北、苏北、浙西南等地承接产业转移,实施"技术使用"、"技术模仿"的重要载体。构建高校、企业联合培养人才的人才输出模式,提供为企业所需、市场所需的专业化人才,建立企业与高校长效沟通机制,更新高校人才培养模式,提升企业、社会所需专业化人才的数量和质量,以适应皖北、苏北、浙西南承接长三角产业转移,在"用中学"、"干中学"提升人力资本专业技术水平和素养,取得后发优势的目标。

其次,具备强烈创新意识的企业家是实现"技术模仿"向"技术创新"转变的关键因子,是引领企业转变经济增长模式、实现技术进步的核心驱动。创新型企业家是技术进步的原发动力,是推动企业技术进步、转变经济增长模式的内在驱动力。因此,营造轻松愉快的创新氛围,构建企业家创新激励计划,是调动企业家创新积极性的催化剂,也是加速自主创新进程的重要影响因子。

3. 基于本地创新环境优化的创新要素流动与对接路径

首先,政府要加紧制定和完善产权制度,激发创新主体的创新动力,保护知识产权成果。产权制度保证了创新主体对技术成果的独占权,排除了市场仿制者对技术创新产权所有者的侵犯,保证创新主体利益最大化。保护企业自主知识产权的做法,是减少企业自有效益扩散为社会效益的重要保证。另外,通过企业产权制度改革完善企业产权结构,发挥股权激励效应,以股票期权形式将企业经营者、员工个人利益与企业长远发展联系起来,形成刺激员工自主创新的持续动力系统。

其次,完善支持性政策体系。皖北、苏北、浙西南等地在参与苏南、上海、杭甬等东部发达地区经济合作与分工中,技术溢出效应在一定程度上缩小了与发达地区的技术差距,但仍很难实现关键领域核心技术的突破。当企业面临重大产业技术创新机会时,政府支持性政策供给会起到雪中送炭的作用。

政府在关键核心领域创建企业研发、创新优惠政策，设立鼓励企业自主创新的激励性制度，以及通过非市场手段创造有助于自主创新的社会和法律环境，都有助于降低自主创新的不确定性、加快科技成果向潜在生产力有效转化。

第三，皖北、苏北、浙西南等地当务之急在于：一是建立多层次的科技人才培养体系，依托本地区的科技重点产业和特色高新技术产业，加强本地人才的培养，合理调整长三角高等院校的学科领域和结构，做好科技人才的"定向"培养工作；二是用待遇、事业、项目和政策等多种方式吸引和留住人才，通过挂职等方式激励一批科技、经济和管理人才交叉任职；以"请进来"和"走出去"的方式，采用调动、兼职、咨询、合作等以及技术承包、技术入股、投资创办企业等方式，鼓励跨地区、跨行业、跨部门的人才共用共享；三是健全跨区域人才多向流动机制，充分利用长三角一系列合作平台，以项目为纽带，积极吸引国内外高端科技人才、专家来本地从事研发和技术服务工作，推动长三角高端科技人才到本地进行创新创业。

第六章　长三角经济发展的环境质量
多尺度效应计量

第一节　长三角城市群经济发展的环境尺度效应计量

20世纪90年代末,格鲁斯曼和克鲁格发现大多数环境污染物变动趋势与人均收入水平变动趋势呈倒"U"型曲线[1][2],帕纳约托随即将该关系曲线称为环境库兹涅茨曲线(EKC)[3],该曲线表征了经济发展阶段演进与环境质量的内在关联[4]。西方学者开始尝试投入产出、能量守恒等模型刻画经济与环境的关系[5][6],以及将环境作为主要要素考察经济增长对环境的影响[7]。中国学者运用GM(1,1)等模型预测地级市、省域或省际的经济—环境系统状态、

---

①　庄大昌,叶浩.广东省经济发展与滨海环境污染的关系[J].热带地理,2013,33(6):731-736.

②　许登峰,刘志雄.广西环境库兹涅茨曲线的实证研究[J].生态经济,2014,30(2):52-56.

③　吴丹丹,马仁锋,王腾飞.中国沿海城市经济增长与环境污染脱钩研究[J].世界科技研究与发展,2016,38(2):415-418.

④　李彦明.南京市工业"三废"排放的环境库兹涅茨特征研究[J].世界科技研究与发展,2007,29(3):82-86.

⑤　Hettelingh J P. Modelling and information system for environmental policy in the netherlands [D]. Amsterdam: Free University, 1985.

⑥　Wuy J, Rosen M A. Assessing and optimizing the economic and environmental impacts of cogeneration district energy systems using an energy equilibrium model[J]. Applied Energy, 1999, 62 (3):141-154.

⑦　Ramon L. The environment as a factor of production[J]. Journal of Environmental Economics and Management, 1994, 7(2):163-184.

趋势及曲线形态[①②③④],也将耦合协调度模型[⑤]、ARMA 模型[⑥]纳入经济—环境关系分析中。这些研究关注到经济发展对环境影响的阶段性规律,构建了多种 EKC 曲线予以解释。但是忽略了不同空间尺度下经济发展的环境效应,即区域经济发展的环境效应存在尺度性。长江三角洲是全球重要的先进制造业基地,中国经济增长高地。江苏、上海、浙江的陆域面积占国土面积的2.19%,2000 年以来长三角地区地方生产总值占全国 GDP 持续保持在 20%以上。然而经济发展带来的环境问题日益突出,长三角地区工业"三废"排放增量与经济增速趋正相关。面对严峻的环境问题,如何实现经济与环境的可持续发展成为长三角各地市亟须解决的难题。本书以 2001—2016 年《中国城市年鉴》及江苏、上海、浙江 2016 年统计年鉴为数据来源,模拟长三角地区经济发展的环境库兹涅茨曲线类型,解析市域环境污染的空间关联,判别经济发展形势和环境保护策略转向。

一、数据与方法构建

长江三角洲地区的边界已从自然地理范围演化到经济区或城市群。本研究指上海市、江苏省、浙江省所有的城市。原始数据源自 2001—2016 年《中国城市年鉴》及上海、江苏、浙江 2016 年统计年鉴。采用三次函数模型模拟长三角城市群的经济—环境关系,诠释各市经济—环境发展轨迹;随后运用GeoDA9.5 分析城际经济—环境的空间特征,揭示城市群内是否存在经济—环境的跨界效应。

1. 各市 EKC 拟合方法遴选。比对已有 EKC 函数模型,运用 SPSS22.0和 EXCEL 软件对长三角城市数据进行多种函数拟合,发现三次函数能较好

①　史亚琪,朱晓东,孙翔.区域经济环境复合生态系统协调发展动态评价[J].生态学报,2010,30(15):4119-4128.

②　吴玉鸣,田斌.省域环境库兹涅茨曲线的扩展及其决定因素[J].地理研究,2012,31(4):627-640.

③　万鲁河,张茜,陈晓红.哈大齐工业走廊经济与环境协调发展评价指标体系—基于脆弱性视角的研究[J].地理研究,2012,31(9):1673-1684.

④　关伟,刘勇凤.辽宁沿海经济带经济与环境协调发展度的时空演变[J].地理研究,2012,31(11):2044-2054.

⑤　马丽,金凤君,刘毅.中国经济与环境污染耦合度格局及工业结构解析[J].地理学报,2012,67(10):1299-1307.

⑥　韩瑞玲,佟连军,朱绍华,等.基于 ARMA 模型的沈阳经济区经济与环境协调发展研究[J].地理科学,2014,34(1):32-39.

地反映人均 GDP 与工业"三废"排放量之间的关系,拟合模型为:

$$z = b_0 + b_1 y + b_2 y^2 + b_3 y^3,$$

其中:z 为环境变量指标(本书采用工业废水排放量、工业 SO_2 排放量和工业烟尘排放量);y 为经济变量指标(人均 GDP);b_0 为常数,b_1、b_2、b_3 为变量系数。

2. 区域环境污染的空间效应计量采用:(1)全局空间自相关计量 Moran's I 检验区域环境污染是否存在空间上的相关性及其平均程度;(2)局部空间相关(LISA)模型刻画区域内部特定单元与相邻单元的联系模式,当需要研究区域内部单元环境污染是否存在局域空间集聚,特别是考虑到进行空间分析过程中出现非平稳性状态,就需要进行局域空间自相关分析。

3. 区域经济—环境关系空间溢出计量。首先采用均值法对环境变量进行标准化处理,随后采用灰色系统理论计算人均 GDP 与工业"三废"排放的关联,计算"三废"排放量在环境污染体系中的权重,构建如下环境污染空间效益计量模型:

$$E_P = \alpha_1 I_{P1} + \alpha_2 I_{P2} + \alpha_3 I_{P3},$$

其中:E_P 为环境污染;I_{P1}、I_{P2}、I_{P3} 分别为工业废水、工业 SO_2 和工业烟尘排放量无量纲化后的指标值;α_1、α_2、α_3 为经过灰色系统理论计算得出的各自权重($\alpha_1 = 0.34$,$\alpha_2 = 0.33$,$\alpha_3 = 0.33$)。

二、不同视角城市分类与长三角城市 EKC 拟合

采用传统城市规模刻画指标城镇人口和单位经济当量环境污染排放强度两种视角,将长三角城市分类(表 6-1-1),随后利用三次曲线拟合长三角各市环境库兹涅茨曲线(图 6-1-1),图 6-1-1 中横坐标为 2000—2015 年人均 GDP,纵坐标为 2000—2015 年环境变量。

(一)人口规模视角下城市 EKC 拟合

依据 2015 年长三角地区各市城镇人口数量及城镇人口比重大小,运用 SPSS22.0 将长三角地区城市按不同规模等级分为 5 类(表 6-1-1),图 6-1-2 和表 6-1-2 为 5 类城市 EKC 拟合结果。从图 6-1-2 和表 6-1-2 可知,城镇人口规模视角下工业 SO_2 与经济发展关系仅宿迁、衢州、丽水呈倒"U"形,其余城市都成正"N"形;工业烟尘与经济发展关系在 1、2、3、5 类规模城市组呈正"N"形,4 类城市组呈倒"U"形;工业废水与经济发展关系在 1、3、4 组城市呈倒"U"形,2、5 组城市呈正"N"形。表明长三角 EKC 已经过拐点正在降低过程,

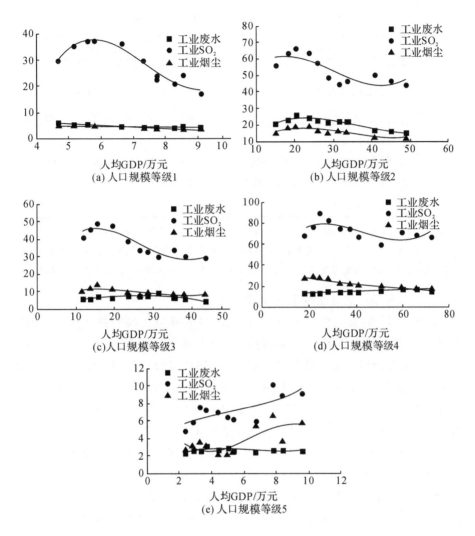

图 6-1-1 不同人口规模等级城市环境污染 EKC 拟合

但工业 SO2、工业烟尘呈波动上升趋势,工业废水在工业结构较轻型城市组中呈正常发展态势,在重型工业城市中呈波动上升趋势。

表 6-1-1　不同视角下长三角城市规模分类

等级	人口规模视角*	排放当量视角**
1	上海	上海、温州、台州
2	南京、无锡、苏州、杭州	南京、无锡、常州、扬州、杭州
3	宁波、温州、常州、镇江、舟山	苏州、宁波、镇江、连云港、盐城、宿迁
4	徐州、南通、连云港、淮安、盐城、扬州、泰州、嘉兴、湖州、绍兴、金华、台州	徐州、南通、淮安、泰州、绍兴、金华、丽水
5	宿迁、衢州、丽水	嘉兴、湖州、衢州、舟山

注：* 人口规模是以城市非农业人口为准,但是江苏省早在 2003 年已取消农业户口和非农业户口,此处以城镇人口及城镇人口比重大小为标准划分城市规模。** 以长三角各市单位 GDP 环境污染物排放大小为依据进行系统聚类,单位 GDP 环境污染物排放大小＝各市环境污染总量/各市 GDP。

(二)当量环境污染视角下城市 EKC 拟合

依据 2015 年长三角地区各地市单位 GDP 环境污染物排放大小,运用 SPSS22.0 将长三角地区 25 个城市按不同污染水平分为 5 类(表 6-1-1),对不同污染等级城市的环境污染排放总量进行 EKC 拟合(图 6-1-2)。从图 6-1-2 可知,当量环境排放视角下工业 SO_2 仅苏州、宁波、镇江、连云港、盐城、宿迁呈正"U"形,其余城市呈正"N"形;工业烟尘在上海、温州、台州、苏州、宁波、镇江、连云港、盐城、宿迁呈正"U"形,其余城市为倒"N"形;工业废水仅在苏州、宁波、镇江、连云港、盐城、宿迁、嘉兴、湖州、衢州、舟山城市呈倒"N"形,其余城市为倒"U"形。对比图 6-1-1 与图 6-1-2 可知:(1)长三角地区各类城市的 EKC 拟合曲线不尽相同,不同类型城市的拟合模型不仅存在倒"U"形,还存在正"U"形、正"N"形和倒"N"形。(2)长三角地区多数城市的环境库兹涅茨曲线拐点已经来临,表明长三角地区的经济发展水平总体仍较高,环境质量多数逐渐好转,少数城市污染加剧。即 25 个城市的经济总量快速扩张并没掩盖结构转型的 EKC 趋势,主要是在长三角第一和第二梯队城市,虽然其 EKC 稳定在拐点之后,但是呈上升趋势。(3)处于第三梯队城市趋向重型增长模式无疑加速了 EKC 的进程,但是并没有降低单位经济量的环境效应,且 EKC 总体较为波动。(4)长三角末尾城市由于经济结构轻型且体量较小,EKC 状态近似于第一梯队,但是发展趋势较平缓。(5)总体看来,环境质量的改善不是经济增长的内生结果,环境污染问题不能在经济增长过程中得到自动解决;

但是城市群内存在首尾两级城市组 EKC 有显著的转型与稳态发展,而夹心层城市组虽然过了"U"形和"N"形拐点,但是波动增长趋势显著。

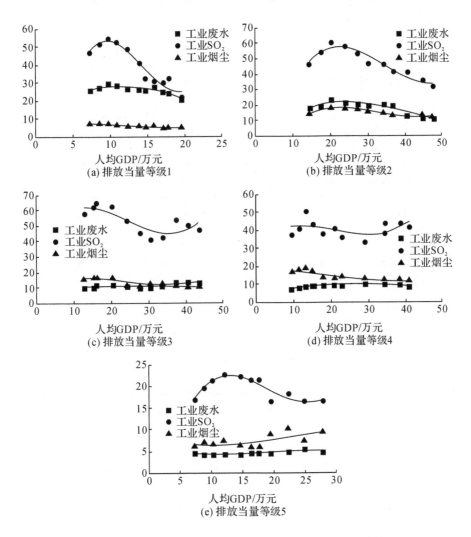

图 6-1-2　长三角不同污染物等级城市环境污染 EKC 拟合结果

表 6-1-2　不同视角下长三角城市分类 EKC 拟合方程

等级	人口规模视角城市组 EKC 拟合方程	排放当量视角城市组 EKC 拟合方程
1	$Z(SO_2) = (1e)y^3 - 0.002\ 7y^2 + 185.79y - (4e6)$ $Z(废水) = (3e-11)y^3 - (2e-0.5)y^2 - 3.072\ 1y + 164\ 234$ $Z(烟尘) = (2e-10)y^3 - (4e-0.5)y^2 + 2.340\ 3y + 10\ 320$ $R^2(SO_2) = 0.911\ 2, R^2(废水) = 0.860\ 4, R^2(烟尘) = 0.930\ 6$	$Z(SO_2) = (3e-8)y^3 - 0.004\ 9y^2 + 212.67y - (2e6)$ $Z(废水) = (6e-9)y^3 - 0.000\ 9y^2 + 43.388y - 360\ 039$ $Z(烟尘) = (3e-10)y^3 - (4e-5)y^2 + 0.918\ 7y + 68\ 717$ $R^2(SO_2) = 0.912\ 6, R^2(废水) = 0.771\ 8, R^2(烟尘) = 0.941\ 1$
2	$Z(SO_2) = (3e-9)y^3 - 0.000\ 6y^2 + 36.921y - 111\ 086$ $Z(废水) = (1e-9)y^3 - 0.000\ 3y^2 + 20.679y - 229\ 396$ $Z(烟尘) = (1e-9)y^3 - 0.000\ 2y^2 + 16.501y - 177\ 789$ $R^2(SO_2) = 0.743\ 3, R^2(废水) = 0.900\ 5, R^2(烟尘) = 0.851$	$Z(SO_2) = (5e-9)y^3 - 0.000\ 9y^2 + 52.752y - 389\ 290$ $Z(废水) = (1e-9)y^3 - 0.000\ 3y^2 + 17.901y - 136\ 361$ $Z(烟尘) = (2e-9)y^3 - 0.000\ 3y^2 + 17.466y - 141\ 283$ $R^2(SO_2) = 0.892\ 5, R^2(废水) = 0.907\ 2, R^2(烟尘) = 0.866\ 6$
3	$Z(SO_2) = (5e-9)y^3 - 0.000\ 8y^2 + 34.826y - 7\ 513.9$ $Z(废水) = (2e-10)y^3 + (1e-5)y^2 + 0.796y + 35\ 625$ $Z(烟尘) = (1e-9)y^3 - 0.000\ 2y^2 + 10.542y - 44\ 456$ $R^2(SO_2) = 0.845\ 2, R^2(废水) = 0.672\ 3, R^2(烟尘) = 0.710\ 5$	$Z(SO_2) = (3e-10)y^3 + 0.000\ 1y^2 - 16.158y + 933\ 990$ $Z(废水) = (-8e-10)y^3 + 0.000\ 1y^2 - 4.905\ 9y + 169\ 865$ $Z(烟尘) = (-3e-11)y^3 + (3e-5)y^2 - 3.537\ 5y + 228\ 054$ $R^2(SO_2) = 0.578\ 7, R^2(废水) = 0.547\ 1, R^2(烟尘) = 0.762\ 2$

续表

等级	人口规模视角城市组 EKC 拟合方程	排放当量视角城市组 EKC 拟合方程
4	$Z(SO_2) = (1e-10)y^3 + (5e-9)y^2 + 0.373\ 7y + 57\ 057$	$Z(SO_2) = (6e-9)y^3 - 0.000\ 6y^2 + 15.44y + 299\ 604$
	$Z(废水) = (1e-9)y^3 - (8e-5)y^2 + 1.967\ 1y + 13\ 431$	$Z(废水) = (5e-11)y^3 - (4e-5)y^2 + 3.282\ 7y + 38\ 214$
	$Z(烟尘) = (-4e-9)y^3 - 0.000\ 3y^2 - 6.231y + 65\ 308$	$Z(烟尘) = (6e-10)y^3 - (3e-5)y^2 - 1.617\ 3y + 205\ 513$
	$R^2(SO_2) = 0.579\ 6$，$R^2(废水) = 0.492\ 2$，$R^2烟尘 = 0.564\ 9$	$R^2(SO_2) = 0.183\ 4$，$R^2(废水) = 0.841\ 6$，$R^2烟尘 = 0.807\ 4$
5	$Z(SO_2) = (2e-8)y^3 - 0.001\ 8y^2 + 54.653y + 279\ 077$	$Z(SO_2) = (5e-9)y^3 - 0.000\ 7y^2 + 30.523y - 175\ 051$
	$Z(废水) = (-2e-9)y^3 + 0.000\ 2y^2 - 4.738\ 6y + 164\ 344$	$Z(废水) = (-3e-10)y^3 + (5e-5)y^2 - 1.768\ 2y + 63\ 810$
	$Z(烟尘) = (4e-10)y^3 + (5e-6)y^2 - 4.562\ 9y + 346\ 479$	$Z(烟尘) = (-6e-10)y^3 + (9e-5)y^2 - 3.233\ 3y + 99\ 436$
	$R^2(SO_2) = 0.487\ 6$，$R^2(废水) = 0.874\ 5$，$R^2烟尘 = 0.911\ 4$	$R^2(SO_2) = 0.905\ 9$，$R^2(废水) = 0.848\ 6$，$R(烟尘) = 0.425\ 4$

三、长三角城市经济发展环境影响的空间效应

对长三角城市群各市进行环境污染的全局自相关性检验，对比分析 2000 年、2010 年、2015 年 3 个年份，结果见表 6-1-3。可知，2000 年、2010 年和 2015 年长三角环境污染的 Moran's I 指数分别为 0.1148、0.2465、0.2257，其伴随概率值均能通过 5% 的显著性水平检验，说明整体上长三角地区市域环境污染在空间分布上存在明显的正自相关关系，表现出相似值之间的空间集聚，因此在研究区域环境污染问题时环境空间效应不容忽视。

表 6-1-3　长三角区域环境污染全局空间自相关检验结果

年份	I	$E(I)$	$SD(I)$	Z 值	P 值
2000 年	0.1148	−0.0417	0.1384	1.1032	0.0500
2010 年	0.2465	−0.0417	0.1364	1.9695	0.0500
2015 年	0.2257	−0.0417	0.1449	1.9631	0.0500

　　图 6-1-3 为长三角地区各地市环境污染的局域自相关性检验结果可知，长三角区域环境污染表现出了空间集聚性，在选取的 3 个年份中均存在较高环境污染县域与相对较高环境污染县域邻近（位于第一象限），较低环境污染县域与相对较低环境污染县域邻近（位于第三象限）现象。对比 2000 年、2010 年与 2015 年的环境污染 Moran's I 空间集群可以看出：(1)3 个年份均存在较为明显的环境污染高值区和低值区，其中以宿迁为中心的苏北地区和以温州、丽水为中心的浙南地区表现为较稳定的环境污染低值集聚区，在选取的 3 个年份中变化不大；徐州表现为稳定的高值区，被低值区包围；湖州表现为稳定的低值区，被高值区包围；嘉兴在 2000 年表现为环境污染低值区，而在 2010 年和 2015 年则表现为环境污染高值区；上海和苏州表现为显著的环境污染高值区；南京、杭州、宁波为环境污染高值区，被低值区包围。(2)上海和苏州一直以来为长三角乃至中国经济发展最活跃的地区，工业规模庞大、工厂企业数量众多，环境污染物排放量大。虽然近年来环境污染物排放量有所下降，但总体环境形势依然严峻。徐州为苏北工业重镇，人口众多，仍是粗放式经济发展模式，三次产业结构比重表明其尚处于工业化中期阶段，环境污染相对周边地市更严重。浙南和苏北城市受地理位置限制，加之经济基础差，工业发展水平较低，工业污染物的排放量相对较少，从而形成了环境污染的相对低值区，但近年上述地区的环境污染物排放总体呈现出增长趋势。嘉兴处于上海和杭州两大都市区之间，近年来得益于承接上海产业转移和浙江省环杭州湾经济带建设，工业经济发展迅速，环境污染物排放量也相对增加，因而处于环境污染相对高值区。(3)长三角地区环境污染排放量与各市经济发展水平呈显著正相关性，即经济总量越大，环境污染排放量也相应越多。从区域视角看，上海都市圈、南京都市圈、杭州都市圈为环境污染高值区域；江苏中北部、浙江南部地区为环境污染低值区域。从发展趋势看，以上海、南京、杭州等为核心的经济相对发达地区的环境污染物排放呈下降趋势，而以宿迁、泰州、衢州、丽水等为中心的经济欠发达地区的环境污染物排放则有上升的趋势。

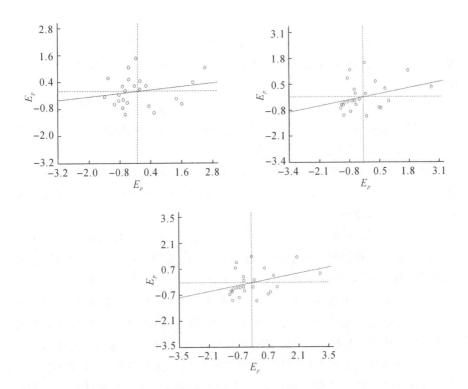

2000 年位于第一象限地市为：上海、苏州、无锡、南通、镇江；第二象限地市为：嘉兴、湖州、常州、绍兴、泰州、舟山；第三象限地市为：宿迁、扬州、衢州、金华、连云港、台州、盐城、淮安、丽水、温州；第四象限地市为：南京、杭州、宁波、徐州.2010 年位于第一象限地市为：上海、苏州、无锡、嘉兴、绍兴、南通；第二象限地市为：湖州、舟山、泰州、常州；第三象限地市为：宿迁、扬州、镇江、衢州、金华、连云港、台州、盐城、淮安、丽水、温州；第四象限地市为：南京、杭州、宁波、徐州.2015 年位于第一象限地市为：上海、苏州、无锡、嘉兴、绍兴、南通；第二象限地市为：湖州、舟山、泰州、常州；第三象限地市为：宿迁、扬州、镇江、金华、连云港、台州、盐城、淮安、丽水、温州；第四象限地市为：南京、杭州、宁波、徐州、衢州

图 6-1-3　2000 年、2010 年和 2015 年长三角市域环境污染 Moran's I 散点图

四、结论与讨论

长江三角洲地区经济发展的环境效应研究表明：

（1）长三角地区各类城市的环境库兹涅茨曲线动态地存在于经济的非稳态中,虽然各城市经济增长对环境污染影响不存在单一模式（存在倒"U"形、正"U"形、正"N"形和倒"N"形),但是总体存在 EKC 特征。

(2)长三角地区多数城市的环境库兹涅茨曲线拐点已经来临,说明经济发展水平总体较高,环境质量逐渐好转,在首尾两头城市组较为显著,第二梯队城市污染加剧。

(3)长三角市域环境污染存在显著的空间正自相关关系,表现出 EP 值之间的空间集聚格局,如泰州、衢州、宿迁等周边呈污染增长趋势,上海、杭州、南京周边虽呈当量下降趋势,但总量仍较高。

(4)长三角 25 市环境库兹涅茨曲线存在尺度溢出效应,但是第二和第三梯队城市正向吸收较高、辐射较弱。因此,在研究区域污染问题时应考虑相邻单元的环境空间效应。

总体而言,长三角 25 市大多处于"两难"阶段,总体环境与经济增长不够协调。得益于产业转型快或者产业较为轻型,首尾两类城市组已经快速进入"双赢"阶段;中间城市组经济发展的环境治理仍任重道远。尺度变化引起的经济与环境的空间重构是尺度效应产生的重要原因,长三角地区经济与环境在空间上存在溢出效应,这是相邻单元间相互作用的体现。经济与环境的尺度效应特征表明,经济与环境在空间上具有复杂性,单一尺度的研究难以全面反映经济与环境的空间特征,各尺度的空间特征又有各自的内涵,因此,掌握经济与环境的空间尺度效应是探讨经济与环境深层次规律的有效途径。促进长三角地区经济与环境可持续发展建议:(1)用技术效应和结构效应改善环境,加大研发投入,推动技术进步,提高劳动生产率和资源的使用效率,降低工业生产对环境的影响;不断优化产业结构,把传统的劳动力密集型产业和能源密集型产业向低污染、低能耗的服务业和知识密集型产业转变。(2)不断完善市场机制,通过市场机制的调节,使企业利用自然资源的成本相应增加,从而迫使企业不断提高自然资源的使用效率,促使传统企业向低资源密集的技术型发展,最终达到减少自然资源使用量,起到改善环境质量的目的。(3)变革环境规制,通过制定和完善环境保护政策,健全有关污染者、污染损害、地方环境质量等相关信息,加强对污染企业或污染源的管理及处置能力,同时做好环境保护宣传工作。(4)在制定相关规划和政策时,应针对经济发展在不同环境尺度的空间特征做出不同层次的安排,以利于经济与环境的协调发展。

第二节　长三角地区经济集聚的雾霾污染空间效应

2000 年以来,中国频繁爆发持续性、区域性雾霾污染,严重影响了城市环境质量。中国气象局发布《2017 年大气环境气象公报》显示全年全国 PM2.5、PM10 平均浓度分别为 43 和 $75\mu g/m^3$,平均霾日数为 27.5d,与合格标准还相差甚远。雾霾不仅对环境造成巨大危害,同时也损害了人类的身心健康。国内外已有研究表明,大气污染程度与肺癌的发病率和死亡率密切相关[1][2]。研究中国经济社会最发达地区的长江三角洲雾霾污染时空分布特征和影响因素,对长三角雾霾污染防治以及促进经济与环境协调发展有重大意义。国内外学界从不同尺度研究了雾霾污染的时空特征,如分析北京 2012—2013 年冬春 PM2.5 和 PM10 浓度认为颗粒物浓度从北部山区到南部地区逐渐递增,且局部地区存在一定的城乡差异[3];剖析长江经济带 2000—2016 年省级雾霾污染空间特征和影响因素,发现雾霾污染悬浮颗粒高污染集聚区分布在长江下游地区且呈现空间集聚效应[4][5];利用全国地级以上城市 2015 年 1 月—2017 年 2 月 AQI 数据发现雾霾污染空间分布存在显著的季节性和空间正相关性特征[6]。可见,雾霾污染季节性变化特征非常明显,冬季雾霾污染最为严重,污染物浓度在 12 月和 1 月达到最高值,7 月和 8 月污染最小。学界从自然、社会经济因素两方面研究雾霾污染影响因素,已有研究证明降水、气温、湿度、

---

① Chen Y，E A，Greenstone M，et al. Evidence on the impact of sustained exposure to air pollution on life expectancy from China's Huai River policy. Proceedings of the National Academy of Sciences of the United States of America，2013，110(32)：12936-12941.

② Lamichhane D K，Kim H C，Choi C M，et al. Lung cancer risk and residential exposure to air pollution：A Korean population-based 上 case-control study[J]. Yonsei Medical Journal，2017,58(6)：1111-1118.

③ 赵晨曦,王云琦,王玉杰,等.北京地区冬春 PM2.5 和 PM10 水平时空分布及其与气象条件的关系 [J]. 环境科学, 2014, 35(2)：418-427.

④ 刘婉琪,任毅,丁黄艳.长江经济带雾霾污染的空间特征及影响因素研究[J].资源与环境，2017,33(10):1220-1226.

⑤ 毛婉柳,徐建华,卢德彬,等.2015 年长三角地区城市 PM2.5 时空格局及影响因素分析[J].长江流域资源与环境,2017,26(2):264-272.

⑥ 张生玲,王雨涵,李跃,等.中国雾霾空间分布特征及影响因素分析[J].中国人口·资源与环境,2017,27(9):15-22.

气候变化、地形地貌、植被覆盖等自然因素对大气污染物的集聚与扩散有着显著影响。如通过观测资料和气候模型论全球气候变化视角华北地区适宜雾霾发生的天气情况发现全球温室气体排放引起的环流变化可能导致北京严重雾霾的频率增加[1];中国东部沿海地区过去 35 年空气质量及其在 2013 年华东平原重度雾霾污染均由北极海冰减少和欧亚降雪增加共同导致,如果北极海冰持续融化将会给冬季雾霾减缓带来巨大挑战,但也为减少温室气体排放提供了强有力的激励措施[2];基于地理探测器方法分析长江三角洲地区空气污染主要风险因子是平均降水量主导的气象类要素[3]。社会经济因素方面,学者指出能源消费结构、产业结构、汽车尾气排放、人口集聚等是雾霾污染的主要来源;经济(工业)集聚、城镇化水平、FDI、经济增长、技术进步、环境规制等因素会对城市空气造成不同程度影响。空间计量中国各省本地与异地之间雾霾污染的交互影响发现以煤为主的能源结构、以工业为主的产业结构对雾霾污染有显著促进作用[4];动态空间面板模型分析中国 FDI 与 PM2.5 污染性空间自相关性发现中国雾霾污染存在显著的空间依赖性和区域异质性,FDI 对中国大部分城市雾霾污染存在显著增促效应[5]。然而,基于所选污染物不同和模型差异,现有研究关于经济增长对雾霾污染影响存在争议:一是符合 EKC 曲线假说,认为雾霾污染与经济增长存在倒 U 形关系;二是不符合 EKC 曲线的假说,认为雾霾污染与经济增长存在正 U 形关系。综上发现既有研究存在如下不足:一是使用单一污染物,如 PM 2.5 或 PM10 作为指标,忽视了雾霾污染成因的复杂性,可能与真实污染水平有偏差;二是倾向于直接引用相关模型,较少从理论模型推导入手;三是侧重于雾霾污染形成机理的描述统计分析,忽视了其空间相关性和异质性。于是本书着眼 3 方面予以改进:一是采用包含 PM10、PM2.5、SO_2、NO_2、O_3、CO 构成空气质量指数(AQI)表征当前复

① Cai W J, Li K, Liao H, et al. Weather conditions conducive to Beijing severe haze more frequent under climate change[J]. Nature Climate Change, 2017,(7):257-262.

② Zou Y F, Wang Y H, Zhang Y Z, et al. Arctic sea ice, Eurasia snow, and extreme winter haze in China[J]. Science Advances, 2017, 3(3):e1602751.

③ 郭春颖,施润和,周云云,等.基于遥感与地理探测器的长江三角洲空气污染风险因子分析[J].长江流域资源与环境,2017,26(11):1805-1814.

④ 马丽梅,张晓.中国雾霾污染的空间效应及经济、能源结构影响[J].中国工业经济,2014,313(4):19-31.

⑤ 严雅雪,齐绍洲.外商直接投资对中国城市雾霾(PM2.5)污染的时空效应检验[J].中国人口·资源与环境,2017,27(4):68-77.

合型雾霾污染程度;二是基于理论模型推导出经济集聚和雾霾污染之间的关系;三是运用地统计和空间计量模型分析长三角地区雾霾污染的空间格局和影响因素。

一、研究方法与数据来源

(一)理论模型

文献梳理发现已有相关研究多将环境视为生产要素直接纳入生产模型,即认为环境投入会带来污染这一"副产品",本书在 Ciccone 等[1]的生产密度模型上,将环境作为生产要素之一纳入模型生产环节,将雾霾浓度纳入模型产出环节。Ciccone 等认为集聚经济的外部性来自经济活动的密度,其基本模型如下:

$$q_i = \theta_i \big[(n_i H_i)^\beta k_i^{1-\beta} \big]^\alpha (Q_i / A_i)^{(\lambda-1)/\lambda} \qquad \text{(公式 6-2-1)}$$

式中:q_i 是城市 i 单位面积的产出;θ_i 为城市全要素生产率;n_i 为城市单位面积就业人数;H_i 是平均人力资本水平;k_i 为单位面积物质资本投入;α 是单位面积资本与劳动的规模报酬,$0 < \alpha \leqslant 1$,表示边际生产率递减。β 是要素贡献率,$0 < \beta \leqslant 1$;Q_i 和 A_i 是该城市的总产出和总面积,Q_i / A_i 是空间产出密度;λ 是产出密度系数,当 $\lambda > 1$ 时,表示集聚具有正外部性。

1. 经济集聚环境效应的理论分析

经济集聚核心特征为产业集聚,产业角度分析经济活动空间过程对环境产生的影响备受学界关注。Grossman 等[2]认为当产业集聚达到一定程度时,会通过规模效应、结构效应和技术效应对环境产生影响。规模效应是指集聚会使生产规模扩大,加剧了对资源的消耗以及对环境的污染;结构效应是指集聚会引起一个地区产业结构的变化从而改变污染排放量,以牺牲环境质量为代价吸引大量高税收高附加值的污染密集型产业;技术效应是指集聚可能带来生产技术和环保技术的改善,减少相同产出的资源消耗和污染排放。Krugman[3] 提出向心力和离心力是导致产业集聚与分散的原因,当向心力为主导力量时,产业集聚程度会加强;若拥挤效应带来生产成本的增加大于向心

---

[1] Ciccone A, Hall R. Productivity and the density of economic activity[J]. American Economic Review, 1996, 86(1):54-70.

[2] Grossman G M, Krueger A B. Economic growth and the environment[J]. The Quarterly Journal of Economics, 1995, 110(2):353-378.

[3] Krugman P. Increasing returns and economic geography[J]. Journal of Political Economy, 1991, 99(3):483-499.

力带来生产成本的减少,产生了集聚不经济,则产业会趋于分散。经济发展初期企业受市场、劳动力和交通等因素的驱动,不断向中心地区集聚,实现了规模经济,使边际成本降低,从而获得劳动生产率的提高,主要表现为生产规模的扩大和总产出的增加。与此同时,污染也随之增加。当经济活动过度集中时,往往会导致集聚不经济,如资源短缺、环境恶化和生产运营成本增加等一系列问题,此时集聚的离心力大于集聚力,产生扩散效应,促使大量人口、部门、企业等外迁,一定程度上改善了环境质量。当然,经济集聚会促进地区收入增加,居民生活水平提高,环保意识增强,倾向于购买对环境污染较小的清洁产品。此外,地方政府通过环境规制倒逼企业进行技术改进或优化产业结构,减少污染密集型产业比重以实现节能减排,降低环境污染。可见,污染程度与经济集聚水平存在一定的相关性,集聚初期经济集聚水平越高,污染越严重;当集聚水平超过临界值,反而会对污染起到抑制作用。

  2. 经济集聚与雾霾污染的理论模型

  对生产密度模型进行扩展,有助于推导雾霾污染与经济集聚之间的作用机制。假设 N_i 为城市 i 就业总人数,K_i 为城市 i 资本总投入,p_i 为城市 i 单位面积上的雾霾浓度,P_i 为城市 i 的雾霾总量,计算公式如下:

$$P_i/A_i = \theta_i \left[(n_i)^{\beta} k_i{}^{\gamma} q_i{}^{1-\beta-\gamma} \right]^{\alpha} (P_i/A_i)^{(\lambda-1)/\lambda} \qquad \text{(公式 6-2-2)}$$

式中 γ 表示资本投入对单位面积产出的贡献率,$0 < \gamma \leqslant 1$。

  对式 2 进行推导得到:

$$\ln \frac{P_i}{A_i} = \lambda \ln \theta_i + \lambda \alpha \gamma \ln \frac{K_i}{N_i} + \lambda \alpha (1-\beta-\gamma) \ln \frac{Q_i}{N_i} + \lambda \alpha \ln \frac{N_i}{A_i}$$

$$\text{(公式 6-2-3)}$$

  式 3 表明雾霾与经济集聚具有相关性,$\lambda \alpha (1-\beta-\gamma)$ 系数表示经济集聚对雾霾强度的影响强弱和方向。

  (二)模型构建与变量说明

  根据理论模型可构建雾霾污染的空间计量回归模型以验证雾霾污染的影响因素,本书用 AQI 指数来表征雾霾污染程度,引入一组控制变量到实证模型:

$$aqi_i = a_0 + a_1 \sum_{j \neq i}^{n} w_{ij} \, aqi_i + a_2 \, ag_i + a X_i + \varepsilon_i \qquad \text{(公式 6-2-4)}$$

式中,i 表示样本地区;aqi_i 和 ag_i 分别表示雾霾污染和经济集聚;w_{ij} 表示地区间的空间关系,本书采用最为常见的二值空间权重矩阵,即如果两地区相邻则

$w_{ij}=1$,否则 $w_{ij}=0$;X_i 表示影响雾霾污染的一组控制变量;ε_i 为随机扰动项;a_1 为邻近地区间的雾霾污染空间溢出的估计系数,表征了雾霾污染的空间溢出效应的强弱和方向;a_2 用来刻画雾霾污染和经济集聚之间的内生关系,如果 $a_2>0$,表示随着本地经济集聚的提升,本地雾霾污染有加剧的趋势,反之则表明经济集聚的提升对雾霾污染有消减作用。

考虑数据科学性、一致性和完整性前提,参考已有研究成果[1][2]选取如表 6-2-1 的变量。收集空气质量数据(AQI)均来源于生态环境部数据中心和天气后报网站。该网站自 2013 年 10 月以来,收录了全国城市的空气质量数据,并根据不同监测站点的日观测数据进行逐日逐月整合,全面翔实。AQI 的计算综合考虑了 PM2.5、PM10、SO_2、NO_2、O_3、CO 等多种常见污染物,

表 6-2-1　变量说明

变量类别	变量名称	指标名称	变量含义	单位
被解释变量	AQI	雾霾浓度	空气质量指数	
解释变量	ag	经济集聚	单位面积的非农产出	万元/km^2
	pene	能源消耗	人均全社会用电量	kWh
	con	城市建设	建筑业总产值	亿元
	pgdp	经济发展水平	人均 GDP	万元
	pgdp2		人均 GDP 的平方项	
	2nd	产业结构	第二产业产值占 GDP 比重	%
	3nd		第三产就业人口占总就业人口比重	%
控制变量	pden	人口规模	单位面积上的常住人口数	人/km^2
	rd	研发投入	R&D 经费支出占 GDP 比重	%
	park	绿化水平	人均公园绿地面积	m^2
	green		建成区绿化覆盖率	%
	open	对外开放度	外商直接投资占 GDP 的比重	%
	dust	其他污染物	工业烟(粉)尘排放量	t
	rain	气象条件	年均降水量	mm

① 严雅雪,齐绍洲.外商直接投资对中国城市雾霾(PM$_{2.5}$)污染的时空效应检验[J].中国人口·资源与环境,2017,27(4):68-77.

② 陈安宁.空间计量学入门与 GeoDa 软件应用[M].杭州:浙江大学出版社,2014.

可以更好地表征中国环境空气质量状况,反映当前复合型大气污染形势。因此,可认为 AQI 是当前衡量一个地区空气质量较为权威的数据,用其来测度雾霾污染程度;其他变量数据主要来自各样本地市 2016 年统计年鉴、《2015年国民经济和社会发展统计公报》以及《中国城市统计年鉴 2016》。

研究方法采取地统计学中的普通克里格插值法描述雾霾污染的时空分布特征,再运用 ESDA(Exploratory Spatial Data Analysis)中的全局和局部空间自相关分析进一步对长三角地区雾霾污染的空间相关性进行验证,继而构建空间计量回归模型分析雾霾污染的影响因素。

(三)研究方法

采取地统计学中的普通克里格插值法描述雾霾污染的时空分布特征,再运用 ESDA(Exploratory Spatial Data Analysis)中的全局和局部空间自相关分析进一步对长三角地区雾霾污染的空间相关性进行验证,继而构建空间计量回归模型分析雾霾污染的影响因素。

(1)全局自相关分析。全局空间自相关是从区域空间的整体上刻画区域创新活动空间分布的集聚情况,描绘了相关变量在区域整体范围内的空间依赖程度。公式如下:

$$I = \frac{\sum_{i=1}^{n}\sum_{j=1}^{n}w_{ij}(x_i - \overline{x})(x_j - \overline{x})}{S^2 \sum_{i=1}^{n}\sum_{j=1}^{n}w_{ij}} \qquad (公式 6\text{-}2\text{-}5)$$

式中:I 是全局 Moran' I;n 是样本数;x_i 和 x_j 分别表示地区 i 和地区 j 的观测值;w_{ij} 为空间 权重矩阵;$\overline{x}$ 为观测变量的平均值;S^2 是观测变量的方差。I 的取值范围为 $[-1,1]$,大于 0 表示各地区观测值存在空间正相关性,小于 0 表示各地区观测值存在空间负相关性,若指数为 0,表示各观测值不存在空间相关性。

(2)局部自相关分析。局部空间自相关反映一个区域单元与邻近单元上同一研究现象的相关程度,公式为:

$$I = \frac{(x_i - \overline{x})}{S^2} \sum_{j=1}^{n}w_{ij}(x_j - \overline{x}) \qquad (公式 6\text{-}2\text{-}6)$$

正的局部 Moran 指数 I 表示一个高值被高值所包围(高—高),或者是一个低值被低值所包围(低—低)。负的局部 Moran 指数 I 表示一个高值被低值所包围(高—低),或者是一个低值被高值所包围(低—高)。

(3)克里格插值法。克里格插值(Kriging)又称空间局部插值法,可以根据待插值点与邻近实测高程点的空间位置,对待插值点的高程值进行线性无偏最优估计从而生成一个关于高程的克里格插值图,表达研究区原始地理要素形态。相关研究表明克里格插值能够较好地预测区域污染物的空间分布情况及其总体分布趋势,接近观测值。

（4）空间计量模型。经过探索性空间数据分析,如果发现存在空间依赖性,需要将其在模型中予以体现。传统空间计量模型主要有空间滞后模型（Spatial Lag Model,SLM）和空间误差模型（Spatial Error Model,SEM）。SLM侧重于考察因变量的空间溢出效应,因此模型中包含因变量的空间滞后项。SEM侧重于考察因遗漏变量所造成的空间依赖性,即误差项包含有致使自变量出现空间相关的因素,因此空间误差模型包含误差项的滞后项[1]。公式如下:

$$Y = \alpha + \rho WY + \beta X + \varepsilon$$
$$Y = \beta X + \varepsilon\varepsilon = \lambda W\varepsilon + \mu$$

（公式6-2-7）

式中,X 和 Y 分别为自变量和因变量;ρ 为空间回归系数;λ 表示空间误差系数;W 为空间权重矩阵;ε 和 μ 为误差项。

二、长三角地区2015年3月至2018年2月雾霾污染的时空分布特征

采取长三角26个核心城市2015年3月—2018年2月的空气质量指数（AQI）数据,运用普通克里格法对26个城市季均和年均AQI进行空间插值,得到长三角地区相应时间尺度的AQI空间分布图。

（一）年均尺度雾霾污染的时空分布特征

2015—2017年,长三角地区AQI值呈下降趋势,空气质量有所改善;各城市雾霾污染程度存在明显的空间差异。总体而言,上海市以及长三角内三省界处AQI值相对较高,主要包括苏南片区南京、苏州、镇江、常州、无锡以及苏北片区扬州、泰州、南通等城市,浙北片区的湖州市和嘉兴市,皖中和皖南片区的合肥、安庆、滁州、芜湖、马鞍山、铜陵等城市;东南沿海地区城市的AQI值相对较低,主要为浙东片区的台州市以及浙南片区的宁波市与舟山市。另外,除了2016年冬季上海AQI有所反弹,长三角各城市冬季雾霾污染均呈下降趋势,空气质量逐渐好转。

---

① Zou Y F, Wang Y H, Zhang Y Z, et al. Arctic sea ice, Eurasia snow, and extreme winter haze in China[J]. Science Advances, 2017, 3(3):e1602751.

（二）季均尺度雾霾污染的时空分布特征

长三角城市雾霾污染的季节性变化特征明显,具体表现为:冬季＞春季＞秋季＞夏季。春季、夏季和秋季空气质量指数 AQI 处于 45～95 之间,整体空气质量良好,基本不存在雾霾污染。夏季由于降水丰富,气象条件利于污染物扩散,各城市 AQI 均为全年最低水平且差异较小。冬季空气质量显著下降,雾霾污染大范围蔓延且空间差异较大,污染区域主要集中在长三角城市群西北部,包括安庆市、芜湖市、铜陵市、池州市、马鞍山市、合肥市、滁州市、南京市和镇江市,其中污染最严重的是安庆市和芜湖市,若长期处于此类大气环境中,将会对人类身心健康造成不良影响;长三角东南沿海城市空气质量较好,其中舟山市空气质量最优。

（三）雾霾污染的空间自相关分析

为考察雾霾污染空间分布是否具有集聚特征,选取 2015 年 AQI 数据,运用全局和局部自相关分析得到 2015 年 AQI 年均值的 Moran'sI 为 0.300776 且通过显著性检验,表明 2015 年雾霾污染的空间分布呈显著正相关。结合 2015 年 AQIMoran 散点图和局部 Geary 聚类可知长三角地区雾霾污染在空间上呈现较为明显的局域聚集特征,杭州、宁波和台州为低—低集聚,该类城市雾霾污染较低,其周边地区雾霾污染也低;滁州、扬州、镇江和泰州出现了高—高集聚趋势,这类城市自身雾霾污染高,其邻近地区雾霾污染也高。因此,分析经济集聚对雾霾污染的影响必须考虑到这种地理空间因素,以免对结果造成偏差。

三、长三角地区 2015 年 3 月至 2018 年 2 月雾霾污染影响因素甄别

（一）空间回归实证结果

空间自回归模型中采用 OLS(最小二乘法)不能实现"无偏估计",因此引入空间滞后模型和空间误差模型对雾霾污染的影响因素进行深入分析。为避免多重共线性的影响,运用 SPSS20.0 软件对各解释变量进行相关分析,发现方差膨胀因子(VIF)均在 10 以内,表明不存在明显的多重共线问题。GeoDa1.6.5 分析结果显示模型整体上通过 10% 水平显著性检验。表 6-2-2 给出了 OLS、SLM 和 SEM 模型估计的结果。考虑空间影响后,SLM 和 SEM 模型估计拟合度指标 Log-Likelihood(对数似然估计值)均大于 OLS 估计结果,说明考虑空间因素后,修正的模型和实际数据拟合度更高,再次证明各地

区雾霾污染受空间地理分布的影响。通过比较 LogLikelihood(对数似然估计值)、AIC(赤池信息准则)和 SC(施瓦茨信息准则)三大指标(表 6-2-3)可知,空间滞后模型的 Log-Likelihood 值最大,AIC 值和 SC 值最小,说明空间滞后模型的拟合度最高[①],从而得出空间滞后模型最优的结论,以下分析主要基于空间滞后模型估计结果。

表 6-2-2　拟合度指标

	OLS	空间滞后	空间误差
Log-Likelihood	−21.7848	−17.243871	−20.1582
AIC	73.5697	64.4877	72.3164
SC	92.4411	83.3592	92.446

表 6-2-3　模型估计结果

	OLS	SLM	SEM
变量	回归系数	回归系数	回归系数
W_年均 AQI		0.4769	
CONSTANT	0	−0.0373	0.0225
ag	−2.0392	−2.0005	−2.6673
con	0.2712	0.339	0.2709
pgdp	−0.7336	−0.9329	−0.4976
pgdp2	1.4827	1.6001	1.4838
2nd	0.586	0.7683	0.5843
3nd	−0.179	−0.1071	−0.1044
pden	1.1255	1.2163	1.4345
rd	1.1037	1.018	1.3278
open	−0.0671	−0.1408	−0.1157
park	0.1771	0.1227	0.1619
green	0.3822	0.284	0.5092
pene	−0.3562	−0.3044	−0.4
dust	0.4069	0.4924	0.4424
rain	−0.2003	−0.0672	−0.2444
LAMBDA			−0.3414

---

① 刘晨跃,尚远红. 雾霾污染程度的经济社会影响因素及其时空差异分析[J]. 经济与管理评论,2017,(1):75-82.

（二）雾霾污染空间溢出效应分析 SLM

表 6-2-3 中的雾霾污染空间滞后项（W_年均 AQI）为正，当邻近地区的 AQI 值每增加 1％，本地区的 AQI 值增加 0.477％，说明长三角城市间雾霾污染确实存在明显的空间溢出效应，邻近地区的雾霾污染会加剧本地区的雾霾污染。其主要原因：一是 GDP 绩效考核机制促使地方政府一味追求经济增长，采取一系列优惠政策以竞争更多项目，引进或承接大量产业，由此导致高污染排放需求，产生"你多排，我也多排"的现象；二是区域间发展模式存在"示范效应"，某一地区通过大力发展工业获得经济快速增长，邻近地区为了跟上步伐或者维护领先地位，容易造成恶性的污染排放竞争；三是在规模经济的作用下，产业倾向于空间集聚，污染排放更加集中；除此之外还有天气气象条件的影响，使得空气中的污染物飘散到周边地区。

（三）经济集聚与雾霾污染传导效应分析

三组估计结果显示，各影响因素变量回归系数大小和方向未发生显著变化。经济集聚（ag）回归系数为负，说明单位面积非农产出越多，则 AQI 值越低，换言之，经济活动在空间上的集聚对雾霾污染有抑制作用，也从侧面表明该地区经济发展相对绿色环保。一方面，经济集聚能够促进劳动、资本、技术和环境等投入要素的空间分布与组合优化，而劳动、资本和技术等要素对环境要素具有一定的替代作用，这种替代作用会减缓对环境的消耗，在一定程度上降低了污染排放。另一方面，经济集聚可以共享治污基础设施，最大限度地节约治污成本，便于政府部门的集中监管，这为集中治理污染问题提供了可能[①]。

（四）雾霾污染影响因素甄别

模型估计结果可知，在影响雾霾污染的一组控制变量中，回归系数为正且绝对值较大的依次是人口密度（pden）、研发投入（rd）、产业结构（2nd）、其他污染物（dust）以及城市建设（con），说明这些因素是加剧雾霾污染的主要影响因素；回归系数为负且绝对值较大的依次是经济发展水平（pgdp）、能源消耗（pene）和对外开放（open），说明该类因素能够抑制雾霾污染，提高空气质量；此外，产业结构（3nd）、绿化水平（park、green）以及气象因素（rain）虽然在统计上不显著，但估计结果可以帮助了解其对雾霾污染的影响方向。人口集聚通过消费和出行扩大了能源需求和机动车保有量，造成更多能源消耗和汽车尾气排放；同时，过度的人口使得城区土地资源紧缺，建筑密度加大，容易导致交

---

① 陈安宁. 空间计量学入门与 GeoDa 软件应用［M］. 杭州：浙江大学出版社，2014.

通堵塞及城市空气流通不畅,为雾霾产生创造条件;加之人口聚集的地方消费市场较大,劳动力充裕,各大公司、企业就会抓住这个契机扩大生产规模,投资办厂,创造更多就业机会来吸引更多的人口,因而造成更多的资源消耗,加重环境污染。研发投入的增加并没有改善空气质量反而产生了负面影响,究其原因主要有两点:一是科研成果转化能力不足,能够应用于生产过程、实现绿色生产、节能减排的技术较少;二是投入的经费直接用于大气污染治理的比较少,侧重于扩大生产规模,提高劳动生产率,从而间接导致了雾霾污染排放的增多。第二产业以工业为主,工业在产业结构中所占比重越大,污染排放强度就越大,中国的城市化与工业化是密不可分的,随着城市化进程的加快,越来越多的工业集中于城市,导致严重的污染问题。目前已有城市为了治理污染而将大量高污染高排放产业进行转移或者淘汰,如北京为了治理雾霾而调整退出大量工业污染行业、企业,在产业升级、产品结构调整的基础上与周边河北、天津等地区进行合作和对接。其他污染物(dust)系数为正,表明工业烟粉尘的排放严重加剧了雾霾污染。城市建设(con)系数为正,表明当前飞速发展的建筑业、房地产业与雾霾污染之间存在正相关。这主要是因为建设施工过程中会产生大量扬尘,直接导致雾霾污染加剧;其次,建筑业、房地产业的繁荣带动了化工、钢铁、水泥等高污染、高能耗行业的发展,间接导致污染物排放增加。绿化水平(park、green)系数为正,虽然并不显著,但估计结果可以帮助了解绿化水平对雾霾污染的影响方向。结果表明人均公园绿地面积和建成区绿化覆盖率并未对大气质量产生有利影响。可见绿色空间尚未在城市内发挥良好的空气净化作用,这与目前城市绿地管理和维护不到位,绿化覆盖率和人均绿地面积不达标等问题密切相关。经济发展水平(pgdp)系数为负而其平方项 pgdp2 系数为正可知,随着人均收入的不断增加,雾霾污染浓度并非线性降低,而是会经历一个先下降再上升的过程,二者之间没有呈现倒 U 型关系,说明长三角地区雾霾污染与经济发展水平不存在环境库兹涅茨曲线。可能是因为经济发展水平距离环境质量出现改善的拐点还较远,或者所选的长三角地区社会经济发展水平和城镇化率较高,超出了环境库兹涅茨曲线的范围。但两种情形都表明目前长三角城市的雾霾污染水平伴随着经济发展水平持续上升,人均收入的增加并未改善环境质量反而使其不断恶化,尤其是后者,对发达地区起到很好的警示作用。能源消耗(pene)系数为负,大致表明当前长三角地区能源消费结构比较环保,化石能源发电占比较低,对雾霾污染的抑制作用大于促进作用。这主要与长三角地区立足大气污染防治,积极调整电力结构,以电能替代散烧煤和燃油,不断提高电能占终端能源消费比重,降低能源结构中煤炭所占比重有关。对外开放(open)系数为负,说明外商直接投资会在一定程度上改善雾霾污染。外资投入和国际贸易的增加一方面可能会增加环境治理投资,因而减少当地雾霾污染;另一方面,跨国公司的技术较先进,管理经验丰富,在环境规制上更倾向于执行来源国的标准,通过"示范效应"和"溢出效应"提升了当地环保技术水平,从而减少资源消耗和污染排放,改善环境质量,即形成了"污染光环"。气象因素(rain)系数为负,表明降水量对雾霾污染有一定影响,降水对空气中的污染物具有冲刷作用,从而改善空气质量,这与Yoo(2014)等人的研究结论一致。采用两种空间计量模型对长三角26个核心城市经济集聚与雾霾污染的关系进行实证研究,以地理空间为载体,分析影响雾霾污染的多维因素协同作用,结果显示空间滞后模型(SLM)优于空间误差模型(SEM),雾霾污染具有显著的空间溢出效应,邻近城市雾霾污染会影响本地区空气质量。同时SLM模型估计结果表明大部分变量均通过显著性检验并且符合实际。经济集聚通过传导效应对本地区雾霾污染产生较强的抑制作用;优化能源消费结构与提高对外开放水平同样会降低雾霾污染,而绿化水平目前对改善空气质量影响不大;控制变量中人口密度对雾霾污染影响系数绝对值最大,并且为正,说明人口集聚是导致雾霾污染的首要因素,此外,研发投入的增加、以工业为主的产业结构、工业烟粉尘的排放以及城市建设进程的发展均对雾霾污染有促进作用。

四、结论与建议

(一)结论

对Ciccone等[①]的产出密度模型进行扩展,构建了经济集聚与雾霾污染关系的理论模型,选取长三角26个核心城市2015—2017年相关数据,采用空间插值和探索性数据分析刻画了雾霾污染的时空分布特征以及空间相关性,运用空间计量方法对理论模型进行实证分析。研究表明:(1)雾霾污染确实存在季节性变化特征并且近年来各地区雾霾污染状况逐渐好转。(2)雾霾污染具有显著的局域集聚特征和空间异质性,杭州、宁波和台州呈现显著的低—低集聚特征,而滁州、扬州、镇江和泰州为高—高集聚,污染区域主要集中于省界

---

① Ciccone A, Hall R. Productivity and the density of economic activity[J]. American Economic Review, 1996, 86(1): 54—70.

处,污染程度自长三角西北向东南逐渐降低。(3)城际雾霾污染存在空间正相关性和空间溢出效应,周边地区的雾霾污染强度的增加会加剧本地区雾霾污染。(4)人口集聚、研发投入、产业结构、工业烟粉尘排放以及城市建设均对雾霾污染产生正向影响;对外开放、能源消耗以及降水等因素对雾霾污染产生负向影响;雾霾污染与经济增长之间并不存在库兹涅茨曲线关系。经济集聚通过优化生产要素的空间分布与组合、共享治污基础设施等途径产生传导效应,从而能够有效抑制雾霾污染。

(二)建议

(1)根据雾霾污染影响因素传导效应,从末端治理转变为源头防控。雾霾污染问题不仅仅需要治理,更重要的是从污染源加以控制。研究表明人口集聚、研发投入、产业结构、工业烟粉尘排放以及城市建设等是导致雾霾污染的主要原因,而对外开放水平和能源消费结构对雾霾污染有负向影响。针对该结论建议如下:一是在城市规划中适度控制大城市人口规模,积极培育中小城镇,加强基础服务设施建设,提升城市环境承载力;二是合理配置研发投入,加强对治污技术的研究,自主研发推广绿色环保的生产技术,提升清洁生产水平,减少污染排放;三是促进产业结构调整升级,引导粗放低效的高污染产业向知识密集型、资本密集型产业转型,大力发展节能环保产业等战略性新兴产业;四是推动绿色节能建筑建设,实行住宅产业化,从而最大限度地降低工地施工所产生的扬尘;五是降低能源结构中煤炭所占比重,推广清洁型能源使用,可以从源头上减少污染排放。

(2)根据雾霾污染空间相关性,出台区域联防联控政策。雾霾污染存在显著的空间溢出效应,表明各地区"独善其身"的治霾方式并不能长期有效地解决区域间的雾霾污染问题,联合治理势在必行。雾霾污染的主要来源在于经济活动。因此,区域联合防治应从协同经济发展着手,同时辅以必要的政策管理手段。一是根据不同城市的发展水平和资源禀赋,协调地区间的产业结构,打破行业壁垒,充分发挥各地区的分工合作效应;二是将环境保护纳入到区域发展规划中,建立经济和环境协调发展的共同行动纲领,如打造排污交易市场,通过市场对污染的排放权进行有效配置,实现污染的内部化,以达到限制污染排放的目的。同时,由于区域间污染产业的转移会影响雾霾污染和经济活动的空间格局,雾霾污染的跨界转移会对临近地区产生不利影响,需构建相应的生态补偿机制,通过核算生态环境的经济价值,由污染排放地区给予生态补偿,二者共同承担生产过程中的治污成本。

第三节　长三角城市群经济—环境系统失配测度

一、经济—环境系统失配度的评价、分级与诊断

（一）经济—环境系统失配度类型分级与评价体系划分

城市群社会经济与系统的失配度评价标准和等级的划分,是人居环境失配度评价中的关键环节,标准和等级设置的科学合理与否,将直接影响失配度结果的客观性。目前,人居环境中经济—环境系统的失配评价标准与等级的划分尚处于探索阶段。协调度的划分标准大致有 5 个等级、8 个等级和 10 个等级三种标准,但均已 0.5 作为分界值评判系统是否失配,并运用均匀分布、模糊数学函数等方法对类别体系、判别标准进行划定。本节参考国内外已有的研究[1][2]并结合长三角城市群的实际发展状况,以 HDt 值为标准,本书采用 5 种类型(表 6-3-1),并将长三角城市群社会经济与生态环境系统失配度划分为经济生态系统优秀,经济生态系统良好,经济生态系统低度失配,经济生态系统中度失配,经济生态系统重度失配。然后,根据对城市群经济—环境失配度子系统的对比,将 5 大类又细分为 15 亚类。

表 6-3-1　经济—环境系统失配的分类体系及其判别标准

第一层次		第二层次	第三层数		
阈值	等级	对比关系	类型	特征
0.8-1.0	经济—环境系统优秀 Ⅰ	$x_{1t} > x_{2t}$	经济生态系统优秀类环境滞后型 Ⅰ1	经济与生态环境保持高度同步增长
		$x_{1t} = x_{2t}$	经济生态系统优秀类经济同步型 Ⅰ2	
		$x_{1t} < x_{2t}$	经济生态系统优秀类经济滞后型 Ⅰ3	

① 王重玲,朱志玲,王梅梅,等.宁夏沿黄经济区城市群人居环境与经济协调发展评价[J].水土保持研究,2014,21(2):189-193.

② 杨士弘.城市生态环境学[M].北京:科学出版社,2006.

续表

第一层次	第二层次		第三层数	
阈值	等级	对比关系	类型	特征
0.6-0.8	经济—环境系统良好Ⅱ	同上	经济生态系统良好类环境滞后型Ⅱ1 经济生态系统良好类经济同步型Ⅱ2 经济生态系统良好类经济滞后型Ⅱ3	经济与环境保持较高同步增长,失配现象较少
0.4-0.6	经济—环境系统低度失配Ⅲ	同上	低度失配衰退环境损益性Ⅲ1 低度失配衰退环境经济共损性Ⅲ2 低度失配衰退经济损益性Ⅲ3	经济与环境出现不协调增长,失配现象开始显现
0.2-0.4	经济—环境系统中度失配Ⅳ	同上	中度失调衰退类环境损益型Ⅳ1 中度失调衰退类环境经济共损型Ⅳ2 中度失调衰退类经济损益型Ⅳ3	环境与经济顾此失彼,差距逐渐增大,失配度增大
0-0.2	经济—环境系统重度失配Ⅴ	同上	重度失调衰退类环境损益型Ⅴ1 重度失调衰退类环境经济共损型Ⅴ2 重度失调衰退类经济损益型Ⅴ3	经济环境系统失配严重,整体呈衰退趋势

(二)经济—环境子系统发展态势评析

(1)生态环境子系统发展态势分析。研究时间段内长三角地区各城市的生态环境质量呈现不同的动态趋势(图 6-3-1)。长三角城市群生态环境子系

189

统的质量指数显示,1990—2015 年长三角城市群生态环境质量整体上呈现增长趋势,同时又表现出一定的波动性,整体生态环境质量偏低。(1)浙江省和上海市呈现,1990 年各市生态环境质量指数均在 0.22 以下,生态环境基础比

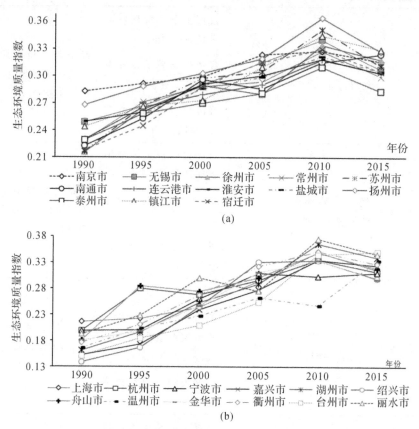

图 6-3-1　长三角城市群生态环境质量指数

较薄弱,整体质量堪忧;进入 20 世纪 90 年代以来,浙江省和上海市大力开展生态环境保护工作,开展了旨在保证区域社会、经济、环境可持续发展为根本目的的生态示范区建设工作,加上对生态建设资金的投入不断增加,全省工业三废的处理率和达标率均有大幅度提高,其中到 2015 年污水处理率平均处理率达 90.1%,AQI 指数平均达到 78.2%。生态环境质量不断改善和提高,至2010 年生态环境质量指数平均为 0.34,年均增长率仅为 14%。2010 年以来,生态环境质量浙江省各市和上海市均呈现不同程度的下降。其中,杭州市和

舟山市 1995 年以后生态环境质量异军突起,高于全省各市的指数值,环境质量较好;宁波市和温州市 2005 年以来,生态环境质量指数保持低速增长态势,且波动幅度大。其内部差异表现为浙西南城市群城市环境整体质量要高于浙东北和上海。(2)江苏省各市生态环境质量指数整体上升趋势缓慢,1990 年江苏省各市的生态环境指数均高于 0.2,生态环境基础相对浙江各市较好。同时伴随着城乡一体化建设的快速推进,环境治理和环境保护措施不断完善,如环境价费政策,发挥价格机制作用抑制污染物排放,调整产业结构,扶持新兴产业发展,寻找经济发展与环境之间的平衡点等助力生态环境建设,亦使生态环境质量不断提升,至 2010 年江苏省各地级市年平均水平达到 0.33,涨幅达 33.96%。江苏省沿江两岸集中了约 2/3 重化工产能,苏南地区化工企业密集度是苏北及沿海地区的 2 倍以上,部分行业产能过剩相对严重,沿江 8 市废水排放总量占到全省的 74.44%,化学需氧量、氨氮排放总量分别占全省的 48.9% 和 55.8%,致使江苏省生态环境质量内部差异呈现逐年扩大的趋势。

经济子系统发展态势分析。在 1990—2015 年时间段内,长三角城市群各地级市经济发展水平呈现大幅上升态势,呈现阶段性特征。从长三角城市群经济效益指数显示,25 个地级市在 1990 年均较低,只有上海、南京经济效益指数大于 0.1,相对较好;泰州、绍兴最低,其余居中。在 2015 年,上海、杭州、宁波、苏州经济增长最快,经济效益指数均超过 0.34 以上,成为长三角经济发展的核心带动力量。其余各个地级市的经济效益指数在研究时期内也呈现出不同的发展态势。其中,台州、盐城的经济效益指数呈现波动状态,个别年有所回落,也都保持了快速增长。研究时间段内长三角城市群经济发展分为两个阶段,第一个阶段是 1990—2000 年,经济效益指数增长缓慢,表明这期间经济发展较为缓慢,处于经济调整与平缓增长阶段。长三角地区利用自己的经济底蕴,培育自己的发展潜力,提升了自己的经济实力。经济全球化和区域一体化进程进一步深化,长三角城市群经济效益进入第二个发展阶段(2000—2015 年),经济效益指数成倍增长,表明长三角地区经济发展保持着健康快速的发展势头。2000 年以来,长三角地区利用国家开发浦东的契机和一系列优惠政策,积极促进长三角地区的体制转轨,经济开始呈飞跃式发展。但在制造业高度发达的长三角地区,出口产品中"高耗能、高污染、资源性"产品、劳动密集型、低附加值产品还占有很大比重。

生态环境与社会经济系统综合发展度动态分析在研究时间段内,长三角城市群 25 个地级市的社会经济效益与生态环境质量的相对变化速率呈现多种发展态势。从长三角城市群社会经济效益指数与生态环境质量指数的比值可知,在研究时期内,上海、杭州、宁波、绍兴、南京、无锡、常州、苏州的比值均较高,2015年比值均达到0.9以上,表明在这期间,这8个地级市生态环境质量远远落后于经济发展的速度。即经济发展条件好的地区,生态环境质量也不一定很好,不能满足人们"亲近自然"的要求。高消耗换来的高增长,必然是高排放和高污染。以浙江省为例,2003年废水、工业废气、固体废弃物固体总量排放分别为27.03亿吨、10432亿标立方米和1976万吨,分别比1990年增长84.8%、3.0倍和1.3倍,即1亿美元GDP排放28.8万吨废水、2.38亿 m^3 工业废气和0.45万吨工业固体废物,均高于发达国家标准的几倍。嘉兴、湖州、舟山、金华、南通、扬州、泰州和镇江8市比值居中,2015年比值均在0.7~0.9之间,表明经济发展速度与生态环境质量指数维持在可控范围。温州、台州、丽水和连云港等余下9市比值最小,表明社会经济效益指数与生态环境质量指数基本处在同步发展时期。长三角25个城市的生态环境与经济发展水平的综合指数在研究区也都呈现不同增长速率的发展态势。

二、经济—环境系统失配度时空特征演变

根据上述社会经济与生态系统距离协调度模型,计算出1990—2015年长三角城市群25个城市的生态环境与经济系统的失配度(表6-3-2)。同时结合环境与经济系统失配的分类体系及其判别标准,将失配度结果进行分类(表6-3-3)。

表6-3-2　长三角地区城市群经济—环境系统协调发展度值

城市	1990	1995	2000	2005	2010	2015	城市	1990	1995	2000	2005	2010	2015
上海市	0.3848	0.4081	0.4446	0.5025	0.5780	0.5736	无锡市	0.3750	0.3948	0.4245	0.4567	0.5315	0.5483
杭州市	0.3499	0.3993	0.4049	0.4455	0.5331	0.5671	徐州市	0.3354	0.3691	0.3970	0.4054	0.4413	0.4914
宁波市	0.3316	0.3678	0.3882	0.4406	0.5074	0.5631	常州市	0.3563	0.3877	0.4116	0.4180	0.4952	0.5253
嘉兴市	0.2944	0.3296	0.3758	0.4238	0.4912	0.5417	苏州市	0.3504	0.3815	0.4120	0.4669	0.5504	0.5633
湖州市	0.3106	0.3526	0.3869	0.4179	0.4685	0.5162	南通市	0.3323	0.3621	0.3906	0.4134	0.4562	0.5172
绍兴市	0.2852	0.3259	0.3757	0.4255	0.4852	0.5270	连云港	0.3598	0.3772	0.4021	0.4192	0.4306	0.4728
舟山市	0.3156	0.3730	0.3747	0.4279	0.4847	0.5323	淮安市	0.3412	0.3647	0.3921	0.4086	0.4261	0.4679
温州市	0.3273	0.3664	0.3822	0.4028	0.4396	0.4933	盐城市	0.3479	0.3691	0.3943	0.4275	0.4243	0.4753
金华市	0.3212	0.3648	0.3928	0.4176	0.4693	0.5232	扬州市	0.3543	0.3785	0.3982	0.4252	0.4667	0.5018

城市	1990	1995	2000	2005	2010	2015	城市	1990	1995	2000	2005	2010	2015
衢州市	0.3089	0.3721	0.4090	0.4318	0.4530	0.4824	泰州市	0.3290	0.3672	0.3863	0.4148	0.4501	0.4945
台州市	0.3264	0.3485	0.3627	0.4481	0.4911	0.4710	镇江市	0.3417	0.3744	0.4035	0.4343	0.4796	0.5305
丽水市	0.3377	0.3551	0.3981	0.3927	0.4515	0.4827	宿迁市	0.3365	0.3536	0.3847	0.3951	0.4303	0.4545
南京市	0.3994	0.4066	0.4259	0.4547	0.5189	0.5484							

在研究时间段内,长三角城市群生态环境与经济系统失配度总体发展态势为中度失配向低度失配演变,但 25 个地级市系统失配度演变趋势各有不同(表 6-3-3)。在 150 个样本中,存在 66 个中度失配,84 个低度失配等级。样本中有 146 个经济滞后和 4 个生态滞后类型。

表 6-3-3　长三角地区城市群经济—环境系统失配度类型

城市	1990	1995	2000	2005	2010	2015	城市	1990	1995	2000	2005	2010	2015
上海市	Ⅳ3	Ⅲ3	Ⅲ3	Ⅲ3	Ⅲ3	Ⅲ1	无锡市	Ⅳ3	Ⅳ3	Ⅲ3	Ⅲ3	Ⅲ3	Ⅲ3
杭州市	Ⅳ3	Ⅳ3	Ⅲ3	Ⅲ3	Ⅲ3	Ⅲ1	徐州市	Ⅳ3	Ⅳ3	Ⅳ3	Ⅲ3	Ⅲ3	Ⅲ3
宁波市	Ⅳ3	Ⅳ3	Ⅳ3	Ⅲ3	Ⅲ3	Ⅲ1	常州市	Ⅳ3	Ⅳ3	Ⅲ3	Ⅲ3	Ⅲ3	Ⅲ3
嘉兴市	Ⅳ3	Ⅳ3	Ⅳ3	Ⅲ3	Ⅲ3	Ⅲ3	苏州市	Ⅳ3	Ⅳ3	Ⅲ3	Ⅲ3	Ⅲ3	Ⅲ1
湖州市	Ⅳ3	Ⅳ3	Ⅳ3	Ⅲ3	Ⅲ3	Ⅲ3	南通市	Ⅳ3	Ⅳ3	Ⅳ3	Ⅲ3	Ⅲ3	Ⅲ3
绍兴市	Ⅳ3	Ⅳ3	Ⅳ3	Ⅲ3	Ⅲ3	Ⅲ3	连云港	Ⅳ3	Ⅳ3	Ⅳ3	Ⅲ3	Ⅲ3	Ⅲ3
舟山市	Ⅳ3	Ⅳ3	Ⅳ3	Ⅲ3	Ⅲ3	Ⅲ3	淮安市	Ⅳ3	Ⅳ3	Ⅳ3	Ⅲ3	Ⅲ3	Ⅲ3
温州市	Ⅳ3	Ⅳ3	Ⅳ3	Ⅲ3	Ⅲ3	Ⅲ3	盐城市	Ⅳ3	Ⅳ3	Ⅳ3	Ⅲ3	Ⅲ3	Ⅲ3
金华市	Ⅳ3	Ⅳ3	Ⅳ3	Ⅲ3	Ⅲ3	Ⅲ3	扬州市	Ⅳ3	Ⅳ3	Ⅳ3	Ⅲ3	Ⅲ3	Ⅲ3
衢州市	Ⅳ3	Ⅳ3	Ⅳ3	Ⅲ3	Ⅲ3	Ⅲ3	泰州市	Ⅳ3	Ⅳ3	Ⅳ3	Ⅲ3	Ⅲ3	Ⅲ3
台州市	Ⅳ3	Ⅳ3	Ⅲ3	Ⅲ3	Ⅲ3	Ⅲ3	镇江市	Ⅳ3	Ⅳ3	Ⅳ3	Ⅲ3	Ⅲ3	Ⅲ3
丽水市	Ⅳ3	Ⅳ3	Ⅳ3	Ⅳ3	Ⅲ3	Ⅲ3	宿迁市	Ⅳ3	Ⅳ3	Ⅳ3	Ⅳ3	Ⅲ3	Ⅲ3
南京市	Ⅳ3	Ⅲ3	Ⅲ3	Ⅲ3	Ⅲ3	Ⅲ3							

中度失配主要集中在 1990—2000 年,即长三角城市群生态环境与经济系统近 25 年间一直表现出向良好人居环境要求的发展态势。但社会经济与生态环境的可持续协调发展还处于初级阶段,且经济与生态环境不同步发展,即满足良好人居环境条件还有一定距离。

（一）经济—环境系统时间序列变化特征分析

（1）整体特征分析。1990—2015 年长三角城市群 25 个城市经济与生态环境系统失配度呈现降低的趋势。各个地级市经济与环境协调发展速率不同，城市环境与生态系统失配度向良好人居环境方向发展的速率亦不同，但整体处于系统失配状态。就系统失配度均值而言，1990 年均值是 0.3381，为系统中度失配度类型，到 2015 年系统失配度是 0.5146，为低度失配类型，由此可知，长三角城市群经济与环境系统的失配状况有所缓解，但整体质量提升不高，城市"三废"问题依然困扰城市社会经济的发展和良好人居环境。

（2）发展趋势特征分析。表 6-3-3 可知，1990—2015 年长三角城市经济与生态环境系统失配度还呈现出两种类型发展趋势：一是以上海、杭州、宁波和苏州四市为代表的低度失配衰退环境损益性，生态环境质量保护治理的发展速度快于经济发展带来的破坏速度，表明上海、杭州、宁波和苏州已进入经济转型发展的时代，注重生态环境的保护和治理，处于可持续的协调发展状态；二是低度失配衰退经济损益类型，内部又分为两大类：高水平的经济损益型和低水平的经济损益型。①以南京、无锡、镇江、常州、连云港、徐州、温州、舟山、绍兴、嘉兴、台州、南通、金华等 13 个城市为代表的高水平的低度失配衰退经济损益性发展趋势，即以经济发展为首要任务，经济发展带动生态环境问题的解决；②以丽水、宿迁、衢州、淮安、湖州、盐城、泰州、扬州等 8 个城市低水平经济损益型，即经济发展速度相对较低，生态环境破坏相对影响较小，处于低水平的协调发展状态。

（3）阶段性特征分析。依据经济与生态环境系统失配度值的变化特点，可知长三角地区城市失配度在时间序列演变上呈现明显的阶段性特征。第一阶段，1990—2000 年经济与环境系统处于中度失配主导阶段，这一阶段，环境与经济顾此失彼，差距逐渐增大，失配度增大，且经济发展对环境造成的影响已明显显现。1990 年，中度失配城市占比达到 100%，全部城市处于中度失配状态，到 2000 年中度失配城市虽有所下降，但占比依然达到 64%。20 世纪 90 年代以来长三角地区城市化、工业化进程对环境污染、生态破坏一成为该地区经济可持续发展的严重阻碍。尤其是工业"三废"的过量排放，对城市的河流、大气和土地的影响尤为显著。第二阶段，2000—2015 年系统发展协调值逐渐增大，系统失配度逐渐减小，这一阶段低度失配占据主导地位。长三角地区城市失配度逐渐降低，向环境与生态协调发展趋势，差距逐渐减小。江苏、浙江省和上海市连续对环境进行采取多项措施进行整治，如"美好城乡建设行动"、

"931综合整治行动""五水共治"等环境治理措施,长三角地区生态环境质量明显提升,2015年上海、杭州、宁波和苏州四个城市进入低度失配衰退环境损益性。

(4)区域差异变化特征。失配度区域差异呈现"N"字形发展态势。根据相关计算公式,结合经济与环境系统失配度值,得出系统失配度的极差、标准差和变异系数(表6-3-4)。长三角地区25个城市的经济与环境系统失配度呈现先减小后增大的发展趋势,表明在1990—1995年期间城市之间的失配度离散度较小,1995年以后城市之间的失配度差距逐渐增大。标准差反映城市失配之间的绝对差异,标准差亦呈现"N"字形发展趋势,表明2000年是经济与环境系统失配度变化的转折点,其后城市之间的绝对差异快速扩大。变异系数反映城市之间的相对差异,其值呈现波动发展态势,表明长三角地区之间2000年后相对差异亦不断扩大。说明长三角地区城市经济与环境系统失配状况整体在向协调发展态势演进,但是区域之间的差距却在逐年扩大,而且失配度演化的方向也呈现不同趋势。

表6-3-4　经济—环境系统失配度极差、均值、标准差和变异系数

年份	极差	均值	标准差	变异系数
1990	0.117	0.338	0.026	0.077
1995	0.055	0.370	0.020	0.055
2000	0.082	0.397	0.018	0.046
2005	0.110	0.429	0.024	0.057
2010	0.154	0.478	0.041	0.086
2015	0.119	0.515	0.035	0.068

(二)经济—环境系统空间格局分析

根据计算得出的长三角地区城市经济与环境系统失配度值,并依据其分类体系及其判别标准,绘制出长三角地区25个城市的经济与环境系统失配度空间格局演变。

(1)总体演变特征分析。①长三角地区城市经济与环境系统失配度总体格局呈现出中度失配向低度失配格局演进,经济与环境系统总体呈均衡协调发展态势。1990年中度失配完全占据整个长三角地区,此后,低度失配区域不断出现、扩大,至2010年中度失配区域消失,低度失配占据主导地位,且由失配度经济损益性向生态环境损益性演进。②城市经济与环境系统失配度呈

现"环状"结构,而基本上经济与环境系统失配度的空间格局与一体两翼的经济格局演变形式一致,即从核心突破,带动两翼经济与环境系统的协调发展,表明长三角地区的经济是区域可持续协调发展的基础,生态环境是其可持续的条件。③南北方向上,随时间的推移逐步形成以上海、南京、苏州、无锡、常州等沿江中心带,杭州、宁波杭州湾中心区的两个系统协调发展、低失配的高值中心,经济与环境系统协调发展度值低,高失配度的区域,呈现由核心高值区向两翼递减趋势,但有趋于系统均衡发展的态势。

(2)省际格局演变特征分析。省际经济与环境系统失配度均值角度观察发现,呈现出由低协调发展、高失配的均衡格局向高度协调、低失配均衡格局发展。就系统失配度而言,1990 年上海>江苏>浙江,其失配度值均在 0.2～0.4 之间,属于中度失配;2005 年,浙江省与江苏省失配度值接近一致,是区域发展的转折年份,其后年份浙江省协调发展度值超江苏省,低失配发展趋势快于江苏省,但均低于上海市经济与环境的协调发展速度。

(3)区际内部差异分析。从经济能级、经济联系以及产业协同发展三个方面将长三角地区城市群空间格局分为上海凝聚团(上海、苏州、无锡、常州、南通、盐城、嘉兴和湖州)、南京凝聚团(南京、扬州、淮安、镇江、泰州、徐州、连云港和宿迁)、杭甬凝聚团(杭州、宁波、绍兴、舟山、台州、金华、衢州、温州和丽水)。计算上海凝聚团、南京凝聚团、杭甬凝聚团三个区域内部各城市的经济与环境系统失配度历年的标准差和变异系数(图 6-3-2)。就三个城市群凝聚团内部绝对差异来看,呈现出波动式扩大趋势,表明城市系统失配度在一定时期内得到改善,但区域内部差异在增大。其次,从相对差异来看,呈现阶段发展态势,2000 年以来区域差异不断扩大。综合标准差和变异系数表明长三角内部的系统失配差异呈扩大趋势。

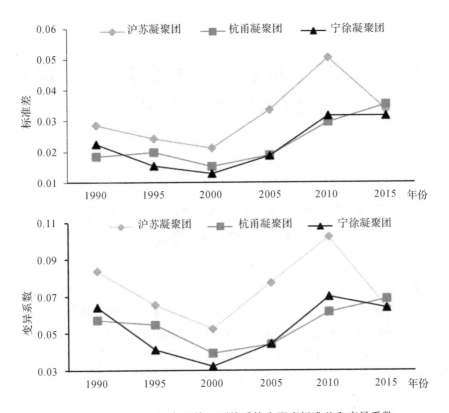

图 6-3-2　1990—2015 年经济—环境系统失配度标准差和变异系数

第七章 长三角基本公共服务、居住环境的失配度时空过程

第一节 长三角地区城市群基本公共服务的失配度格局演变

随着经济全球化和区域一体化的深度发展,长三角地区城市群已成为我国经济最迅速、最重要的地区之一,亦呈现出世界第六大城市圈的发展趋势。尽管长三角区域一体化进程强劲,但由于长期以来的自然资源、行政壁垒、文化传统、历史等原因,导致其社会经济发展水平差距增大的趋势,尤其是经济发展的不平衡导致的基本公共服务的差异。基础设施是一个相互衔接、相互配合的运作整体,而长三角地区在港口、机场等大型基础设施的布局中,具有强烈的地方化特点,缺乏统一规划与协调配合,城市之间存在严重的重复建设和恶性竞争问题,导致其公共基础设施难以完全实现共建共享,使基本公共服务处于非均衡发展态势,也使其经济发展水平与发展阶段存在不相匹配状态。另外,长三角地区基本公共服务设施过度集中问题也非常凸显,核心城市与辐射城市在基本公共服务的数量与质量上已存在严重的失配问题,因此对其展开研究显得尤为紧迫。

国外公共服务的研究焦点主要是均等化问题,目前对于基本公共服务实践的分析与探讨主要集中在理论内涵、制度保障、指标体系、供给模式和综合测度等方面。Zhirong Jerry Zhao[1]利用 1978—2006 年数据从财政均等化视角探讨中美基本公共服务的差别,揭示了中国财政分权和省域间的不均等现

---

① 孙玉妮. 基本公共服务均等化问题研究综述[J]. 辽宁行政学院学报,2010,12(12):16-18.

象;Jianzhao Z[①]从政府经验视角,分析基本公共服务绩效评估的政策要点并提出了绩效评估的空间测度模型;Kim S[②]从全球视角出发,创新性地提出了基于服务全部人口的公共服务测度标准和方法等。国内目前主要从财政学、政治经济学等视角研究基本公共服务,而基于区域差异视角的基本公共服务研究尚有待进一步深化。李敏纳[③]从经济学视角,运用泰尔指数、基尼系数等方法,对 1990 年以来的中国各省区社会性公共服务水平和区域差异进行综合测度并对其演变特征和驱动机制进行系统的分析;马慧强[④]围绕基本公共服务的内涵进行探讨并运用熵值法对中国 286 个城市进行了系统分析;杨帆[⑤]等从财政事权视角运用熵值法对新疆基本公共服务的水平进行综合测度并分析了导致差异的原因;史卫东[⑥]以山东省为例,运用集对分析模型评价了基本公共服务的质量并对其空间格局进行了分析。总结以往研究可知,鲜有学者从失配度视角对基本公共服务的区域差异进行探讨。基于此,本书将生态学研究中的健康距离模型引到基本公共服务失配度的研究中,以长三角城市群为案例单元,对 1990—2015 年长三角地区城市群基本公共服务失配度的时空格局演化态势进行分析。

一、基本公共服务失配度评价、分级与诊断

(一)数据标准化与指标权重赋值

结合基本公共服务源数据,根据数据标准化和指标权重相关计算公式,计算得到长三角地区城市群基本公共服务失配指标体系权重,如表 7-1-1 所示。

---

① Jianzhao Z,Pan H. Research on Basic Public Service's Policy Main Points and Space Model of Performance Evaluation:Based on Empirical Construction Under the Perspective of Government Subject [J]. Urban Planning International,2013,1- 6.

② Kim S,Vandenabeele W, Wright B E. Investigating the Structure and Meaning of Public Service Motivation across Populations:Developing an International Instrument and Addressing Issues of Measurement Invariance[J]. Journal of Public Administration Research and Theory,2013,23:79-102.

③ 李敏纳,覃成林,李润田. 中国社会性公共服务区域差异分析[J]. 经济地理,2009,29(6):887-893.

④ 马慧强,韩增林,江海旭. 我国基本公共服务空间差异格局与质量特征分析[J]. 经济地理,2011,31(2):212-217.

⑤ 杨帆,杨德刚. 基本公共服务水平的测度及差异分析——以新疆为例[J]. 干旱区资源与环境,2014,28(5):37-42.

⑥ 史卫东,赵林. 山东省基本公共服务质量测度及空间格局特征[J]. 经济地理,2015,35(6):32-37.

表 7-1-1　基本公共服务失配度指标权重

维度层	要素层	指标层	权重
基本公共服务体系	教育文化(0.1085)	每十万人博物馆数	0.0639
		每十万人高校数	0.0333
		人均图书数	0.0113
	医疗卫生(0.1275)	万人医生数	0.05
		万人床位数	0.0775
	休闲娱乐(0.2056)	万达广场数	0.0507
		每十万人影剧院数	0.0545
		每十万人体育场馆数	0.1004
	交通优势度(0.3878)	交通网络密度	0.1413
		交通干线影响度	0.0863
		区位优势度	0.1602
	社会保障(0.1706)	基本城镇医疗保险参保率	0.0583
		基本城镇养老保险参保率	0.0684
		基本失业保险参保率	0.0439

（二）基本公共服务失配度测算

结合长三角地区城市群基本公共服务的源数据,运用健康距离模型,计算得到 1990 年—2015 年长三角地区两省一市的基本公共服务失配度计算值（表 7-1-2）。

表 7-1-2　1990—2015 年长三角地区城市群基本公共服务失配度

城市	1990	1995	2000	2005	2010	2015	城市	1990	1995	2005	2010	2015
上海市	0.8029	0.8465	0.8907	0.8823	0.8098	0.4321	无锡市	1.1151	1.0928	1.0164	0.9522	0.6385
杭州市	1.0717	1.0205	1.0245	0.9319	0.7477	0.2707	徐州市	1.2519	1.2233	1.2172	1.1183	0.8168
宁波市	1.2099	1.1689	1.1565	1.0388	0.8285	0.4288	常州市	1.147	1.1084	1.024	0.9525	0.6456
嘉兴市	1.2944	1.2619	1.2201	1.1133	0.8831	0.5789	苏州市	1.1323	1.0932	1.0089	0.984	0.5775
湖州市	1.2312	1.1931	1.167	1.0922	0.9522	0.6343	南通市	1.3488	1.3334	1.1284	1.0562	0.7615
绍兴市	1.2458	1.2149	1.2199	1.0843	0.9839	0.6805	连云港	1.3678	1.336	1.2715	1.1819	0.9532
舟山市	1.1481	1.0879	1.0719	1.0311	0.9136	0.5665	淮安市	1.2173	1.1869	1.1369	1.0354	0.7449

城市	1990	1995	2000	2005	2010	2015	城市	1990	1995	2005	2010	2015
温州市	1.2984	1.2755	1.2485	1.1661	1.0852	0.8361	盐城市	1.2553	1.1901	1.2094	1.0898	0.8831
金华市	1.2398	1.1876	1.1676	1.1185	0.9874	0.6526	扬州市	1.3099	1.1828	1.2441	1.1603	0.8593
衢州市	1.2501	1.241	1.1989	1.1704	1.0603	0.8533	泰州市	1.2748	1.2359	1.235	1.1568	0.8361
台州市	1.3187	1.276	1.2394	1.1709	1.0484	0.7797	镇江市	1.1941	0.9916	1.151	1.0377	0.7897
丽水市	1.2583	1.2357	1.2469	1.2215	1.0373	0.9619	宿迁市	1.1601	1.1033	1.1028	1.0114	0.7373
南京市	0.9601	0.934	1.0512	0.9629	0.9311	0.5718						

（三）基本公共服务失配度的判定与分级

本章运用相对综合健康距离 HD 的大小来衡量城市基本公共服务失配度，参照李雪铭、赵林、方创琳等分类标准的基础上，采用 Arc-GIS 几何间隔法，将长三角地区 25 个城市基本公共服务失配度分为 5 个等级（表 7-1-3），以此用来衡量城市基本公共服务在发展过程中出现失配现象的趋势和程度。

表 7-1-3 长三角城市群基本公共服务失配度综合测度分级标准

城市基本公共服务类型	阈值	特征
基本公共服务优秀	$0 \leqslant HD \leqslant 0.6839$	基本公共服务服务配置水平很高，各方面发展均衡
基本公共服务良好	$0.6840 \leqslant HD \leqslant 1.0023$	基本公共服务服务配置水平较高，相对均衡
基本公共服务低度失配	$1.0024 \leqslant HD \leqslant 1.1506$	基本公共服务服务结构破坏、功能失调，整体功效减弱
基本公共服务中度失配	$1.1507 \leqslant HD \leqslant 1.2196$	基本公共服务服务受到较大破坏，功能退化
基本公共服务重度失配	$1.2197 \leqslant HD \leqslant 1.3678$	基本公共服务服务结构极不合理，功能丧失

二、基本公共服务失配度的时空特征演变

（一）基本公共服务时间演变特征分析

（1）总体特征分析。根据图 7-1-1 所示，基本公共服务失配度整体上呈降

低的趋势,呈现出由重度失配向适配的方向转变,基本公共服务总体配置状况向均衡化方向发展。根据表 7-1-3 可以看出,长三角地区 25 个城市 1990 年以来,基本公共服务失配度均呈现不同程度的下降趋势,如图 7-1-1 所示。从长三角地区城市基本公共服务失配度平均值视角观察,1990 年为 1.204,属于中度失配,到 2015 年下降到 0.7,基本公共服务已达到良好水平,则长三角地区城市基本公共服务失配度降低效果明显。另外,从各失配等级所占的城市比例而言,1990 年重度失配的比例高达 52%,除上海、南京之外,均为城市基本公共服务失配,到 2015 年,长三角地区城市基本公共服务失配已基本消失,均为基本公共服务良好和优秀城市。因此,整体而言,长三角地区城市基本公共服务失配呈现明显降低趋势,且向良好或优秀基本公共服务态势发展。

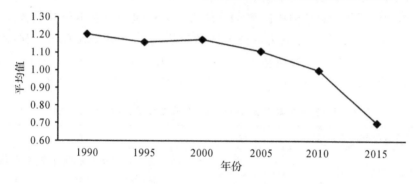

图 7-1-1　长三角地区城市群基本公共服务失配度均值

(2)区域差异分析。长三角地区城市群基本公共服务失配度差异变化呈现波动态势。依据基本公共服务失配度评估得分,结合发展经济学中测度收入差异的极差、标准差和变异系数方法的计算公式,可以得出相应数值折线图(图 7-1-2)。可知,长三角地区 25 个城市的基本公共服务失配度的极差呈现先降低后上升的态势,表明城市之间的基本公共服务失配度的差距由不断缩小向不断扩大的趋势。标准差是对城市基本公共服务失配度绝对差异的反映。标准差由 1990 年极差值为 0.565 降低到 2005 年的 0.389,表明 25 个城市的基本公共服务失配度区域间的绝对差异呈现缩小的趋势;2005 年之后,区域间的绝对差异有所上升,呈现不断扩大的趋势。而变异系数是参数基本公共服务失配度相对失配度的反映,变异系数呈现波动上升的趋势,但上升幅度较小,表明长三角地区城市基本公共服务失配度区域相对差异呈现不断扩大的趋势。以上分析可知,长三角地区城市基本公共服务失配度整体状况得到很大程度的改善,但地区之间的差距却成扩大的趋势,且城市之间的失配度降低的程度逐年加大的发展态势。综上,长三角地区基本公共服务失配度随时间由区域差异不断减小、高失配的格局向区域差异扩大、优良的格局演进。

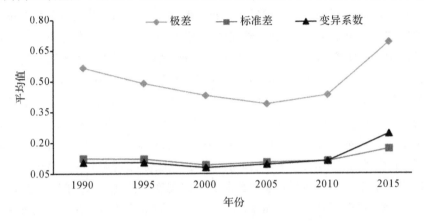

图 7-1-2 1990—2015 年基本公共服务失配度极差、标准差、变异系数折线

(3)阶段性特征分析。根据基本公共服务失配度值的变化特点,长三角地区城市基本公共服务失配度时间序列上呈现明显的阶段性特征。根据基本公共服务失配度结果显示,长三角地区基本公共服务失配度大致分两个阶段特征:高失配度主导阶段(1990—1995 年)、中度失配优势阶段(1995—2005 年)和低度失配阶段(2005—2015 年)。其中,高失配度主导阶段以重度和中度失配主导,中度和重度失配的城市占比达到 76%;失配徘徊阶段中中度失配和重度失配依然是主体,但与前一阶段相比,重度失配的城市数量不断降低,部分城市出现反弹,基本公共服务配置良好的城市不断涌现并维持在稳定的态势,成为未来发展的趋势;低度失配阶段多以良好、优秀基本公共服务占据主导地位,其到 2015 年城市基本公共服务良好以上的城市达到 100%。

(二)基本公共服务失配度空间格局特征分析

根据计算得出的基本公共服务失配度的值,并依据基本公共服务失配度类型划分,绘制出长三角地区城市群基本公共服务失配度空间格局演变。

(1)总体演变特征。①长三角地区城市基本公共服务失配度空间分布格局呈现高度失配主导格局向低度—良好失配均衡格局演进的态势。1990—1995 年重度失配和中度失配的城市占据长三角地区 76%的区域,2000 年以后,高度失配和中度失配的区域快速减少,低度失配和基本公共服务配置良好的区域面积不断扩展,空间格局由基本公共服务结构涣散、功能失调的低水平均衡向结构完整、功能高效的高水平均衡态势演进。②基本公共服务失配度的空间格局呈现出明显的反"K"字形,即失配度呈现由核心向两翼逐渐增大的趋势,这与长三角地区经济格局(一核五圈四带),而基本公共服务失配度较高的区域的城市数量与距核心、轴线的距离呈相关关系,即愈是远离核心和经济发展轴线的距离其基本公共服务配置愈低,表明长三角地区经济格局对基本公共服务失配度空间格局的影响较大,这也证明了经济越是发达的地区,城市的物质供给的能力在一定程度上能够满足人的需求,则供给与需求是相匹配的,其城市人居环境也是适宜居住的。③基本公共服务失配空间格局呈现出由中心区域向苏西北、浙西南方向衰减的块状聚居结构。上海、杭州、宁波、绍兴、苏州、南京、常州、无锡等城市的基本公共服务配置水平一直高于全省其他地区,形成长三角地区城市基本公共服务失配度低值区的核心圈层;宿迁、徐州、连云港、淮安、泰州、镇江、丽水、衢州、台州等城市的基本公共服务配置水平远远低于中心圈层,形成以苏北、浙西南被核心区域隔开的两大高失配块状结构,整体上看构成一体两翼("一体"带动"两翼"公共服务水平的发展)分布格局。

(2)省际格局演变特征分析。图 7-1-3 可知,省际基本公共服务失配度的平均值呈现不均衡发展态势。从失配度角度观察,1990 年浙江省基本公共服务失配度平均值大于江苏省,其中浙江省为 1.233,为重度失配,江苏省失配度平均值为 1.2103,属中度失配;到 2015 年,江苏省基本公共服务失配度平均值大于浙江省,为 0.755,属于基本公共服务良好。从整体来看,浙江、江苏两省的基本公共服务失配度平均值均处于下降趋势,但就其下降幅度而言,浙江省大于江苏省。

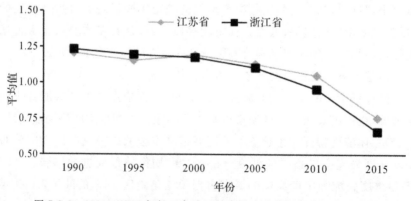

图 7-1-3 1990—2015 年长三角地区城市基本公共服务失配度均值图

（3）省际内部差异比较。根据浙江省、江苏省的基本公共服务失配度,计算其历年的标准值和变异系数,如图 7-1-4 所示。根据图 7-1-4 中标准差可知,江苏、浙江两省的基本公共服务失配度的绝对差异均呈现浮动式扩大趋势,这表明了长三角地区基本公共服务配置水平在逐年提高,失配状况在得到改善,但其区域内部城市之间的绝对差异在逐年变大。由变异系数可知,江苏、浙江两省相对差异亦呈现波动扩大趋势。综述以上表明长三角地区省际内部的基本公共服务失配差异逐年增大。

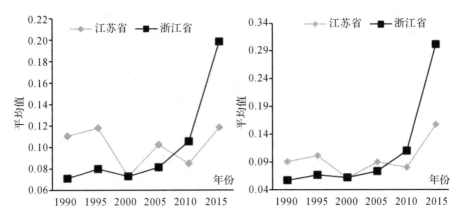

图 7-1-4　1990—2015 年长三角地区分省基本公共服务失配度标准差和变异系数

三、基本公共服务失配度要素分析

城市基本公共服务五大要素的综合健康距离对基本公共服务产生直接影响。图 7-1-5 显示可知,1990—2015 年长三角地区五大要素系统健康距离均呈现降低态势,但降低幅度略有不同。（1）医疗卫生要素健康距离综合评价值由 1990 年的 1.2761 降低到 2015 年的 0.8087,降幅达到 36.63%,表明长三角地区医疗卫生服务机构(如三甲级医院数量、卫生机构等)在地区的分布更加趋于合理,但医疗卫生要素的综合健康值依然较高,说明目前长三角地区医疗卫生机构的布局还是具有核心聚集效应以及医疗资源的浪费等问题存在。长三角地区的核心城市或省级城市的甲级以上医院、床位数占区域总量的35% 和 28%。（2）交通优势度要素的综合健康距离由 1990 年 1.1663 下降到2015 年的 0.8661,降幅为 29.89%。说明交通网络密度、交通干线影响度和区位优势度均具有从核心向周边城市递减的趋势。长三角地区交通区域一体化建设已初具规模,铁路、机场、高速公路和国道不仅在区内形成一小时经济圈,更拓宽了区际之间的联系,扩大了经济腹地范围。(3)教育文化、社会保障属于低失配缓慢递减趋势,休闲娱乐属于高失配的小幅波动降低趋势:休闲娱乐子系统的健康距离由 0.994 下降到 0.703;教育文化子系统由 0.27 下降到 0.206;社会保障子系统由 0.606 下降到 0.411。休闲娱乐要素综合健康距离由 1990 年的 0.994 下降到 2015 年 0.7033,降幅为 29.24%,说明长三角地区休闲娱乐设施(影院、博物馆、酒吧、足球场等)空间布局更加合理化,能够在一定程度上满足居民的精神文化需求。社会保障和教育医疗两个要素综合健康距离呈现出小幅波动的下降趋势,说明长三角地区社会保障覆盖面较大和教育文化体系比较健全。

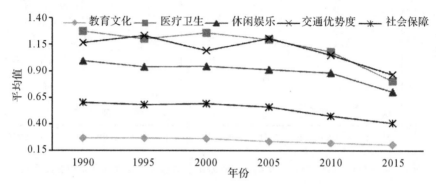

图 7-1-5　长三角地区城市群基本公共服务各子系统的综合健康距离

第二节　长三角地区城市群居住环境失配度演变分析

一、居住环境失配度的评价、分级与诊断

居住环境是生存发展最基本的生活条件。随着户籍制度改革深入和城市化进程的加速,城市化率由 1978 年的 17.92% 增长到 2015 年的 56.1%,中国已然进入了城市化社会。但高速城市化推进经济社会发展过程中,出现了速

度与质量"冒进式"①②,引发了环境污染、交通拥堵、房价收入比过高和绿色空间不足等一系列居住环境问题③,影响了城市居民生活品质的提升和新型城市化建设的方针,现已成为老百姓、学术界和政府共同关注的焦点。因此,研究不同城市居住环境的现状和特征,找出关键和共性问题,对于推进长三角地区新型城市化和解决新时期居住环境问题具有重要的现实意义。

居住环境指围绕居住和生活空间的各种环境的总和,包括自然环境、空间布局、服务设施和人文环境④等,其研究尺度有包括独立的城市或城市内部的街道、社区和建筑等层面,范围也主要集中在城市的物质和经济社会环境等方面⑤⑥。随着人文主义的兴起,居住环境理念由早期的只关注建筑、街道等物质环境向注重人的尺度、人的需求角度转变⑦。

目前,关于居住环境的评价研究主要集中在:(1)居住环境评价指标体系的构建,涉及单指标评价和综合评价指标的分析、选取以及评价和判断方法等,如宜居性⑧、安全性⑨、健康性、舒适性和优越性⑩等指标探讨和分析;(2)不同研究尺度下居住环境类型区的识别和评价⑪;(3)城市内部不同空间居住环境的异质性分析;(4)从居民价值意识空间差异视角,对城市居住环境物质设施现状的满意度与距离、设施数量等的关联分析;(5)基于不同居民属性对居住环境的认同感和融合评价。基于以上研究可以发现,鲜有从失配度视角对城市居住环境进行探讨和分析。因此,本书以长三角城市群为例,从失配度视

---

① 姚士谋,陆大道,王聪,等.2011.中国城镇化需要综合性的科学思维:探索适应中国国情的城镇化方式[J].地理研究,30(11):1947-1955.

② 湛东升,张文忠,党云晓,等.中国城市化发展的人居环境支撑条件分析[J].人文地理,2015.30(1):98-104.

③ 中国发展研究基金会.中国人类发展报告[M].北京:中国对外翻译出版公司,2005.

④ 张文忠.城市内部居住环境评价的指标体系和方法.地理科学,2007,27(1):17-23.

⑤ 党云晓,余建辉,张文忠,等.环渤海地区城市居住环境满意度评价及影响因素分析[J].地理科学进展,2016,35(2):184-194.

⑥ Asami Y. 2001. Residential environment: methods and theory for evaluation[M]. Tokyo: University of Tokyo Press.

⑦ 张文忠,余建辉,李业锦,等. 2015. 人居环境与居民空间行为[M]. 北京:科学出版社.

⑧ 张文忠.宜居城市的内涵及评价指标体系探讨[J].城市规划学刊,2007(3):30-34.

⑨ 余建辉,张文忠,王岱,等.基于居民视角的居住环境安全性研究进展[J].地理科学进展,2011,30(6):699-705.

⑩ 日笠端.都市挽划(日文)[M].东京:共立出版,1977.

⑪ 谌丽,张文忠,李业锦,等.北京城市居住环境类型区的识别与评价[J].地理研究,2015,34(7):1331-1342.

角对城市群内部不同区域居住环境时空格局的变化趋势进行分析。

（一）数据标准化与指标权重赋值

结合居住环境源数据，根据数据标准化和指标权重相关计算公式，得到长三角地区城市群居住环境失配度指标体系权重，如表 7-2-1 所示。

表 7-2-1　长三角地区城市群居住环境失配度指标权重

维度层	要素层	指标	权重
居住环境失配度	居住条件（0.2306）	人均住房面积（m²）	0.1303
		房价收入比（%）	0.0904
		人口密度（人/km²）	0.0099
	社会稳定度（0.1758）	城乡居民收入比	0.0418
		城镇登记失业率（%）	0.0846
		居民受教育度（%）	0.0494
	社会包容度（0.0688）	外来人口比重（%）	0.0688
		万人刑事案件数（件）	0.0503
		万车死亡人数（人）	0.0823
	公共安全度（0.3430）	避难设施占建设用地比重（%）	0.0849
		人为灾害预防	0.1255
	文化丰厚度（0.1817）	文物古迹	0.0854
		传统艺术	0.0963

（二）基本公共服务失配度测算

结合长三角地区城市群居住环境的统计数据，运用健康距离模型方法，得到 1990—2015 年长三角地区 25 个地级市的居住环境失配度计算值（表 7-2-2）。

表 7-2-2　1990—2015 年长三角地区城市群居住环境失配度

失配度	1990	1995	2000	2005	2010	2015	失配度	1990	1995	2000	2005	2010	2015
上海市	1.7865	1.4595	1.6196	1.9847	2.3341	2.5967	无锡市	1.5230	1.6572	1.2737	1.5432	1.4456	1.0472
杭州市	1.6036	1.9159	1.8306	1.8274	1.5899	1.3060	徐州市	1.4611	1.3178	1.0635	1.4368	1.3616	1.0851
宁波市	1.6046	1.2269	1.3013	1.8386	1.6007	1.0953	常州市	1.6684	1.3335	1.4010	1.6742	1.1456	0.9282
嘉兴市	1.6313	1.3430	1.4882	1.4925	1.2562	1.1036	苏州市	1.2590	1.2657	1.3666	1.9824	1.4021	1.1707
湖州市	1.3782	1.2557	1.3162	1.4353	1.2860	1.0868	南通市	1.4250	1.4481	1.4197	1.4168	1.5564	0.9646

续表

失配度	1990	1995	2000	2005	2010	2015	失配度	1990	1995	2000	2005	2010	2015
绍兴市	1.3878	1.3024	1.4837	1.8558	1.4838	1.0414	连云港	1.0741	1.1601	1.5447	1.7782	1.3734	1.5222
舟山市	1.5731	1.4564	1.4535	1.8110	1.6555	1.0104	淮安市	1.3437	1.5747	1.7145	1.6992	1.7468	1.4239
温州市	1.8135	1.6912	1.7215	1.7939	1.7719	1.3947	盐城市	1.3533	1.2181	1.2098	1.2847	1.2759	1.3339
金华市	1.3408	1.3928	1.5592	1.5500	1.5456	1.2030	扬州市	1.7213	1.4069	1.4213	1.4641	1.5205	1.2526
衢州市	1.5245	1.5968	1.4195	1.3128	1.7599	1.4742	泰州市	1.2005	1.1225	1.3539	1.5694	1.5189	1.3002
台州市	1.4424	1.2939	1.5314	1.9615	1.9503	1.2154	镇江市	1.6139	1.5826	1.4710	1.6316	1.6152	1.2101
丽水市	1.2827	1.3122	1.0816	1.5220	2.0256	1.6167	宿迁市	1.3123	0.9041	1.2333	1.5712	1.5737	1.2554
南京市	1.6445	1.5789	1.6963	1.9144	1.3386	0.9915							

（三）居住环境失配度判定与分级

本章运用健康距离模型来衡量城市居住环境失配度,参考李雪铭、赵林和方创琳等失配以及协调发展分类标准,在 ArcGIS10.2 软件中运用几何间隔法把居住环境失配度划分为 5 个等级,其居住环境等级阈值和特征如表 7-2-3 所示。

表 7-2-3 城市群居住环境失配度分级标准

城市基本公共服务类型	健康距离值	特征
居住环境优秀	$0.9041 \leqslant HD \leqslant 1.1581$	具有浓郁的历史文化传承,特色的文化氛围,社会包容性强和良好的居民素养,房价收入比适中,具有较强的城市活力
居住环境良好	$1.1582 \leqslant HD \leqslant 1.3201$	房价收入比适中,生活关联设施的满意度高
居住环境低度失配	$1.3202 \leqslant HD \leqslant 1.5741$	房价收入比畸形发展,供需均衡发展被打破
居住环境中度失配	$1.5742 \leqslant HD \leqslant 1.9723$	房价的升幅远远大于居民收入增幅
居住环境重度失配	$1.9724 \leqslant HD \leqslant 2.5967$	房价收入比严重失衡,人口拥挤,城市环境问题严重

二、居住环境失配度的时空演变

（一）长三角地区城市群居住环境失配度时序特征分析

（1）总体趋势。根据长三角地区城市居住环境失配度值(图7-2-1)可知，长三角城市群城市居住环境失配度整体呈现横"N"波动态势，处于低度失配状态。就失配度均值而言，近25年来，长三角地区25个城市居住环境失配度呈现先上升后下降的波动态势。1990—2005年，城市居住环境失配度均值整体呈现上升趋势，由低度失配向中度失配发展，表明长三角地区经济发展出于高速增长期，城市土地扩张范围不断扩大，冒进式的扩张使数量和质量出现失配扩大趋势，主要表现在房地产市场迅速繁荣，房价价格增长速率与居民家庭收入增长速率呈幂级扩大，居民房贷压力增长。同时高速城镇化过程中，随着城市边界的无序扩张、外来流动人口大潮的涌入，历史文物建筑、传统文化特色逐渐消失，城市公共安全(城中村居住环境)隐患增加。2005—2015年，城市居住环境失配呈现中度失配向良好居住环境方向转型。随着户籍制度改革的深入，城乡二元体制不断弱化，流动人口对城市的认同更加强烈，社会的包容度更高，以及义务教育普及力度的加大和经济社会转型过程中对高素质人才的需求增加，大城市常住人口的大学生及以上人口比重增长明显。另外，国家针对高需求高增长的房地产市场进行宏观调控，房价上涨态势得到了抑制。针对长三角地区历史文脉的传承国家和地方均出台了不同的保护措施，如2015年，国务院对长三角各市定位中把无锡、南京、扬州、宁波和绍兴等定位为国家历史文化名城，而无锡、扬州、绍兴和常州等地被定位为旅游城市等。因此，在新形势下长三角城市居住环境不断向良好的方向发展。

（2）发展趋势类型分析。从图7-2-1可知，结合区域经济发展水平，将居住环境可以分为三种发展类型：高水平的重度失配型、高水平中度失配型和低水平低失配居住环境型。①以上海市为代表的高水平重度失配类型，经济发展速度快，发展水平高，随之而带来的高人口密度、高房价、高收入差距比以及低人均住房面积、历史文脉延续受到外来(国际)文化的影响大等一系列问题，尤其是房价收入比(国际惯例3～6倍)位于合理区的高位，2015年高达16.84，是合理范围的2.8倍，致使上海市近十年一直处于高失配发展态势。②以杭州、宁波、温州、嘉兴、绍兴、舟山、台州、南京、苏州、无锡、常州、镇江和扬州等13个城市高水平中度失配类型，这13个城市是长三角地区早期工业发展基地和港口城市，工业化水平高，近年来面临经济转型发展，开始注重房

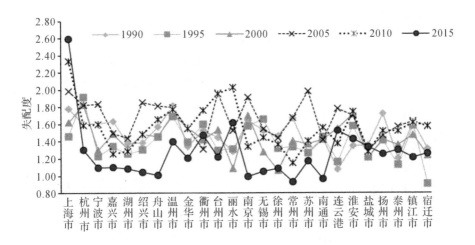

图 7-2-1　长三角城市居住环境失配度指数折线图

价的调控、居民物质生活设施和安全建设以及历史文脉的传承等,居住环境失配度持续降低。③以丽水、衢州、宿迁、淮安、徐州、湖州、连云港、金华、泰州、南通和盐城等 11 个为城市低发展水平的中—低度失配型,这 11 个城市位于长三角核心经济圈的边缘地带,经济处于快速发展期,土地开发力度逐年加大,房价收入比呈现畸形发展,发展的红利被弱化,居住环境持续保持低水平的发展态势。

　　(3)区域差异变化分析。结合城市居住环境失配度值的极差、标准差和变异系数(图 7-2-2)可知,城市居住环境失配度区域差异呈不断扩大趋势。长三角地区城市居住环境失配度值的极差呈现阶段性特征:先缓慢减小后迅速增大,表明 1990—2005 年长三角地区城市居住环境失配度差距不断缩小,2005年以后城市居住环境失配度迅速扩大;标准差亦称绝对差异,以 2000 年为节点呈现出阶段波动上升趋势,说明居住环境失配城市之间的绝对差异亦呈现增大趋势;变异系数则以 2005 年为节点呈现阶段性波动上升趋势,表明长三角地区城市居住环境之间的相对差异不断扩大。说明长三角地区城市居住环境以 2005 年为节点由均衡性发展向极化方向发展。20 世纪 90 年代以来,长三角地区经济现代化发展处于初级阶段,区域发展相对均衡,城市居住环境差异较小。党的十四大明确提出实施以上海浦东开发开放为龙头,带动长江三角洲和整个长三角流域地区经济的新飞跃的战略部署,逐步形成以一核两翼的发展格局,核心与边缘地区的居住环境失配度差距呈逐年扩大的趋势。综合而言,长三角地区城市居住环境失配度随时间由区域差距较小、中度失配的格局向区域差距大、低失配的格局演进。

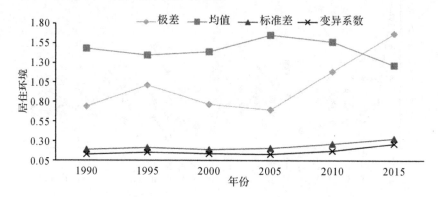

图 7-2-2　1990—2015 年居住环境失配度极差、均值、标准差和变异系数

(二)长三角地区城市群居住环境失配度空间格局演变特征分析

根据居住环境源数据计算得出长三角城市居住环境失配度值,依据健康距离分类标准进行分类。运行 ArcGIS10.2 软件的空间分析模块绘制出长三角地区城市居住环境失配度空间格局演变。

(1)总体特征分析。城市居住环境失配度空间格局总体上呈现出由高失配主导向适配主导方向演变,长三角地区城市居住环境不断改善,更加具有人文气息。但上海市因高速城市化伴随而来的是房价飙升、道路安全和治安管理难、社会稳定弹性系数小和历史文脉传承难等问题,一直处于高度失配状态。1990—1995 年,城市居住环境失配度向适配方向转换,并且居住环境良好由中心向"两翼"递增。随着时间演进,1995—2010 年城市居住环境失配区域增多,且呈现出空间聚居的特点,南部以杭甬和温台为核心的高失配集聚区,中部以宁常和沪苏为核心的高失配中集聚中心。2010—2015 年,长三角城市居住环境低失配或适配发展趋势凸显,呈现出由中心向边缘增大。

(2)省际格局演变特征分析。从省际城市居住环境失配度均值(图 7-2-3)变化趋势可以看出,呈现波动变化趋势,其中江浙两省呈现"N"字形格局,上海是先减小后增大变化趋势。就居住环境失配度整体而言,上海市均大于江浙两省。1990—1995 年,两省一市均处于降低变化趋势,但浙江省均处于低度失配状态,变化幅度小;江苏省处于低度失配向适配良好趋势演变;上海市则由中度失配向低度失配方向演化。1995—2005 年两省一市居住环境失配

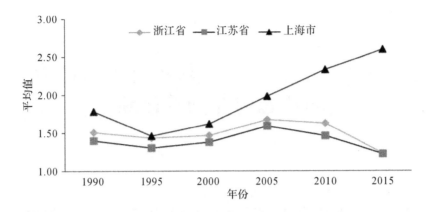

图 7-2-3　长三角地区城市群居住环境失配度均值变化趋势

度均值均处于增长态势,江浙两省均向中度失配方向演化,上海市则向重度失配方向变化。2005—2015 年两省一市居住环境失配度均值呈现两种不同的变化趋势:江浙两省呈递减变化趋势,由中度失配向适配良好方向变化;上海市呈现单核凸起态势,城市居住环境失配度一直处于重度失配状态。总体而言,长三角地区居住环境失配度呈现一核向两翼递减发展态势,表明上海市的居住环境在某些方面趋于不合理态势,如高房价加剧了普通居民的经济压力,降低了其消费能力和迫使高科技人才外流。

(3)区际差异特征分析。根据城市经济能级、经济联系和产业协同发展三方面将长三角地区分为沪苏凝聚团、宁徐凝聚团、杭甬凝聚团三大城市群空间格局。根据相关公式计算出沪苏凝聚团、宁徐凝聚团、杭甬凝聚团三大区域城市居住环境失配度的标准差和变异系数。长三角地区三个城市凝聚团失配度的绝对差异来看,呈现出浮动式扩大趋势,表明区域内部城市之间的绝对差异在变大。其中沪苏凝聚团的增长幅度是杭甬、宁徐凝聚团的 2.16、1.73 倍,表明沪苏凝聚团内部城市之间的差距要比杭甬、宁徐凝聚团内部城市之间的差距要大。从相对差异看,沪苏凝聚团内部城市的相对差异呈现持续扩大态势,杭甬和宁徐凝聚团的相对差异呈现波动式增长趋势。综合两者而言,长三角城市人居环境失配区域差异随时间不断扩大。

第八章　长江三角洲城市群人居环境
演化态势与问题诊断

第一节　城市群人居环境失配度的评价与分级诊断

一、人居环境失配度测算

结合长三角地区城市人居环境失配度的源数据,依据数据标准化和指标权重计算公式,得到人居环境失配度指标体系的权重。然后,运用健康距离模型得到1990—2015年长三角地区两省一市的人居环境失配度计算值(表8-1-1)。

表 8-1-1　1990—2015 年长三角地区城市人居环境失配度

城市	1990	1995	2000	2005	2010	2015	城市	1990	1995	2000	2005	2010	2015
上海市	2.1129	2.1228	1.9374	2.0224	1.8111	1.5908	无锡市	2.3464	2.6402	2.6774	3.5012	1.9749	1.3967
杭州市	1.4492	1.4397	1.5791	1.6566	1.1727	0.8853	徐州市	1.4073	1.2633	1.1646	1.3845	2.8685	2.1955
宁波市	1.3154	1.1799	1.1951	1.6581	1.5468	1.1435	常州市	1.7887	1.6201	1.5664	2.3775	1.4198	1.3526
嘉兴市	1.6309	1.5286	1.8496	2.2776	1.4122	1.7425	苏州市	1.4177	1.5775	2.2180	2.7340	2.6208	1.5957
湖州市	1.3270	1.3602	1.3562	1.4336	1.1149	1.1962	南通市	1.3802	1.2932	1.2582	1.5259	1.8288	1.2890
绍兴市	1.1983	1.2216	1.3091	1.4648	1.1473	1.0855	连云港	1.0389	1.0759	1.2466	1.4116	1.5156	2.7754
舟山市	1.4896	1.3555	1.3347	1.9259	1.5087	1.4040	淮安市	1.1799	1.3245	1.4583	1.4564	1.5034	1.4480
温州市	1.2861	1.1523	1.2268	1.2639	1.1739	0.9183	盐城市	1.1354	1.1113	1.0166	1.0817	1.0798	0.9511
金华市	1.1407	1.1714	1.2145	1.1809	1.0586	1.0357	扬州市	1.4946	1.4174	1.4419	1.8519	1.7737	1.3651
衢州市	1.1822	1.2022	1.0968	1.0592	1.1145	1.2422	泰州市	1.1839	1.2593	1.3017	1.5546	1.4653	1.7752
台州市	1.1951	1.1007	1.2313	1.3499	1.1791	0.8311	镇江市	1.5791	1.9028	2.2335	2.1110	1.4091	1.4106
丽水市	1.0661	1.0916	0.9549	1.0727	1.1709	0.0105	宿迁市	1.2905	1.0370	1.2233	1.4508	1.4551	2.4231
南京市	2.0095	2.1520	2.0342	1.9803	1.3689	1.1603							

二、人居环境失配度等级标准

基于已有研究基础,运用 ArcGIS10.2 软件中的几何间隔法把居住环境失配度划分为 5 个等级,分别为人居环境优秀、人居环境良好、人居环境低度失配、人居环境中度失配和人居环境重度失配(表 8-1-2)。

表 8-1-2　长三角城市人居环境失配度综合测度分级标准

城市人居环境分级	一级	二级	三级	四级	五级
	适配优秀	适配良好	低失配度	中失配度	重失配度
综合健康距离 HD	0.8311~1.1149	1.1150~1.3347	1.3348~1.7425	1.7426~2.3755	2.3756~3.5012

第二节　人居环境失配度的时空特征演变

一、长三角地区城市群人居环境失配度的时序演变分析

(一)总体特征分析

结合图 8-2-1 可知,1990—2015 年长三角地区城市群人居环境失配度整体处于平缓波动增长态势。(1)就长三角地区 25 个城市人居环境失配度平均值而言,人居环境失配度整体处于先增长后减小的平缓发展态势。可知以 2005 年为发展节点呈现二种不同的发展态势,即 2005 年,城市人居环境失配度达到极值,平均值为 1.7115。一是 1990—2005 年城市人居环境平缓增长态势。20 世纪 90 年代,以上海浦东开发为标志,长三角地区积极发展开始由内向型转向外向型发展,经济发展充满活力,对外开放程度不断加大,经济处于高速增长阶段。浦东开发不仅带动了经济的快速发展,而且使上海的基础设施建设不断完善,更加有利于居民出行,便利度逐渐提高。同时期的江浙两省,经济发展出现新的增长模式:苏南乡镇企业和浙江民营企业经济发展模式。粗放式的经济让长三角地区环境不堪重负,加上本地区的"先污染后治理"发展理念,出现了土地资源紧缺、土壤污染危害凸显、资源消耗剧增以及工业"三废"排放增加引起的雾霾、酸雨等气象灾害的发生,严重危害了居民的生产生活甚至生命健康。二是 2005—2015 年,长三角地区城市人居环境呈现下

降趋势。长三角地区开始在新常态经济条件下,"提质减速,转型发展"成为时代的主题。以产业结构为例,长三角核心地区产业结构不断转型升级发展,2006年三次产业结构比重为 4.1∶55.3∶40.6,第二产业比重仍然较高;到2015年三次产业结构为 2.8∶43.4∶53.8,第三产业也占比首次超过50%。经济增长效益带动居民收入稳步增加态势,呈现城乡居民收入与经济增长同步,农村居民收入增长快于城市居民,城乡居民收入差距不断缩小趋势。同时针对长三角地区突出的生态环境问题开展区域合作,联合进行污染治理和环境保护,推进长三角环境保护一体化措施。(2)从各失配等级所占比重来看,1990年,中度失配比重仅有16%,适配良好及以上占比达到52%;2005年出现重度失配,占比达到12%,适配优良下降,占比仅占2%;2015年重度失配占比8%,值得注意的是,2015年,适配优良的占比又回到了52%。综合而言,长三角地区城市人居环境失配度呈现波动态势,但区域整体发展态势呈良好趋势。

(二)发展趋势类型分析

从图 8-2-1 可知,长三角地区 25 个地级以上城市人居环境失配度指数时序演变模式分为以下 3 种:(1)城市人居环境失配度指数长期维持中—高失配发展态势,且波动性较小。代表性城市有上海、南京、苏州、无锡、常州、镇江、扬州和嘉兴等 8 个城市,城市人居环境失配度指数在 1.8658(中度失配)左右波动,说明苏南、上海地区的城市人居环境失配状况相对浙江较严重,且相对集中。苏州、无锡、常州、镇江和南京等作为"苏南模式"的核心区域,乡镇企业和工业化发达,其中苏南地区产业结构偏向第二产业,第二产业中重工业比重又较大,第三产业发育不足。在重工业主导的结构中,苏南地区实行的又是粗放式的经济发展模式,长期的积累,使本地区面临严重的土地资源紧张、环境污染,原生态消失以及人文环境破坏等一系列负面效应。(2)城市人居环境失配度指数整体处于低失配发展态势,具有不同程度的波动态势,呈现两种发展态势:一是由低向高再到低的发展模式,这类城市包括宁波、湖州、绍兴、舟山、连云港、淮安和泰州等 7 个城市;二是由高向低(或者再到高)的发展态势,包括杭州、徐州、南通、连云港和宿迁。(3)城市人居环境失配度指数处于优良发展态势,且波动性很小。这类城市有丽水、台州、衢州、金华、温州和盐城等 6 城市,人居环境失配度指数在 1.1208(适配良好)左右波动。这类城市处于长三角地区经济核心的边缘地带,经济发展开发程度相对较弱,加上大部分城市均位于丘陵和山地地带,交通条件不变,因此生态环境和人文环境基本保持原生态。

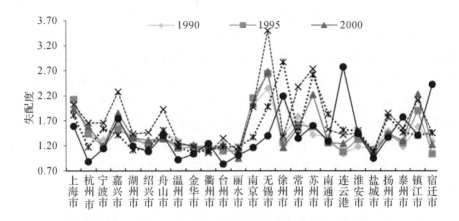

图 8-2-1　长三角地区城市群人居环境失配度指数折线图

（三）区域差异变化分析

结合城市居住环境失配度值的极差、标准差和变异系数（图 8-2-2）可知，城市人居环境失配度区域差异呈现波动扩大趋势。长三角地区 25 个地级以上城市人居环境失配度的极差呈现先上升后减小的波动上升趋势，表明其城市人居环境失配度差距整体在不断扩大，但在长三角区域化城市和一体化建设背景下，又呈现出区域差距不断缩小的趋势。就绝对差异来看，人居环境失配度标准差呈现增长态势。以 2005 年为节点，在这之前长三角地区城市差异扩大明显，其主要表现为经济发展速度和生态环境压力的差异，其中上海、苏南 5 市地区、浙北和温州地区是区域人口密度聚居最高、城市化发展最快和经

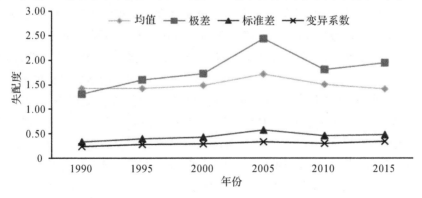

图 8-2-2　城市群人居环境失配度的均值、极差、标准差和变异系数折线图

济活力最强的区域。与此同时,核心区域也面临着区域资源和生态环境问题,表现为耕地资源短缺,土壤重金属污染严重,大气和水问题突出以及酸雨、雾霾等气象灾害频发等问题。2005 年以后,长三角地区随着生态文明建设、城市科学发展等因素,区域总体生态环境质量开始转好,经济与环境开始向协调方向发展,城市之间人居环境失配度差异逐渐减小。从相对差异来看,变异系数亦呈现上升的态势,表明地区之间的相对差异在逐渐扩大。可知,苏南城市群、上海、浙北城市群与浙西南城市群、苏北城市群之间的失配度差距明显增大。综合三者而言,长三角地区城市群人居环境失配度随时间由区域差距较小,低度失配格局向区域差距扩大、中度失配的格局演替。

二、长三角地区城市群人居环境失配度的空间分异特征

依据 1990 年、1995 年、2000 年、2005 年、2010 年和 2015 年 6 个时间断面的长三角城市人居环境失配度值,依据健康距离分级标准进行分类,运用 ArcGIS10.2 软件绘制出长三角地区城市居住环境失配度空间格局演变。

(一)总体特征分析

(1)人居环境失配度空间分布格局呈现低失配空间格局向高失配再向均衡发展格局演变的态势。1990 年人居环境适配良好和低度失配的城市占据主导,总量达到 76%,此后高失配和中度失配城市不断增加,到 2005 年达到顶峰,其中中—高失配城市占据长三角地区的 36%,而低度失配以上占比达到 80%。随着生态文明建设、经济提质减速和城市规划发展等,高度和中度失配城市逐渐减少,到 2015 年低度失配以下占比达到 84%,区域均衡化发展明显。(2)人居环境失配度呈现出空间极化现象。1990—2005 年,城市人居环境失配度以无锡为极值中心,随着时间范围逐步扩大到整个苏南地区以及上海市周边区域。20 世纪 90 年代以来,上海抓住浦东开发的重大战略决策,把上海打造成了国际经济、金融和贸易中心,同时期的苏南地区抓住浦东开发开放的机遇,全面引进外资,在乡镇企业的基础上发展外向型经济,其经济发展水平跃居全国领先水平。但经济发展却是以高污染、高消耗、低增加值的粗放式经济,使苏南和上海地区的人居环境水平迅速下降。2005—2015 年,极值中心发生转变,由苏南极值中心向以徐州、连云港和宿迁为中心的高失配区域。(3)长三角城市人居环境空间格局呈现两种趋势:"一体两翼"式中心向周围递减态势和由北部向南部递减趋势。1990 年,长三角地区人居环境失配度水平最高的城市为无锡、上海、南京、常州,呈现出中部偏高,"两翼"偏低的空

间格局形态。其次,南北方向江苏省高于浙江省,呈现出长三角北部地区城市向南部城市递减的趋势。2005年长三角地区人居环境失配水平最高的为无锡、常州和苏州,明显的呈现出中心向两极递减发展趋势。到了2015年,长三角地区人居环境失配水平最高的城市为宿迁、连云港、徐州,呈现江苏北部高失配,中部低度失配,南部优良的空间分布形态。

(二)省际格局演变特征分析

(1)由省际城市居住环境失配度均值(图8-2-3)趋势可知,呈现波动缩小趋势,向省际均衡方向发展,其中江浙两省均值变化呈倒"U"型。从失配度来看,1990—2015年上海市人居环境失配始终大于江浙两省,2005年之后上海和江苏之间人居环境失配度趋于一致。江浙两省之间人居环境变化趋势一致,均呈倒"U"型,但江苏省人居环境失配水平始终高于浙江省。上海市人居环境失配度随时间呈现逐渐下降趋势,由中度失配向低度失配趋势演进,变化幅度达到24.71%。江苏省人居环境失配度由低度失配向高度失配再向低度失配演进的趋势,但前期增长幅度大于后期减小幅度;浙江省人居环境失配度亦呈现由适配良好向低度失配再向适配良好的变化趋势,前期增长幅度小于后期减小幅度,使浙江省整体保持较低失配状态。(2)省内差异呈现持续扩大趋势。计算江苏省、浙江省内各城市的人居环境失配度历年的标准差和变异系数(表8-2-1)。就绝对差异来看,江浙两省内部绝对差异都呈现波动上升趋势,但江苏省的省内差异大于浙江省的内部差异趋势,表明江浙两省随着区域差异的扩大,江浙两省的内部差距也在变化,局部变现为苏南、杭甬等区域的极值化效应明显增强。从相对差异而言,江浙两省变异系数持续上升,但幅度

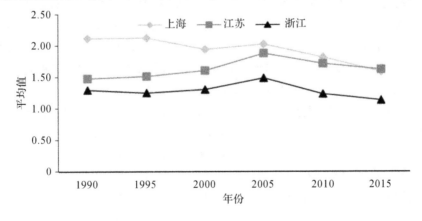

图 8-2-3 城市群人居环境失配度均值变化

较小,表明两省内部城市之间的差距缓慢增大。

表 8-2-1 城市群人居环境失配度标准差和变异系数

标准差	1990	1995	2005	2010	2015	变异系数	1990	1995	2000	2005	2010	2015
江苏省	0.3744	0.4695	0.6687	0.5126	0.5294	江苏省	0.2528	0.3102	0.3212	0.3560	0.2990	0.3256
浙江省	0.1686	0.1441	0.3736	0.1691	0.2620	浙江省	0.1299	0.1148	0.1835	0.2515	0.1368	0.2307

(三)区际差异分析

根据区域城市经济能级、经济联系和产业协同发展三方面将长三角地区分为沪苏凝聚团、宁徐凝聚团、杭甬凝聚团三大城市群空间格局。依据长三角人居环境失配度指数计算出沪苏凝聚团、宁徐凝聚团、杭甬凝聚团的标准差和变异系数,如图 8-2-4、8-2-5 所示。

从图 8-2-4 可知,长三角区域内部失配度绝对差异呈现不同的浮动变化,沪苏和杭甬凝聚团标准差均呈现先增大后减小的发展趋势,且沪苏和杭甬凝聚团内部城市失配度的绝对差异趋于一致,但沪苏凝聚团的绝对差异整体上大于杭甬凝聚团,表明沪苏和杭甬凝聚团内部经济联系密切,核心带动作用较强,区域发展逐步一体化。另外。沪苏和杭甬凝聚团经济发展基础良好,针对高速城市化过程中出现的问题进行不断反思,开始注重城市品质的提升,加大与人居环境有关的基础设施投资建设,调整产业结构,逐步转型升级,加大对第三产业的扶持力度和生态文明建设,城市居住环境大大改善。宁徐凝聚团标准差呈现浮动扩大趋势,表明宁徐凝聚团内部城市差距逐步扩大。首先,宁徐凝聚团内部存在经济差距,宁徐凝聚团南部(宁、扬、镇、泰)经济优势大于北部;其次宁徐凝聚团南部城市经济发展处于"退二进三"的转型阶段,经济结构逐步合理化发展,北部城市主导产业少,以一二产业为主,且第二产业又以低端制造业等劳动密集型产业和重工业为主。最后,基础设施建设差距逐步增大。以交通网为例,苏北地区虽然拥有陇海、京沪两大铁路干线纵横汇集,但城际铁路、高速、公路网建设落后,城市之间没有形成交通一体化。机场建设方面,北部城市仅有徐州一个民用机场与南部城市的交通优势差距甚大。从图 8-2-5 可知,长三角区域城市人居环境失配度的相对差异亦呈现浮动趋势,其中沪苏、杭甬凝聚团呈现先上升后下降的趋势,且两大凝聚团内部城市的相对差异趋于一致,而宁徐凝聚团失配度相对差异呈波动扩大趋势。

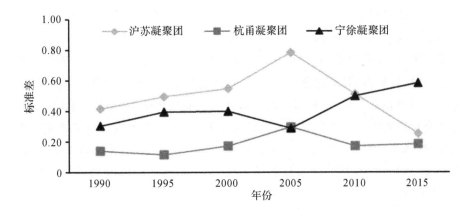

图 8-2-4　城市群人居环境失配度标准差

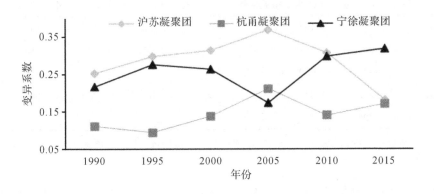

图 8-2-5　城市群人居环境失配度变异系数

第三节　人居环境失配度作用机理分析

一、影响因素分析

城市人居环境是一个"复杂的巨系统",当系统受到外界的干扰和刺激后,影响其功能和结构偏离于最佳的发展状态,而造成城市人居环境失配出现的因素有国家的宏观政策、区域经济发展水平和发展方式、地方政府财政支出能力及支出结构、地区对外开放程度、城市基础设施建设水平、房地产市场政策、生态环境建设以及历史基础选择的路径依赖等。为了定量识别影响因素与城市人居环境失配系统间的关系,本节遴选人均 GDP(x_1)、人均财政支出(x_2)、工业产值占 GDP 比重(x_3)、第三产业占 GDP 比重(x_4)、人均实际利用外资(x_5)、环保投资占 GDP 比重(x_6)、年均住房价格(x_7)、公路网密度(x_8)、城市化率(x_9)为控制变量,选择同期的人居环境失配度为响应变量。偏相关系数是研究地理系统中 2 个变量间线性相关关系时,控制其他变量对其可能产生的影响,真实反映两个特定变量的净相关关系方法[1]。因此采用偏相关系数,基于 SPSS19.0 软件分析平台对城市人居环境的核心影响因子进行甄选(表 8-3-1)。

表 8-3-1　长三角地区人居环境失配度影响因素偏相关分析

	Person 相关性	显著性	相关性强弱		Person 相关性	显著性	相关性强弱
x_1	−0.728	0.163	弱	x_6	0.741	0.152	弱
x_2	−0.664	0.222	弱	x_7	−0.491	0.401	很弱
x_3	0.832	0.080	较强	x_8	−0.505	0.386	很弱
x_4	−0.518	0.372	弱	x_9	0.681	0.206	弱
x_5	−0.208	0.737	很弱				

注:双侧显著性标准:Significance<0.01:强;0.01≤Significance<0.15:较强;0.15≤Significance<0.4:弱;Significance≥0.4:很弱。

由偏相关分析(表 8-3-1)结果可知,人均 GDP、人均财政支出、第三产业占 GDP 比重、人均实际利用外资、年均住房价格和公路网密度呈现负相关关系,但相关性弱关联状态,表明经济发展水平、财政收入、产业结构转型、住房价格和地区开发水平以及基础设施建设对人居环境失配度有重要影响,随着住房价格的调控、基础设施均衡化发展战略的实施等,地区人居环境失配度呈降低趋势。工业产值占 GDP 比重、环保投资占 GDP 比重和城市化率与人居环境失配度呈正相关关系,其中工业总值占 GDP 比重与失配度呈现较强相关性,表明工业发展依然是参数人居环境失配的主要原因。其次,环境保护投资力度小、人口问题也是人居环境失配扩大的重要原因。

① 李林衡,马仁锋,郑飞等.基于灰色关联的河南省旅游收入影响因素研究[J].科技与管理,2016(3):80-84.

二、长三角地区城市群人居环境失配度作用机理分析

城市人居环境是一个"复杂的巨系统"[①],包涵基础因素(对外开放水平、产业结构、工业化水平、公共服务基础设施完善程度)、直接因素(主要涵盖地方政府行政管理能力、财政支付能力和支出结构、公共服务供给)和国家战略层面的外部因素等多种因素,这些因素通过特定的作用路径干扰和刺激系统,致使由良性循环的发展态势向偏离最优趋势演进,出现人居环境系统失配状态。从国家宏观政策的背景下,结合区域发展的基础和地方政府的整合和调控能力推动长三角地区城市人居环境失配度时空格局演替的作用机制,三大方面相互作用、影响,共同影响人居环境的时空间格局变化趋势。

(1)区域经济空间结构演变和发展方式的转变是格局演化的基础动力。区域发展方式的转变影响经济空间格局的变化。区域的经济实力是城市人居环境的物质基础,区域经济的差异是促使失配度空间格局演变的重要原因。经济发展方式的转变主要包括区域结构优化、产业结构转型、生态环境转好以及历史文脉得以延续,居住环境改善等。长三角区域差异结构不断优化,由单核心城市带动向"一轴两带"的多核心城市联动发展,逐步消除区域内部城市之间的经济差异,改变地区经济发展的基础,逐步使城市人居环境随时间向区域"一体化"方向发展,失配区域越来越少。产业结构转型和生态环境保护与建设同步协调发展趋势明显。"十五""十一五""十二五"期间,长三角区域产业结构逐步"退二进三",逐步转移高耗能、高污染、高排放的工业企业,加大科技投入,不断实现科技创新,积极探索新能源,实现产业升级发展。但苏南地区的乡镇企业大都属于国有企业,改革难度大,企业的整合力度不大,以及苏北地区偏"重"的工业结构,并没有完全实现区域的产业结构升级优化,因而使经济社会与生态环境系统出现失配态势。

(2)国家宏观政策调控是参与人居环境失配变化的外部作用力。国家宏观政策引导长三角地区城市经济发展趋势和空间集聚模式,也促使着人居环境失配时空格局在经济空间的集聚。1990年正式开发浦东,实行经济开发区和经济特区政策,浦东形成了一个外向型、多功能、现代化的新城区迅速崛起,带动了全上海以及长江三角洲和整个长江流域经济的新飞跃。"十二五"时期设立舟山群岛新区,成为继上海新区、天津滨海新区、重庆两江新区的第四个

---

① 罗志刚.人居环境系统宏观形态的层级进化规律[J].规划师,2003,19(2):9-13.

国家级新区。舟山作为我国唯一的群岛型城市,区位、资源、产业等综合优势明显,是浙江海洋经济发展的先导区和长江三角洲地区海洋经济发展的重要增长极。这些国家宏观政策,推动了整个长三角区域空间的均衡发展,城市人居环境失配空间格局由极化向均衡发展演化。

(3)城市基础设施建设的完善程度和房地产市场调控的作用大小影响着城市人居环境失配度区域差异和子系统演化。城市基础设施是城市居民生产生活的物质基础,对人居环境具有支撑作用。城市经济发展与基础设施建设的同步性与匹配性决定了城市居民生活满意度的高低。长三角地区是我国经济开发较早,无论是苏南的乡镇企业模式,温州的民营经济模式还是上海、杭州和宁波的港口经济发展模式,都在一定程度上带动基础设施建设,城市的交通(公路、航空和航道)网络密度、教育和医疗机构空间分布密度等增大,人居环境的基本公共服务失配度逐渐减小。随着长三角地区经济的快速发展的同时土地资源供给紧张,加上外来流动人口增加,对住房的刚性需求增大,而政府企业对住房的供应有限,造成供需矛盾,随着矛盾的升级,住宅价格一路飙升,在城市居民收入一定的情况下,房价收入比成倍增趋势,严重影响了人居环境的居住环境子系统失配度。

下 篇

浙中城市群人居环境演化

第九章　城际联系视角浙中
城市群人居环境演化

第一节　浙中城市群范围确定

城市群的空间影响范围界定是城市群研究的基础[①],但在国内,尚未形成统一的界定方法。在实际中,大多数城市群的影响范围的划定多是政府出于地方经济发展的考虑,基于行政边界进行划定,这使得划定的城市群影响范围大于该城市群的实际影响范围[②]。

城市群的影响范围具有相对性[③]、边界模糊[④]、动态发展[⑤]、难以界定[⑥]等特点,这些特点造成了城市群影响范围界定的客观复杂性。城市群影响范围的界定具有重要意义,合理科学的城市群影响范围是实现城市群内部功能整合的关键,它可以促进城市群的协调发展和科学规划[⑦]。

---

① 欧向军.淮海城市群空间范围的综合界定[J].江苏师范大学学报(自然科学版),2014,32(4):1-6.

② 陈群元,宋玉祥.城市空间范围的综合界定方法研究—以长株潭城市群为例[J].地理科学,2010,30(5):660-666.

③ 潘竟虎,刘伟圣.基于腹地划分的中国城市群空间影响范围识别[J].地球科学进展,2014,29(3):352-360.

④ 唐路,薛德升,许学强.1990年代以来国内大都市带研究回顾与展望[J].城市规划学刊,2003,39(5):1-7.

⑤ 宁越敏.中国都市区和大城市群的界定:兼论大城市群在区域经济发展中的作用[J].地理科学,2011,31(3):257-263.

⑥ 姚士谋,陈振光,朱英明等.中国城市群[M].合肥:中国科学技术大学出版社,2006:5-7.

⑦ 陈守强,黄金川.城市群空间发育范围识别方法综述[J].理科学进展,2015,34(3):313-320.

一、研究方法比较

已有的界定城市群影响范围的方法可以归纳为三类,分别是指标法、模型法和基于 GIS 的综合模拟法。三种城市群影响范围界定方法的比较见表 9-1-1[1][2][3][4][5]。

迄今为止,城市群的影响范围界定还没有统一的研究方法和技术路线。通过对三种方法的比较,可以发现城市群的影响范围界定方法从定性研究、定量研究发展到定性定量综合研究,而且对于城市群的本质——联系的刻画与体现也在不断加强。基于 GIS 的综合模拟法可以运用多源数据,融合指标法和模型法的优势对城市群的影响范围进行界定,是今后城市群影响范围界定的发展趋势。

表 9-1-1 三种城市群影响范围界定方法比较

	指标法	模型法	基于 GIS 的综合模拟法
核心思想	核心—边缘结构	核心—边缘结构	GIS+综合集成
思路	从城市群内部的各种联系出发,选定一系列社会经济指标及通勤指标,并设定标准,对城市进行遴选,高于标准并且邻近的城市即被纳入城市群的影响范围。	构建多指标体系,计算出核心城市;依据相关模型判定其余城市与核心城市的距离及联系;根据距离远近与联系强度划定城市群的影响范围。	在 GIS 支持下,利用遥感数据、夜间灯光数据、POI 数据等,初步确定城市群范围。然后通过指标遴选,最终确定城市群的影响范围。

---

① 王丽,邓羽,牛文元.城市群的界定与识别研究[J].地理学报,2013,68(08):1059-1070.

② Gottmann Jean. Megalopolis: or the urbanization of the northeastern seaboard[J]. Economi Geography, 1957, 52(3): 189-200.

③ 张倩,胡云锋,刘纪远,等.基于交通、人口和经济的中国城市群识别[J].地理学报,2011,66(6):761-770.

④ 梅志雄,徐颂军,欧阳军.珠三角城市群城市空间吸引范围界定及其变化[J].经济地理,2012,32(12):47-52+60.

⑤ 高晓路,许泽宁,牛方曲.基于"点—轴系统"理论的城市群边界识别[J].地理科学进展,2015,34(3):280-289.

	指标法	模型法	基于 GIS 的综合模拟法
指标及模型	国外：中心城市的等级、最低人口规模及 GDP，外围地带的最低人口规模，中心城市到外围边缘的距离，城市密集分布程度，人口密度，非农业人口比重，人口流动性，中心与外围的联系强度，交通便捷程度，通勤率，货物运输量等。 国内：中心城市的数量、等级、人口规模及 GDP 的中心度，总人口规模和人口密度，人均 GDP，工业化程度，经济密度，经济外向度，交通网密度，非农产业及人口比重，城市化水平，经济社会联系程度，周围地区到中心城市的通勤率，中心城市到外围地区的时间及发车频率，海港及空港条件等。	主要的模型有：引力模型及其衍生模型、改进的断裂点模型、场强模型、普通及加权 Voronoi 图等。 中心性测度：城市非农业人口规模、城市建成区面积、地区生产总值、全社会固定资产投资、社会消费品零售总额、人均城市道路面积、城市客运总量、城市货运总量、万人拥有普通高校在校学生人数、万人拥有医疗卫生机构床位数、科学技术综合服务从业人员数、国际互联网用户数等。 距离测度：两点间直线距离、道路距离、时间距离、各类道路的平均行车速度等。	基础数据：城市节点要素，铁路、公路要素，行政区界、1km DEM 数据，1km 空间离散的社会经济数据格网、遥感影像、夜间灯光数据、POI 数据等。 遴选指标：城市数量、城市群面积、人口总量、城市化率、人口密度、人均 GDP、经济类型等。
范围尺度	国外：美国东北部沿海城市带、北美都市区、日本都市圈、亚洲超级都市区（印尼爪哇、泰国、印度）等。 国内：全国的城市群、长江三角洲城市群、沿海城镇密集地区、闽东南地区等。	全国的城市群、长江三角洲城市群、长株潭城市群、辽中南城市群、南京都市区、皖江城市群、白兰西城市群、南北钦防和桂柳城市群、中部地区、省域内的城镇等。	全国的城市群、淮海城市群、京津冀城市群、安徽中部地区等。
优点	技术路线成熟，方法简单，成果明确。	加强了城市间要素流的分析，不受行政边界的影响；随着模型的不断改进，使界定的范围越接近实际情况。	技术路线成熟简单，运用多元数据反映城市间联系，界定的影响范围与实际更接近。
缺点	对空间信息利用不足；主观性强；通勤率等指标难以获取；受行政边界束缚。	由于测度要素流的指标不易统计和获取，会造成选取的指标缺乏对城市群本质特征的刻画，从而导致结果的偏差。	数据量大且不易处理，需要运用专业软件，还可能用到编程及软件开发，专业化程度高。

二、浙中城市群影响范围的综合界定

浙中城市群是浙江省"十一五"规划中明确提出要重点培育的城市群,旨在加快浙江中西部地区的发展。由于浙中城市群所在地区的整体经济水平在浙江省内相对落后,浙中城市群属于发展培育阶段的地区级城市群,不能运用针对国家级甚至世界级城市群的指标法对其影响范围进行界定。因此,采用基于 GIS 的网络分析功能改进模型法,对浙中城市群的影响范围进行综合界定。

(一)基于断裂点模型的浙中城市群影响范围界定

1. 断裂点模型的改进

康弗斯于1949年首次提出"断裂点"概念及其计算公式,$d_m = D_{mn}/(1 + \sqrt{P_n/P_m})$,其中,$d_m$ 为 m 城到断裂点的距离,D_{mn} 为 m 城和 n 城间的距离,P_m、P_n 分别为 m 城、n 城的人口。由于断裂点公式本身具有局限性,因此,对断裂点公式进行改进。

(1)对指标 P 的改进

由于人口规模不能真实地反映城市的实际吸引力,而城市的吸引力源于其自身的综合实力,因此本书对指标 P 进行改进,P_m、P_n 分别为 m 城、n 城的综合实力。通过选取若干相关指标,通过因子分析,即可得到城市的综合实力。

(2)对城市间距离 D_{mn} 的改进

对于 m 城市和 n 城市间的距离 D_{mn},本书是指两城市间的实际道路距离。实际道路距离是基于 ArcGIS10.2 的网络分析平台,通过构建由高速路、国道、省道组成的浙中城市群道路数据库,设定不同类型道路的行驶速度,综合时间最短的最快路径和距离最短的最短路径,而求解出的最优路径的道路长度。

2. 浙江中西部地区核心城市确定

浙江中西部地区是指金华市(金华市区、义乌市、东阳市、兰溪市、永康市、浦江县、磐安县、武义县)、丽水市(丽水市区、龙泉市、缙云县、松阳县、遂昌县、青田县、云和县、景宁县、庆元县)和衢州市(衢州市区、江山市、龙游县、常山县、开化县)。

考虑指标选取的全面性、代表性和可获得性,综合反映城市的规模、经济水平、社会发展水平、基础设施水平及其内外部联系,选取土地面积、建成区面积、总人口、非农人口规模、地区生产总值、工业生产总值、第三产业产值、金融业产值、批发零售业产值、财政收入、邮电业务收入、科学技术支出额、教育支出额、固定资产投资、社会消费品零售总额、城市职工平均工资、农村居民人均纯收入、客运周转量、货运周转量、公路通车里程、出口总额、实际利用外资、移动电话用户数、互联网宽带接入用户数、人均公园绿地面积,共 25 个指标来反映城市的综合实力。

以上指标数据均出自《2015 年金华统计年鉴》、《2015 年丽水统计年鉴》、《2015 年衢州统计年鉴》,通过 SPSS19.0 中的主成分分析,即可得出各县市的综合实力。为方便后续计算,且保持原数据的大小顺序不变,把综合实力计算结果变换至[1,100],结果见表 9-1-2。

表 9-1-2　浙江中西部各县市的综合实力排名

县市	初始得分	变换后的得分	排名
义乌市	2.18	100.00	1
金华市区	1.62	80.41	2
东阳市	0.64	46.13	3
衢州市区	0.51	41.58	4
永康市	0.35	35.98	5
丽水市区	0.25	32.48	6
江山市	−0.04	22.34	7
青田县	−0.05	21.99	8
兰溪市	−0.09	20.59	9
武义县	−0.19	17.09	10
龙泉市	−0.19	17.09	11
缙云县	−0.24	15.34	12
龙游县	−0.32	12.54	13
开化县	−0.38	10.45	14
遂昌县	−0.4	9.75	15
浦江县	−0.42	9.05	16
庆元县	−0.48	6.95	17
景宁县	−0.49	6.60	18

续表

县市	初始得分	变换后的得分	排名
常山县	−0.5	6.25	19
松阳县	−0.51	5.90	20
磐安县	−0.6	2.75	21
云和县	−0.65	1.00	22

由表 9-1-2 可知,浙江中西部地区的核心城市是义乌市和金华市区。浙江中西部各县市大致可以分为四个层次:第一层次为义乌市和金华市区,综合实力最强,远高于其他县市;第二层次为东阳市、衢州市区、永康市和丽水市区;第三层次为江山市、青田县、兰溪市、武义县、龙泉市、缙云县、龙游县和开化县;第四层次为遂昌县、浦江县、庆元县、景宁县、常山县、松阳县、磐安县和云和县。

3. 核心城市到周围县市道距离计算

在浙江中西部地区,汽车是主要的出行方式,其次是火车,加之有些县市没有火车站,因此,把交通网简化为公路网来分析。通过浙江省 1∶25 万基础地理数据,提取出三个市内各县市节点及行政边界作为底图,并将 2014 年浙江省的公路交通图配准、矢量化后,添加于底图中,构成网络分析的基础数据。构建由高速路、国道、省道组成的浙中城市群道路数据库,并参照《中华人民共和国公路工程技术标准(JGTB01—2003)》及实际情况,设定高速路、国道、省道的驾驶速度分别为 120 km/h、90 km/h 和 80 km/h。在 ArcGIS10.2 的网络分析平台中,综合时间最快和距离最短,求解出义乌市和金华市区分别到周围县市的最佳路径,实际道路距离结果见表 9-1-3。

表 9-1-3　核心城市到周围县市的道路距离

	D_{ab}(km)		D_{ab}(km)
义乌—金华	55.7	金华—义乌	55.7
义乌—东阳	19.7	金华—东阳	79.9
义乌—衢州	137.1	金华—衢州	94.3
义乌—永康	69.9	金华—永康	51.2
义乌—丽水	141.2	金华—丽水	120.5
义乌—江山	181.5	金华—江山	138.7

	D_{ab}（km）		D_{ab}（km）
义乌—青田	196.4	金华—青田	175.2
义乌—兰溪	70.4	金华—兰溪	27.1
义乌—武义	80.4	金华—武义	34.4
义乌—龙泉	266.8	金华—龙泉	222.3
义乌—缙云	102.2	金华—缙云	81.6
义乌—龙游	106.9	金华—龙游	50.7
义乌—开化	190.2	金华—开化	147.4
义乌—遂昌	167.8	金华—遂昌	124.5
义乌—浦江	28.3	金华—浦江	76.1
义乌—庆元	341.6	金华—庆元	297.1
义乌—景宁	229.9	金华—景宁	185.4
义乌—常山	172.8	金华—常山	130
义乌—松阳	150.5	金华—松阳	106.7
义乌—磐安	58.8	金华—磐安	117.3
义乌—云和	215.6	金华—云和	171

4. 浙中城市群的影响范围确定

根据改进的断裂点公式，计算断裂点所在位置，并在 ArcGIS10.2 中确定各个断裂点的位置，最终确定基于断裂点模型的浙中城市群的影响范围，义乌市影响范围包括：义乌市、金华市区、丽水市区、衢州市区、东阳市、永康市、龙泉市、浦江县、常山县、龙游县、遂昌县、松阳县、武义县、缙云县和云和县；金华市区的影响范围包括：义乌市、金华市区、丽水市区、衢州市区、东阳市、永康市、兰溪市、龙泉市、常山县、龙游县、遂昌县、松阳县、武义县、磐安县、缙云县和云和县。综上，基于断裂点模型的浙中城市群的影响范围包括：义乌市、金华市区、丽水市区、衢州市区、东阳市、永康市、兰溪市、龙泉市、浦江县、常山县、龙游县、遂昌县、松阳县、武义县、磐安县、缙云县和云和县。

（二）基于加权 Voronoi 图的浙中城市群影响范围界定

普通 Voronoi 图是在不考虑各个城市差异的基础上，对空间进行划分，加权 Voronoi 图可以考虑到各个城市的综合实力大小，在空间范围内较为客观的划分各个城市的影响范围。

　　在 ArcGIS10.2 软件中,把变换后的各个县市的综合实力得分作为各县市的权重,利用"Weighted Voronoi"模块进行分析,得到各个县市的空间影响范围,进而得到以义乌市和金华市区为核心城市的浙中城市群的影响范围,分析结果见表 9-1-4。

表 9-1-4　基于加权 Voronoi 图的浙中城市群的影响范围面积

地区	影响范围面积
龙泉	3043.79
遂昌	2569.69
青田	2472.82
衢州	2345.31
开化	2255.95
金华	2048.09
江山	1957.36
景宁	1931.66
庆元	1913.19
东阳	1627.52
武义	1541.33
丽水	1517.24
缙云	1477.43
松阳	1403.21
磐安	1341.68
兰溪	1310.16
龙游	1144.8
义乌市	1100.37
永康	1065.22
常山	1034.33
浦江	909.66
云和	873.65

表9-1-4可以看出,义乌市的影响范围包括:义乌市、金华市区、东阳市、永康市、兰溪市、浦江县、磐安县、缙云县和青田县。金华市区的影响范围包括:金华市区、义乌市、丽水市区、兰溪市、龙泉市、龙游县、遂昌县、松阳县、武义县和云和县。综合两者的影响范围,可以得到基于加权 Voronoi 图的浙中城市群的影响范围,包括:义乌市、金华市区、丽水市区、东阳市、永康市、兰溪市、龙泉市、浦江县、龙游县、磐安县、缙云县、遂昌县、松阳县、武义县、云和县和青田县。

(三)浙中城市群的综合影响范围

综上,基于断裂点模型的浙中城市群的影响范围包括:义乌市、金华市区、丽水市区、衢州市区、东阳市、永康市、兰溪市、龙泉市、浦江县、常山县、龙游县、遂昌县、松阳县、武义县、磐安县、缙云县和云和县,共 17 个县市。基于加权 Voronoi 图的浙中城市群的影响范围包括:义乌市、金华市区、丽水市区、东阳市、永康市、兰溪市、龙泉市、浦江县、龙游县、磐安县、缙云县、遂昌县、松阳县、武义县、云和县和青田县,共 16 个县市。通过对比两种界定方法的结果,可以看出,虽然两种方法界定出的县市个数基本相同,除了与义乌市和金华市区邻近的县市一致外,断裂点模型包括衢州市区和常山县,而加权 Voronoi 图则包括青田县。

综合考虑各县市的交通因素与综合实力,取两种方法界定结果的并集,得到浙中城市群的影响范围是:义乌市、金华市区、丽水市区、衢州市区、东阳市、永康市、兰溪市、龙泉市、浦江县、常山县、龙游县、磐安县、缙云县、遂昌县、松阳县、武义县、云和县和青田县,共 18 个县市。但其中青田县、常山县和龙泉市的影响范围面积占该县市面积的比例较低,分别为 4.31%、5.06%、13.91%。所以把这三个县市排除,最终浙中城市群的影响范围是:义乌市、金华市区、丽水市区、衢州市区、东阳市、永康市、兰溪市、浦江县、龙游县、磐安县、缙云县、遂昌县、松阳县、武义县和云和县,共 15 个县市。

三、结果分析

对于断裂点模型和加权 Voronoi 图两种界定方法产生的偏差,可能的原因有:

(1)改进的断裂点模型中,距离采用的是综合时间最短和距离最近的实际道路距离。由于金华市到衢州市的道路等级较高,多为高速路(杭金衢高速)和国道(205、320、330);而金华市到丽水市的道路等级较低,除了金丽温高速和国道 330 可以直接到达丽水市区和青田县外,到达其余县市多数要通过省道。因此,核心城市在衢州方向延伸得更远,影响范围也向衢州方向偏移。

(2)加权 Voronoi 图的界定,考虑的因素有各个县市的综合实力以及各个县市在空间上的邻近性。在不与义乌市和金华市区邻近的县市中,丽水市的云和县、松阳县、景宁县、庆元县,金华市的磐安县,衢州市的常山县的综合实力很弱,均处于第四层次。由于丽水市有较多综合实力较弱的县市,而衢州市区作为综合实力较强的县市对邻近的江山市、开化县、常山县有更强的影响,所以,加权 Voronoi 图的界定结果向丽水市偏移。

第二节 研究方法与数据来源

一、城市群发育程度评估的指标体系构建

城市群的实质是城市群内部各城市间的联系,即构成了人流、物流、资金流、信息流、技术流等。因此,从城市群的内部联系出发,分别构建经济联系指数、交通联系指数、物流联系指数、信息联系指数和金融联系指数,综合评估浙中城市群的发育程度[①]。

(一)经济联系指数

在已有的区域经济联系研究成果中,应用最为广泛的是空间相互作用的引力模型[②]。因此,借鉴引力模型构建经济联系指数。

$$R_{ij} = (\sqrt{P_i * G_i} * \sqrt{P_j * G_j})/D_{ij}^2 ; R_i = \sum_{j=1}^{n} R_{ij} ; R = \sum_{i=1}^{n} R_i$$

(公式 9-2-1)

其中:R_{ij} 是 i、j 两县市间的经济联系强度;R_i 为 i 县市的经济联系总强度;R 为浙中城市群的经济联系指数;P_i、P_j 为两县市的非农业人口规模;G_i、G_j 为两县市的 GDP;D_{ij} 为两县市间的实际道路距离。

---

① 王慧君,马仁锋,邱枫,等.浙中城市群发育程度评估[J].华中师范大学学报(自然科学版),2016,50(6):904-912.

② 苗长虹,王海江.河南省城市的经济联系方向与强度—兼论中原城市群的形成与对外联系[J].地理研究,2006,25(2):222-232.

（二）交通联系指数

交通联系指数是通过对浙中城市群内各县市间交通量（长途汽车、铁路班次）的测算模拟浙中城市群的交通联系强度来构建的[①]。其测算方法如下：

$$M_{ij} = A_{ij} + kB_{ij}; R_{ij} = (M_{ij} + M_{ji})/2; R_i = \sum_{j=1}^{n} R_{ij}; R = \sum_{i=1}^{n} R_i$$

（公式 9-2-2）

其中：M_{ij} 为 i 县市向 j 县市的交通联系量；M_{ji} 为 j 县市向 i 县市的交通联系量；R_{ij} 为 i、j 两县市间的交通联系量；R_i 是 i 县市的交通联系总量；R 为浙中城市群的交通联系指数；A_{ij} 为每日的 i 县市向 j 县市的铁路交通（普通货车、动车、高铁）趟数；B_{ij} 为每日的 i 县市向 j 县市的长途汽车班次数；k 为公路客运量与铁路客运量的比值。

（三）物流联系指数

在浙中城市群的物流体系中，公路运输在货物运输量中占有较大比重，且公路物流运输强调运输成本。因此，选取 GDP、公路里程数、公路货运量、交通运输仓储及邮电通信业从业人数、移动电话用户数以及实际交通距离和运输成本，来构建物流联系指数[②]。计算公式如下：

$$K_i = (A_i / \frac{1}{n}\sum_{i=1}^{n} A_i + B_i / \frac{1}{n}\sum_{i=1}^{n} B_i + C_i / \frac{1}{n}\sum_{i=1}^{n} C_i$$

$$+ E_i / \frac{1}{n}\sum_{i=1}^{n} E_i + F_i / \frac{1}{n}\sum_{i=1}^{n} F_i)/5$$

（公式 9-2-3）

$$M_{ij} = K_i * K_j / (\sqrt{D_{ij} * G_{ij}})^2;$$

$$R_{ij} = (M_{ij} + M_{ji})/2; R_i = \sum_{j=1}^{n} R_{ij}; R = \sum_{i=1}^{n} R_i$$

其中：K_i、K_j 为两县市的"物流质量"；M_{ij} 为 i 县市向 j 县市的物流联系量；M_{ji} 为 j 县市向 i 县市的交通联系量；R_{ij} 为 i、j 两县市间的物流联系量；R_i 是 i 县市的物流联系总量；R 为浙中城市群的物流联系指数；A_i 为 i 县市的 GDP；B_i 为 i 县市的公路里程数；C_i 为 i 县市的公路货运量；E_i 为 i 县市的交通运输仓储及邮电通信业从业人数；F_i 为 i 县市的移动电话用户数；D_{ij} 为两县

---

① 顾雯娟,欧向军,叶磊,等.基于要素流的长三角城市群空间布局[J].热带地理,2015,35(6):833-841.

② 朱慧,周根贵.基于引力模型的内陆型区域物流空间联系研究—以浙江金衢丽地区为例[J].地域研究与开发,2015,34(1):43-49.

市间的实际道路距离;G_{ij} 为 i 县市到 j 县市之间的运输价格。

（四）信息联系指数

对于信息流的模拟,在已有研究成果中,多采用百度用户关注度数据和新浪微博数据。采用百度用户关注度均值来反映浙中城市群范围内两县市之间的信息联系,具体方法如下:

$$I_j = kI; R_{ij} = I_j * J_i; R_i = \sum_{j=1}^{n} R_{ij}; R = \sum_{i=1}^{n} R_i \quad \text{（公式 9-2-4）}$$

其中:R_{ij} 为 i、j 两县市间的信息联系量;R_i 是 i 县市的信息联系总量;R 为浙中城市群的信息联系指数;I_j 为 i 县市在 j 县市的百度用户关注度;J_i 为 j 县市在 i 县市的百度用户关注度;I 为 i 县市在研究区的百度用户关注度均值;k 为 j 县市的百度用户关注度均值占研究区内总百度用户关注度均值的比重。

（五）金融联系指数

由于各县市之间的金融业务数据获取难度大,借鉴已有研究成果,利用可获取的金融相关数据构建金融联指数,具体方法如下:

$$R_{ij} = (\sqrt[3]{S_i * L_i * P_i} * \sqrt[3]{S_j * L_j * P_j})/d_{ij}^{2}; R_i = \sum_{j=1}^{n} R_{ij}; R = \sum_{i=1}^{n} R_i$$

$$\text{（公式 9-2-5）}$$

其中:R_{ij} 为 i、j 两县市间的金融联系强度;R_i 是 i 县市的金融联系总强度;R 为浙中城市群的金融联系指数;S_i、S_j 为两县市的金融机构人民币存款余额数;L_i、L_j 为两县市的金融机构人民币贷款余额数;P_i、P_j 为两县市的金融业从业人数;由于金融业不受交通条件的限制,因此,d_{ij} 为两县市的直线距离。

二、数据来源

经济联系指数中的各县市非农业人口规模和GDP数据,交通联系指数中的公路客运量和铁路客运量数据,物流联系指数中的GDP、公路里程数、公路货运量、交通运输仓储及邮电通信业从业人数和移动电话用户数数据,金融联系指数中的金融机构人民币存款余额数、金融机构人民币贷款余额数和金融业从业人数数据均来源于《金华统计年鉴》、《丽水统计年鉴》和《衢州统计年鉴》。经济联系和物流联系中的两县市间的实际道路距离是基于 ArcGIS10.0 的网络分析平台,通过构建由高速路、国道、省道组成的浙中城市群道路数据库,设定不同类型道路的行驶速度,综合时间最短的最快路径和距离最短的最短路径,求解出的最优路径的道路长度。交通联系指数中两县市间的铁路交通趟数可以通过 12306 中国铁路客户服务中心网站获取,两县市间的长途汽车趟数可以通过 96520 浙江省道路运输公众信息服务网站、畅途网占中获取。物流联系指数中两县市之间的运输价格是通过物流公司企业(新邦快运、德邦快运、佳吉快运)网站提供的物流运价查询功能获取的。信息联系指数中的各县市区在研究区内的百度用户关注度均值数据是通过百度指数中的"通过地区对比",输入各县市为关键词,时间设定为具体年份,进行搜索获取的[①]。

---

① 王慧君,马仁锋,邱枫,等.浙中城市群发育程度评估[J].华中师范大学学报(自然科学版),2016,50(6):904-912.

第十章　浙中城市群发育程度与特征

第一节　基于联系视角的浙中城市群发育程度评估

从城市群的内部联系出发,构建由经济联系指数、交通联系指数、物流联系指数、信息联系指数和金融联系指数构成的评价指标体系,通过综合分析及单要素分析,对浙中城市群的发育程度进行综合评估。

一、研究时间点选取

从浙中城市群提出的 2000 年至今(2016 年),每隔三年对其发育程度进行评估,即浙中城市群发育程度评估的具体时间点为 2000 年、2003 年、2006年、2009 年、2012 年和 2015 年。但考虑数据的可获取性和可对比性,由于统计年鉴出版至 2015 年,只能获取到 2014 年的数据;交通联系指数中的铁路交通趟数、长途汽车班次数和信息联系指数中的百度用户关注度均值缺失 2000年和 2003 年的数据,因此,经济联系、物流联系、金融联系的研究时间点为2000 年、2003 年、2006 年、2009 年、2012 年和 2014 年;交通联系、信息联系的研究时间点为 2006 年、2009 年、2012 年和 2015 年。

二、综合发育程度评估

根据经济联系指数、交通联系指数、物流联系指数、信息联系指数和金融联系指数的构建方法,可以计算得到浙中城市群的五项联系指数(表 10-1-1)。

由表 10-1-1 可知,浙中城市群在 2000—2004 年间,经济联系指数、交通联系指数、信息联系指数和金融联系指数均有较大幅度的增长,发育较快。经济联系指数在 2012 年之前以 55％以上的增速持续增加,2003—2006 年的增长速度高达 98％,2012—2004 年的增长速度稍有回落,经济联系不断加强。

交通联系的发育程度与经济联系的发育程度相比,发育较慢,交通联系指数的增长率分别为27%、23%和22%。信息联系在2009—2004年中,始终保持在50%以上的增长率快速增长。2000—2012年,金融联系发育最快,增幅均在117%以上,2006—2009年的增长幅度高达144%,但2012—2004年的增长幅度回落至45%。而物流联系指数有较大波动,2000—2003年、2003—2006年和2009—2012年分别以5%、4%和12%的速度增长,而2006—2009年和2012—2004年则以6%和3%的速度降低。从总体上看,2000—2004年,浙中城市群除物流联系在波动中较慢增长外,经济联系、交通联系、信息联系和金融联系都有不同程度的发育,其中金融联系发育最快,其次为经济联系、信息联系和交通联系。

表10-1-1　浙中城市群2000—2014年各项联系指数

	2000年	2003年	2006年	2009年	2012年	2014年
经济联系指数	235736.92	366215.92	24525.10	1128721.14	1882917.52	2250634.35
交通联系指数	—	—	33847.89	42982.58	53057.20	64511.82
物流联系指数	48353.93	50827.72	52835.90	49607.42	55594.61	53669.98
信息联系指数	—	—	132454.61	201078.08	336597.43	516448.98
金融联系指数	522.08	1131.39	2459.71	6002.66	14161.38	20587.94

三、经济联系发育程度评估

根据经济联系指数的计算公式,可以得出浙中城市群2000年至2014年各县市的经济联系总强度(图10-1-1)。由图10-1-1可知,浙中城市群的经济联系指数快速上升,经济联系不断加强。具体来讲,义乌的经济联系强度最高,其次为东阳和金华市区,历年三者的经济联系强度约占整个区域经济联系强度的60%。兰溪、永康、武义、浦江、衢州和龙游的经济联系强度相当,而磐安、丽水、遂昌、松阳、缙云和云和的经济联系强度均较弱,处于最低水平。

对于各县市之间的经济联系强度变化(图10-1-2),其强度均是逐年增强,联系越来越密切。其中,义乌—东阳、金华—兰溪、金华—义乌、义乌—浦江、金华—武义的经济联系强度历年最高。

结合图10-1-2,可以看出浙中城市群的经济联系最初在金华发育(2003年),随后迅速在义乌周边发育(2006年),到2009年,金华与遂昌、松阳的经济联系有所加强,至2014年,浙中城市群的经济联系主要集中在金华市所辖

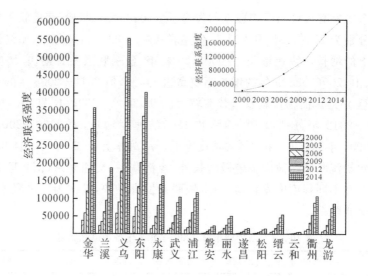

图 10-1-1　经济联系强度及经济联系指数

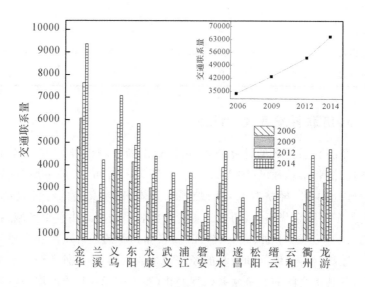

图 10-1-2　交通联系量及交通联系指数

的 8 个县市及衢州、龙游、丽水、缙云等地区。金华和义乌与周边县市的经济
联系强度最高,表明其经济活动联系最为密切。衢州与周边县市也有较强联
系,而丽水除与缙云联系较密切外,与其他县市的经济联系均较弱,云和除与
丽水经济联系稍密切外,与其余县市的经济联系都很低。总体来看,浙中城市

群的内部的经济联系主要集中于金华—义乌一带及衢州和龙游,东北部地区经济联系发育程度较高,经济联系密切,西南部地区经济联系发育程度较低,经济联系较弱,且浙中城市群内部的经济联系强度差异很大。

四、交通联系发育程度评估

通过构建的交通联系指数模型,可以得到浙中城市群2000年至2014年的交通联系指数和各县市的交通联系总量(表10-1-2)。

表10-1-2　各县市间的经济联系强度

地区	年份 2000	地区	年份 2003	地区	年份 2006	地区	年份 2009	地区	年份 2012	地区	年份 2014	排序
义乌—东阳	38702	义乌—东阳	59253	义乌—东阳	104248	义乌—东阳	157896	义乌—东阳	262109	义乌—东阳	317456	1
金华—兰溪	13066	金华—兰溪	20153	金华—兰溪	39662	金华—兰溪	58884	金华—兰溪	96173	金华—兰溪	112554	2
金华—义乌	6264	金华—义乌	10952	金华—义乌	24308	义乌—浦江	38067	义乌—浦江	61592	金华—义乌	74724	3
义乌—浦江	6062	义乌—浦江	9486	义乌—浦江	24237	金华—义乌	37566	金华—义乌	59158	义乌—浦江	72981	4
金华—武义	4680	金华—武义	7100	金华—武义	12964	金华—武义	20372	金华—武义	32797	金华—武义	38713	5
金华—永康	3734	金华—永康	5876	金华—永康	12932	金华—永康	19434	衢州—龙游	31646	衢州—龙游	37840	6
金华—东阳	2648	金华—东阳	4221	衢州—龙游	10964	衢州—龙游	18889	金华—永康	30600	金华—永康	36251	7
东阳—永康	2489	东阳—永康	4019	永康—武义	8531	永康—武义	14031	永康—武义	27653	永康—武义	32290	8
衢州—龙游	2243	衢州—龙游	3961	金华—东阳	7797	金华—衢州	11698	义乌—永康	22938	义乌—永康	27727	9
永康—武义	2188	永康—武义	3314	金华—衢州	7472	义乌—永康	11470	金华—衢州	19456	金华—衢州	23734	10
金华—衢州	2149	东阳—浦江	3171	义乌—永康	6714	金华—东阳	11244	金华—东阳	18321	金华—东阳	21991	11
兰溪—义乌	2098	金华—衢州	3082	东阳—永康	6444	金华—龙游	9889	永康—缙云	16629	永康—缙云	19497	12
兰溪—衢州	1822	兰溪—义乌	3054	金华—龙游	6372	东阳—永康	9699	金华—龙游	16231	金华—龙游	19052	13
永康—缙云	1818	永康—缙云	2841	永康—缙云	5741	永康—缙云	9689	兰溪—义乌	15134	兰溪—义乌	18226	14
金华—龙游	1629	兰溪—衢州	2440	东阳—浦江	5429	兰溪—义乌	8397	东阳—永康	15074	东阳—永康	17701	15
东阳—浦江	1543	金华—龙游	2321	兰溪—义乌	5146	东阳—浦江	8109	东阳—浦江	13049	东阳—浦江	15021	16
兰溪—龙游	1527	丽水—缙云	2233	兰溪—衢州	4210	兰溪—衢州	6766	兰溪—龙游	11531	兰溪—衢州	13327	17
丽水—缙云	1468	义乌—永康	2068	丽水—缙云	3979	丽水—缙云	6473	兰溪—衢州	11179	兰溪—龙游	13228	18
兰溪—浦江	1168	兰溪—龙游	2030	兰溪—龙游	3326	义乌—武义	5339	丽水—缙云	10733	丽水—缙云	12521	19
金华—浦江	1145	金华—浦江	1737	金华—浦江	3324	兰溪—龙游	5299	金华—浦江	9767	金华—浦江	11342	20

续表

地区	年份 2000	地区	年份 2003	地区	年份 2006	地区	年份 2009	地区	年份 2012	地区	年份 2014	排序
义乌—永康	1108	兰溪—浦江	1654	义乌—武义	3226	义乌—衢州	4992	义乌—武义	8655	义乌—衢州	10531	21
兰溪—东阳	973	义乌—武义	1468	永康—丽水	3172	金华—浦江	4957	义乌—衢州	8461	义乌—武义	10424	22
义乌—衢州	950	兰溪—东阳	1454	义乌—衢州	3027	永康—丽水	4810	永康—丽水	8081	永康—丽水	9423	23
义乌—武义	911	永康—丽水	1388	兰溪—浦江	2463	兰溪—浦江	3771	兰溪—浦江	5930	义乌—磐安	6749	24
兰溪—永康	885	义乌—衢州	1355	义乌—磐安	2155	兰溪—永康	3650	兰溪—永康	5693	兰溪—浦江	6730	25
永康—丽水	864	兰溪—永康	1300	金华—丽水	2133	义乌—磐安	3407	义乌—磐安	5537	兰溪—永康	6591	26
兰溪—武义	798	金华—丽水	1146	东阳—磐安	2065	金华—缙云	3198	金华—丽水	5480	金华—丽水	6459	27
金华—丽水	748	兰溪—武义	1076	金华—缙云	1983	东阳—磐安	3104	金华—缙云	5136	金华—缙云	6087	28
金华—缙云	685	金华—缙云	1020	兰溪—东阳	1885	金华—丽水	3090	兰溪—东阳	5033	东阳—磐安	5927	29
东阳—磐安	502	东阳—磐安	897	兰溪—永康	1865	兰溪—东阳	2835	东阳—磐安	5005	兰溪—东阳	5839	30
义乌—龙游	494	义乌—龙游	765	义乌—龙游	1626	兰溪—武义	2831	兰溪—武义	4472	义乌—龙游	5195	31
东阳—衢州	486	东阳—衢州	716	义乌—丽水	1509	义乌—龙游	2658	义乌—龙游	4337	兰溪—武义	5159	32
义乌—磐安	388	东阳—丽水	661	兰溪—武义	1508	义乌—丽水	2453	义乌—丽水	4165	义乌—丽水	5009	33
东阳—武义	386	东阳—缙云	620	东阳—武义	1432	永康—衢州	2324	东阳—武义	3752	东阳—武义	4390	34
永康—衢州	385	东阳—武义	599	东阳—衢州	1335	东阳—武义	2254	义乌—缙云	3575	义乌—缙云	4323	35
义乌—丽水	339	永康—衢州	579	义乌—缙云	1232	义乌—缙云	2129	永康—衢州	3568	永康—衢州	4306	36
遂昌—松阳	335	义乌—缙云	578	东阳—丽水	1210	东阳—衢州	2094	东阳—衢州	3445	东阳—衢州	4166	37
东阳—丽水	321	义乌—磐安	570	永康—衢州	1180	东阳—丽水	1755	东阳—丽水	3041	东阳—丽水	3553	38
武义—缙云	316	义乌—丽水	566	永康—磐安	1049	永康—磐安	1647	东阳—缙云	2922	东阳—缙云	3433	39
永康—磐安	312	永康—磐安	522	东阳—缙云	1010	东阳—缙云	1639	永康—磐安	2858	永康—磐安	3377	40
义乌—缙云	293	遂昌—松阳	469	永康—浦江	901	永康—浦江	1574	永康—浦江	2787	永康—浦江	3201	41
金华—松阳	290	武义—缙云	458	遂昌—衢州	874	武义—衢州	1447	武义—缙云	2520	武义—缙云	2944	42
东阳—缙云	275	永康—浦江	410	浦江—衢州	843	遂昌—衢州	1407	遂昌—衢州	2354	遂昌—衢州	2843	43
遂昌—衢州	271	金华—松阳	409	遂昌—松阳	800	武义—缙云	1388	遂昌—松阳	2341	遂昌—松阳	2813	44
武义—衢州	269	武义—丽水	386	武义—缙云	787	浦江—衢州	1371	武义—衢州	2251	武义—衢州	2707	45
兰溪—丽水	262	遂昌—衢州	386	金华—遂昌	765	永康—龙游	1239	浦江—衢州	2173	浦江—衢州	2570	46
武义—丽水	262	东阳—龙游	376	金华—磐安	743	遂昌—松阳	1227	武义—丽水	2081	武义—丽水	2418	47

续表

地区	年份 2000	地区	年份 2003	地区	年份 2006	地区	年份 2009	地区	年份 2012	地区	年份 2014	排序
东阳—龙游	257	兰溪—丽水	375	武义—衢州	739	武义—丽水	1147	永康—龙游	1973	永康—龙游	2291	48
金华—遂昌	243	武义—衢州	371	武义—丽水	723	金华—遂昌	1130	金华—磐安	1915	金华—磐安	2288	49
丽水—松阳	240	金华—遂昌	361	金华—松阳	695	金华—磐安	1116	金华—遂昌	1914	金华—松阳	2274	50
永康—浦江	221	丽水—松阳	346	丽水—松阳	674	丽水—衢州	1050	金华—松阳	1873	金华—遂昌	2269	51
兰溪—缙云	216	永康—龙游	313	东阳—龙游	659	金华—松阳	1037	丽水—松阳	1781	丽水—松阳	2128	52
丽水—云和	210	丽水—云和	312	遂昌—龙游	578	东阳—龙游	1024	东阳—龙游	1738	丽水—衢州	2028	53
永康—龙游	209	兰溪—缙云	301	永康—龙游	554	丽水—松阳	1015	丽水—衢州	1689	东阳—龙游	2022	54
遂昌—龙游	206	浦江—衢州	291	丽水—衢州	551	遂昌—龙游	923	遂昌—龙游	1535	遂昌—龙游	1783	55
浦江—衢州	201	遂昌—龙游	291	丽水—云和	548	兰溪—丽水	874	丽水—云和	1460	丽水—云和	1713	56
金华—磐安	193	金华—磐安	285	兰溪—丽水	546	武义—龙游	852	兰溪—丽水	1428	兰溪—丽水	1645	57
丽水—衢州	182	丽水—衢州	266	武义—浦江	441	丽水—云和	817	武义—龙游	1374	武义—龙游	1590	58
武义—龙游	160	武义—浦江	233	兰溪—缙云	427	武义—浦江	720	武义—浦江	1345	武义—浦江	1540	59
武义—浦江	159	丽水—遂昌	222	浦江—龙游	423	兰溪—缙云	719	浦江—龙游	1239	浦江—龙游	1410	60
松阳—衢州	152	武义—龙游	219	兰溪—遂昌	392	浦江—龙游	681	兰溪—缙云	1165	兰溪—缙云	1350	61
丽水—遂昌	146	松阳—衢州	205	丽水—遂昌	381	松阳—衢州	629	兰溪—遂昌	1034	松阳—衢州	1259	62
武义—松阳	140	永康—松阳	197	武义—龙游	379	丽水—遂昌	623	松阳—衢州	1018	兰溪—遂昌	1198	63
义乌—遂昌	125	武义—松阳	190	松阳—衢州	377	缙云—衢州	606	丽水—遂昌	989	义乌—遂昌	1184	64
缙云—衢州	115	义乌—遂昌	185	义乌—遂昌	360	兰溪—遂昌	594	义乌—遂昌	979	缙云—衢州	1168	65
丽水—龙游	108	缙云—衢州	164	永康—松阳	350	义乌—遂昌	560	缙云—衢州	967	丽水—遂昌	1154	66
浦江—龙游	107	丽水—龙游	157	缙云—衢州	331	永康—松阳	547	永康—松阳	919	义乌—松阳	1108	67
兰溪—松阳	95	浦江—龙游	155	义乌—松阳	325	义乌—松阳	511	义乌—松阳	895	丽水—龙游	1103	68
松阳—龙游	92	浦江—丽水	129	武义—松阳	296	武义—松阳	491	浦江—丽水	800	武义—松阳	956	69
兰溪—遂昌	91	兰溪—遂昌	126	丽水—龙游	294	浦江—丽水	460	武义—松阳	799	丽水—龙游	922	70
永康—松阳	79	兰溪—松阳	126	浦江—丽水	286	磐安—缙云	460	丽水—龙游	798	浦江—丽水	915	71
义乌—松阳	77	松阳—龙游	124	磐安—丽水	274	丽水—龙游	460	磐安—缙云	752	磐安—缙云	889	72
浦江—丽水	70	浦江—磐安	115	磐安—缙云	273	浦江—衢州	432	磐安—丽水	681	磐安—丽水	801	73
磐安—丽水	69	浦江—缙云	110	浦江—磐安	260	磐安—丽水	414	浦江—磐安	680	武义—磐安	792	74

续表

地区	年份 2000	地区	年份 2003	地区	年份 2006	地区	年份 2009	地区	年份 2012	地区	年份 2014	排序
武义—磐安	69	义乌—松阳	108	武义—磐安	215	武义—磐安	386	武义—磐安	673	永康—遂昌	787	75
磐安—缙云	68	武义—磐安	106	松阳—龙游	214	永康—遂昌	368	永康—遂昌	643	浦江—磐安	787	76
东阳—遂昌	67	磐安—丽水	104	浦江—缙云	211	浦江—缙云	362	浦江—缙云	635	松阳—龙游	739	77
兰溪—磐安	66	东阳—遂昌	102	永康—遂昌	207	松阳—龙游	345	松阳—龙游	621	浦江—缙云	730	78
浦江—缙云	62	磐安—缙云	100	兰溪—松阳	203	武义—遂昌	321	兰溪—松阳	528	兰溪—松阳	627	79
金华—云和	61	永康—遂昌	99	金华—云和	184	兰溪—松阳	311	武义—遂昌	500	武义—遂昌	584	80
缙云—龙游	58	金华—云和	96	东阳—遂昌	166	缙云—龙游	284	金华—云和	480	金华—云和	572	81
浦江—磐安	58	兰溪—磐安	92	兰溪—磐安	165	金华—云和	271	缙云—龙游	470	东阳—松阳	550	82
永康—云和	58	永康—云和	89	永康—云和	158	兰溪—磐安	260	东阳—松阳	457	缙云—龙游	546	83
永康—遂昌	52	缙云—龙游	83	缙云—龙游	145	东阳—遂昌	246	兰溪—磐安	438	兰溪—磐安	511	84
东阳—松阳	42	松阳—缙云	70	东阳—松阳	144	永康—云和	244	永康—云和	406	义乌—云和	492	85
磐安—衢州	42	东阳—松阳	70	义乌—云和	140	义乌—云和	218	义乌—云和	404	永康—云和	479	86
义乌—云和	39	义乌—云和	62	磐安—衢州	131	松阳—缙云	216	东阳—遂昌	391	磐安—衢州	468	87
松阳—缙云	37	磐安—衢州	59	松阳—缙云	129	东阳—松阳	215	磐安—衢州	385	东阳—遂昌	460	88
武义—遂昌	35	遂昌—缙云	54	武义—遂昌	124	磐安—衢州	215	松阳—缙云	362	松阳—缙云	436	89
云和—衢州	35	东阳—云和	51	松阳—云和	115	云和—衢州	202	云和—衢州	312	云和—衢州	378	90
东阳—云和	34	武义—遂昌	50	缙云—云和	99	松阳—云和	177	松阳—云和	311	松阳—云和	376	91
松阳—云和	33	云和—衢州	49	遂昌—缙云	98	缙云—云和	164	缙云—云和	279	缙云—云和	330	92
遂昌—缙云	29	松阳—云和	45	云和—衢州	96	遂昌—缙云	163	遂昌—缙云	258	遂昌—缙云	302	93
缙云—云和	28	浦江—遂昌	42	东阳—云和	93	浦江—遂昌	156	东阳—云和	240	东阳—云和	284	94
浦江—遂昌	28	缙云—云和	41	浦江—遂昌	74	东阳—云和	138	浦江—遂昌	239	浦江—遂昌	275	95
兰溪—云和	27	兰溪—云和	37	磐安—龙游	66	遂昌—云和	114	磐安—龙游	176	磐安—龙游	206	96
遂昌—云和	21	浦江—松阳	33	浦江—松阳	60	磐安—龙游	107	遂昌—云和	173	遂昌—云和	204	97
磐安—龙游	20	遂昌—云和	30	兰溪—云和	54	浦江—松阳	106	浦江—松阳	173	浦江—松阳	203	98
武义—云和	20	武义—云和	28	云和—龙游	54	兰溪—云和	88	武义—云和	158	武义—云和	185	99
浦江—松阳	18	磐安—龙游	28	武义—云和	50	云和—龙游	86	兰溪—云和	155	兰溪—云和	180	100
云和—龙游	17	云和—龙游	23	遂昌—云和	50	武义—云和	82	云和—龙游	139	云和—龙游	163	101

地区	年份 2000	地区	年份 2003	地区	年份 2006	地区	年份 2009	地区	年份 2012	地区	年份 2014	排序
磐安—松阳	9	磐安—松阳	15	磐安—遂昌	28	磐安—松阳	47	磐安—松阳	84	磐安—松阳	102	102
磐安—遂昌	8	浦江—云和	14	磐安—松阳	28	浦江—云和	44	浦江—云和	78	浦江—云和	90	103
浦江—云和	7	磐安—遂昌	13	浦江—云和	25	磐安—遂昌	43	磐安—遂昌	73	磐安—遂昌	86	104
磐安—云和	7	磐安—云和	10	磐安—云和	20	磐安—云和	30	磐安—云和	49	磐安—云和	59	105

　　浙中城市群的交通联系指数呈逐年上升态势,2012—2004 年的增幅有所增加。各县市的交通联系量排名依次为金华、义乌、东阳、龙游、丽水、永康、衢州、浦江、兰溪、武义、缙云、松阳、遂昌、云和和磐安。其中,金华、义乌的交通联系强度明显高于其他县市,金华、义乌和龙游三者历年的交通联系强度约占整个浙中城市群交通联系强度的 35%。目前,在浙中城市群中,金华、兰溪、义乌、永康、武义、丽水、缙云、衢州、龙游有铁路交通而其余县市没有。在浙中城市群中占主要地位的公路交通方面,杭金衢高速路、国道 205、320 和 330 联通东阳、义乌、金华、龙游和衢州,金丽温高速和国道 330 连接金华、武义、永康、缙云和丽水,其余各县市间的道路多为省道、乡道等低等级公路。

　　具体到各县市间的交通联系强度变化(表 10-1-3),交通联系强度都有所加强,有高等级道路通过的县市的交通联系强度明显高于其他县市。2006年,浙中城市群的交通联系主要集中在金华—义乌和衢州—龙游,金华与东阳、永康、浦江,丽水与松阳、缙云、云和的交通联系也较密切。随后,金华与衢州、丽水的交通联系不断加强,直至 2014 年,浙中城市群的主要交通联系集中于金华、义乌、东阳三者构成的三角地带,其交通联系发育最明显,是浙中城市群交通联系最密切的地区。三者与其他县市的交通联系发育也较明显,此外,金华与其余周边县市、丽水与缙云也有较强的交通联系。其余各县市间的交通联系则发育较为缓慢。浙中城市群的内部交通联系呈现出西北部交通联系强而西南部交通联系弱的现状。

表 10-1-3　各县市间的交通联系强度

地区	年份 2006	地区	年份 2009	地区	年份 2012	地区	年份 2014	排序
金华—义乌	957	金华—义乌	1183	金华—义乌	1417	金华—义乌	1565	1
衢州—龙游	885	衢州—龙游	940	衢州—龙游	1022	金华—东阳	1150	2
义乌—东阳	685	义乌—东阳	850	义乌—东阳	1005	义乌—东阳	1130	3
金华—东阳	660	金华—东阳	815	金华—东阳	955	衢州—龙游	1108	4
丽水—缙云	571	金华—永康	656	金华—永康	784	金华—永康	917	5
金华—永康	545	丽水—缙云	622	金华—浦江	765	金华—浦江	900	6
金华—浦江	495	金华—浦江	605	丽水—缙云	697	金华—兰溪	876	7
丽水—云和	475	丽水—云和	545	金华—龙游	645	金华—衢州	816	8
丽水—松阳	410	丽水—松阳	485	丽水—云和	625	丽水—缙云	772	9
东阳—永康	395	金华—兰溪	476	金华—衢州	614	金华—龙游	769	10
金华—衢州	385	金华—龙游	465	金华—兰溪	571	丽水—云和	695	11
义乌—永康	363	金华—衢州	461	义乌—浦江	570	义乌—永康	673	12
金华—兰溪	356	东阳—永康	455	丽水—松阳	565	金华—武义	667	13
金华—武义	349	义乌—永康	453	义乌—永康	556	义乌—浦江	665	14
义乌—浦江	340	金华—武义	439	金华—武义	528	兰溪—义乌	661	15
金华—龙游	334	义乌—浦江	435	东阳—永康	500	丽水—松阳	650	16
东阳—浦江	320	永康—武义	430	永康—武义	465	东阳—永康	615	17
永康—武义	310	东阳—浦江	380	东阳—浦江	450	永康—武义	610	18
兰溪—浦江	285	兰溪—浦江	355	兰溪—浦江	445	金华—丽水	547	19
东阳—磐安	280	兰溪—东阳	350	兰溪—东阳	430	兰溪—浦江	535	20
金华—丽水	274	金华—丽水	335	兰溪—义乌	426	义乌—衢州	518	21
兰溪—义乌	261	兰溪—义乌	326	金华—丽水	419	兰溪—东阳	515	22
遂昌—松阳	240	东阳—磐安	310	义乌—衢州	389	东阳—浦江	480	23
兰溪—东阳	235	义乌—磐安	305	东阳—磐安	380	义乌—龙游	469	24
义乌—磐安	225	义乌—衢州	296	义乌—磐安	375	东阳—磐安	445	25
松阳—云和	225	遂昌—松阳	275	义乌—龙游	335	义乌—磐安	430	26
义乌—衢州	210	东阳—衢州	270	金华—磐安	335	东阳—衢州	410	27

续表

地区	年份 2006	地区	年份 2009	地区	年份 2012	地区	年份 2014	排序
义乌—龙游	202	义乌—龙游	262	遂昌—松阳	320	遂昌—松阳	375	28
金华—磐安	195	松阳—云和	260	东阳—衢州	315	金华—磐安	370	29
遂昌—缙云	190	金华—磐安	245	兰溪—龙游	295	兰溪—衢州	360	30
东阳—衢州	180	东阳—龙游	240	松阳—云和	285	兰溪—龙游	360	31
丽水—遂昌	175	遂昌—缙云	230	遂昌—缙云	280	义乌—武义	332	32
兰溪—龙游	170	兰溪—龙游	220	丽水—龙游	261	遂昌—缙云	330	33
东阳—龙游	165	丽水—龙游	210	丽水—遂昌	260	丽水—龙游	321	34
遂昌—龙游	165	丽水—遂昌	210	丽水—衢州	251	金华—遂昌	320	35
松阳—缙云	160	遂昌—龙游	210	金华—遂昌	250	东阳—龙游	320	36
遂昌—云和	145	松阳—缙云	205	永康—缙云	250	松阳—云和	320	37
永康—缙云	143	兰溪—衢州	200	遂昌—云和	245	丽水—遂昌	305	38
丽水—龙游	140	义乌—武义	188	遂昌—龙游	245	永康—缙云	301	39
东阳—武义	140	遂昌—云和	185	兰溪—衢州	240	遂昌—龙游	285	40
永康—浦江	140	永康—缙云	183	松阳—缙云	240	丽水—衢州	282	41
永康—磐安	130	丽水—衢州	180	金华—缙云	237	金华—缙云	282	42
义乌—武义	128	永康—磐安	175	义乌—武义	235	松阳—缙云	275	43
武义—缙云	128	东阳—武义	170	东阳—龙游	225	东阳—武义	270	44
兰溪—衢州	120	金华—遂昌	160	东阳—武义	220	遂昌—云和	265	45
松阳—龙游	115	永康—浦江	160	武义—磐安	205	武义—磐安	250	46
武义—磐安	110	武义—磐安	155	永康—浦江	200	义乌—丽水	241	47
丽水—衢州	110	松阳—龙游	155	松阳—龙游	200	永康—浦江	240	48
遂昌—衢州	110	武义—缙云	153	永康—磐安	195	兰溪—永康	235	49
武义—丽水	104	遂昌—衢州	150	兰溪—永康	190	松阳—龙游	235	50
义乌—丽水	100	金华—缙云	148	遂昌—衢州	190	武义—丽水	224	51
武义—龙游	100	义乌—丽水	141	义乌—丽水	186	武义—缙云	220	52
金华—遂昌	100	武义—丽水	135	武义—缙云	184	遂昌—衢州	220	53
武义—衢州	95	兰溪—永康	130	武义—丽水	172	永康—磐安	215	54

续表

地区	年份 2006	地区	年份 2009	地区	年份 2012	地区	年份 2014	排序
永康—丽水	94	武义—龙游	125	兰溪—武义	160	兰溪—武义	200	55
缙云—龙游	90	永康—丽水	125	武义—浦江	160	武义—浦江	195	56
兰溪—永康	90	武义—浦江	120	永康—丽水	157	义乌—缙云	188	57
武义—浦江	90	武义—衢州	120	缙云—龙游	150	永康—丽水	180	58
武义—松阳	90	缙云—龙游	115	义乌—缙云	149	武义—龙游	175	59
金华—缙云	82	义乌—缙云	115	武义—衢州	145	武义—衢州	170	60
义乌—缙云	74	东阳—缙云	105	武义—龙游	140	东阳—缙云	170	61
东阳—丽水	70	云和—龙游	105	东阳—丽水	135	浦江—龙游	170	62
东阳—缙云	70	兰溪—武义	100	东阳—缙云	135	缙云—龙游	165	63
浦江—龙游	70	武义—松阳	100	浦江—龙游	130	东阳—丽水	165	64
缙云—云和	70	缙云—云和	100	云和—龙游	130	缙云—云和	155	65
云和—龙游	70	东阳—丽水	95	缙云—云和	125	云和—龙游	155	66
兰溪—武义	65	浦江—龙游	90	武义—松阳	115	永康—龙游	150	67
永康—龙游	60	永康—衢州	80	永康—龙游	110	永康—衢州	140	68
浦江—磐安	60	浦江—磐安	75	永康—衢州	105	浦江—磐安	140	69
永康—衢州	55	永康—龙游	70	浦江—磐安	105	金华—松阳	135	70
武义—遂昌	55	武义—云和	70	金华—松阳	95	武义—松阳	135	71
武义—云和	55	松阳—衢州	70	兰溪—遂昌	95	松阳—衢州	135	72
浦江—衢州	50	武义—遂昌	65	松阳—衢州	95	兰溪—遂昌	120	73
金华—松阳	45	浦江—衢州	65	武义—云和	85	兰溪—丽水	115	74
松阳—衢州	45	金华—松阳	60	浦江—衢州	85	浦江—衢州	115	75
兰溪—磐安	40	兰溪—遂昌	60	兰溪—丽水	80	武义—云和	110	76
义乌—遂昌	35	兰溪—磐安	55	武义—遂昌	80	武义—遂昌	105	77
义乌—松阳	35	义乌—遂昌	55	兰溪—磐安	75	兰溪—磐安	100	78
浦江—丽水	35	兰溪—丽水	50	义乌—遂昌	70	义乌—遂昌	95	79
东阳—松阳	30	缙云—衢州	45	浦江—丽水	70	浦江—丽水	85	80
浦江—缙云	30	义乌—松阳	45	缙云—衢州	56	东阳—遂昌	75	81

地区	年份 2006	地区	年份 2009	地区	年份 2012	地区	年份 2014	排序
磐安—龙游	30	浦江—丽水	45	义乌—松阳	55	义乌—松阳	70	82
缙云—衢州	30	东阳—遂昌	40	兰溪—松阳	50	云和—衢州	70	83
兰溪—丽水	25	东阳—松阳	40	兰溪—缙云	50	缙云—衢州	66	84
兰溪—遂昌	25	浦江—缙云	40	东阳—遂昌	50	磐安—缙云	65	85
兰溪—松阳	25	云和—衢州	40	浦江—缙云	50	兰溪—松阳	60	86
东阳—遂昌	25	兰溪—松阳	35	云和—衢州	50	兰溪—缙云	60	87
兰溪—缙云	20	兰溪—缙云	30	东阳—松阳	45	浦江—缙云	60	88
东阳—云和	20	永康—云和	30	磐安—缙云	45	东阳—松阳	55	89
永康—松阳	20	磐安—丽水	30	永康—云和	40	永康—松阳	50	90
永康—云和	20	磐安—缙云	30	磐安—丽水	40	磐安—丽水	50	91
磐安—丽水	20	磐安—龙游	30	义乌—云和	35	金华—云和	45	92
磐安—衢州	20	义乌—云和	25	永康—松阳	35	义乌—云和	45	93
云和—衢州	20	东阳—云和	25	磐安—衢州	35	永康—云和	40	94
金华—云和	15	永康—松阳	25	金华—云和	30	磐安—衢州	40	95
义乌—云和	15	磐安—衢州	25	东阳—云和	30	磐安—龙游	40	96
永康—遂昌	15	金华—云和	20	磐安—龙游	30	兰溪—云和	35	97
浦江—松阳	15	永康—遂昌	20	兰溪—云和	25	东阳—云和	35	98
浦江—云和	15	兰溪—云和	15	永康—遂昌	25	永康—遂昌	35	99
磐安—缙云	15	浦江—遂昌	15	浦江—松阳	25	磐安—松阳	35	100
兰溪—云和	10	浦江—松阳	15	浦江—云和	25	浦江—松阳	30	101
浦江—遂昌	10	浦江—云和	15	磐安—松阳	25	浦江—遂昌	25	102
磐安—遂昌	10	磐安—遂昌	15	浦江—遂昌	20	浦江—云和	25	103
磐安—松阳	10	磐安—松阳	15	磐安—云和	20	磐安—云和	20	104
磐安—云和	10	磐安—云和	15	磐安—遂昌	15	磐安—遂昌	15	105

五、物流联系发育程度评估

运用物流联系指数模型可以得到浙中城市群2000年至2014年的物流联系指数和各县市的物流联系总量(图10-1-3)。浙中城市群的物流联系强度呈现出波动上升的趋势,2000—2003年、2003—2006年物流联系强度的增速基本一致,2009年物流联系强度突然下降,随后便快速回升,至2014年,物流联系强度又稍有下降,总体呈现上升态势。对于各县市历年的物流联系总量,金华、义乌、东阳的物流联系总量稍高于其他县市,龙游、丽水、永康、衢州、浦江、兰溪、武义、缙云紧随随后,松阳、磐安、遂昌、云和的物流联系总量较低。各县市的物流联系总量排序与交通联系总量排序的一致性很高,由此可以看出物流联系与交通联系有很大的相关性。

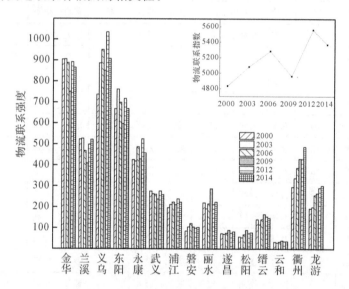

图 10-1-3　物流联系量及物流联系指数

对于各县市间的物流联系量(表 10-1-4),义乌—东阳和金华—义乌的物流联系量始终最高。从总体上看,义乌和金华一直是浙中城市群物流联系发育程度最高的地区。从 2000 年至 2014 年,浙中城市群的物流联系空间发育格局基本不变,集中于义乌和金华及其周边,在衢州和丽水方向稍有发育。浙中城市群物流联系的发育主要是在其空间格局内部的发育,外部的物流联系发育较缓。通过和浙中城市群的交通网对比可知,通过浙中城市群的高等级公里恰好也通过了衢州和丽水。此外,物流对交通有很大的依赖性,尤其在浙中城市群内,公路交通占据主导地位,更是承担了大部分的物流运输。因此,浙中城市群的物流联系强度的空间发育格局基本不变的一个重要因素就是交通因素。

表 10-1-4　各县市间的物流联系强度

地区	年份 2000	地区	年份 2003	地区	年份 2006	地区	年份 2009	地区	年份 2012	地区	年份 2014	排序
义乌—东阳	246.72	义乌—东阳	298.34	义乌—东阳	275.18	义乌—东阳	232.94	义乌—东阳	292.66	义乌—东阳	259.37	1
金华—义乌	158.50	金华—义乌	193.46	金华—义乌	199.42	金华—义乌	162.76	金华—义乌	208.21	金华—义乌	176.37	2
金华—兰溪	157.43	兰溪—东阳	155.96	兰溪—东阳	140.33	兰溪—东阳	118.69	兰溪—东阳	149.14	金华—兰溪	136.63	3
兰溪—东阳	132.34	金华—兰溪	143.30	金华—兰溪	120.26	金华—兰溪	95.44	金华—兰溪	118.44	兰溪—东阳	135.39	4
金华—永康	114.86	金华—永康	108.99	金华—永康	113.77	金华—衢州	90.22	金华—永康	114.14	金华—永康	109.09	5
金华—武义	98.24	金华—东阳	93.99	金华—衢州	93.42	金华—永康	87.84	义乌—永康	99.84	金华—永康	98.03	6
金华—东阳	91.98	金华—武义	91.76	义乌—浦江	87.95	义乌—浦江	82.21	金华—衢州	96.96	衢州—龙游	93.75	7
金华—衢州	77.94	兰溪—义乌	87.08	兰溪—义乌	84.44	衢州—龙游	81.19	义乌—浦江	95.67	兰溪—义乌	85.71	8
兰溪—义乌	77.08	金华—衢州	85.88	义乌—永康	80.11	兰溪—义乌	71.44	兰溪—义乌	95.03	义乌—浦江	81.72	9
义乌—浦江	62.37	义乌—浦江	73.73	金华—武义	79.48	义乌—永康	68.18	衢州—龙游	81.40	义乌—永康	77.50	10
东阳—永康	59.84	东阳—永康	60.91	金华—东阳	78.76	金华—武义	64.28	金华—武义	77.20	金华—东阳	72.91	11
金华—龙游	50.72	义乌—永康	53.18	衢州—龙游	69.19	义乌—衢州	60.83	金华—东阳	74.77	金华—武义	72.61	12
永康—武义	45.01	金华—龙游	48.63	金华—龙游	63.55	金华—东阳	59.74	金华—龙游	66.00	义乌—衢州	67.11	13
金华—丽水	43.63	义乌—衢州	47.86	东阳—永康	57.44	金华—龙游	55.29	义乌—衢州	65.99	金华—龙游	64.39	14
义乌—永康	42.62	衢州—龙游	46.31	义乌—衢州	56.36	东阳—永康	44.15	永康—武义	58.16	永康—武义	49.30	15
金华—浦江	38.83	永康—武义	41.57	永康—武义	51.65	永康—丽水	42.83	东阳—永康	55.43	东阳—永康	48.99	16
义乌—衢州	36.07	金华—浦江	37.42	义乌—武义	37.75	永康—武义	42.38	义乌—武义	41.12	兰溪—衢州	48.42	17
衢州—龙游	36.03	金华—丽水	36.61	永康—丽水	36.70	金华—丽水	40.55	永康—缙云	37.32	义乌—武义	34.95	18
兰溪—衢州	35.49	兰溪—衢州	36.23	金华—丽水	35.25	义乌—丽水	39.84	金华—浦江	36.79	金华—丽水	34.86	19
永康—丽水	33.48	义乌—武义	35.22	金华—浦江	34.25	兰溪—衢州	34.27	兰溪—衢州	35.55	金华—浦江	34.77	20
永康—缙云	31.31	东阳—浦江	33.31	永康—缙云	33.47	义乌—武义	34.12	义乌—龙游	35.22	永康—衢州	34.36	21
义乌—武义	30.30	东阳—衢州	28.89	兰溪—衢州	32.41	永康—缙云	34.08	永康—丽水	35.14	东阳—衢州	33.76	22
东阳—浦江	28.05	永康—丽水	28.47	义乌—龙游	30.43	丽水—缙云	32.69	永康—衢州	33.88	永康—丽水	33.37	23
兰溪—永康	27.80	永康—缙云	24.66	义乌—丽水	30.03	永康—衢州	31.77	金华—丽水	33.09	永康—缙云	32.11	24

续表

地区	年份 2000	地区	年份 2003	地区	年份 2006	地区	年份 2009	地区	年份 2012	地区	年份 2014	排序
金华—缙云	26.72	永康—衢州	24.54	永康—衢州	29.57	义乌—龙游	29.59	义乌—丽水	31.81	兰溪—龙游	31.78	25
东阳—衢州	24.44	兰溪—永康	24.44	东阳—浦江	28.99	金华—浦江	28.65	东阳—衢州	29.16	义乌—龙游	31.05	26
兰溪—龙游	24.27	义乌—龙游	23.47	义乌—磐安	28.51	东阳—衢州	28.05	东阳—浦江	28.69	义乌—丽水	30.29	27
丽水—缙云	24.21	义乌—丽水	23.11	东阳—衢州	27.70	东阳—浦江	25.42	兰溪—龙游	26.91	东阳—浦江	27.91	28
永康—衢州	21.97	兰溪—龙游	21.56	金华—缙云	22.88	丽水—衢州	24.61	义乌—磐安	24.22	兰溪—永康	24.89	29
义乌—丽水	21.84	金华—缙云	20.77	兰溪—龙游	21.22	义乌—磐安	24.06	兰溪—永康	23.94	义乌—磐安	22.86	30
兰溪—武义	19.69	东阳—磐安	19.79	兰溪—永康	21.15	金华—缙云	22.96	金华—缙云	23.55	金华—缙云	22.48	31
义乌—龙游	19.43	义乌—磐安	19.63	丽水—缙云	20.46	东阳—丽水	21.81	义乌—缙云	21.90	丽水—缙云	21.98	32
兰溪—浦江	19.01	东阳—丽水	18.84	东阳—磐安	19.98	义乌—缙云	20.88	丽水—缙云	20.82	丽水—衢州	19.77	33
东阳—丽水	18.30	东阳—武义	17.61	义乌—缙云	18.46	兰溪—龙游	20.21	永康—龙游	18.78	武义—衢州	19.53	34
东阳—武义	17.61	兰溪—浦江	16.97	东阳—丽水	18.08	兰溪—永康	19.12	东阳—武义	17.67	义乌—缙云	18.90	35
东阳—磐安	14.82	丽水—缙云	16.86	金华—磐安	17.70	武义—衢州	17.92	武义—衢州	17.58	东阳—丽水	18.55	36
金华—磐安	14.44	兰溪—武义	16.62	东阳—武义	17.54	浦江—衢州	15.84	东阳—丽水	17.11	东阳—武义	17.10	37
义乌—磐安	14.22	金华—磐安	16.56	永康—磐安	17.08	东阳—磐安	15.82	永康—浦江	16.12	浦江—衢州	16.92	38
金华—遂昌	14.21	永康—磐安	15.07	武义—衢州	15.51	永康—龙游	15.46	丽水—衢州	15.90	东阳—磐安	16.58	39
武义—衢州	14.04	武义—衢州	15.05	永康—龙游	14.92	遂昌—衢州	14.90	东阳—磐安	15.43	永康—龙游	16.51	40
义乌—缙云	13.13	义乌—缙云	14.18	丽水—衢州	14.57	东阳—武义	14.87	浦江—衢州	15.16	兰溪—浦江	15.55	41
武义—丽水	13.06	东阳—龙游	13.42	永康—浦江	14.28	武义—丽水	13.86	东阳—龙游	15.15	兰溪—武义	15.41	42
东阳—龙游	13.05	金华—遂昌	13.05	浦江—衢州	14.17	丽水—松阳	13.84	永康—磐安	14.06	东阳—龙游	15.21	43
丽水—衢州	12.76	丽水—衢州	12.60	东阳—龙游	14.07	金华—磐安	13.37	金华—磐安	13.83	遂昌—衢州	14.70	44
兰溪—丽水	12.68	永康—浦江	12.05	兰溪—浦江	13.36	永康—磐安	13.09	兰溪—浦江	13.59	金华—磐安	14.44	45
永康—磐安	12.46	永康—龙游	11.77	金华—遂昌	12.74	东阳—龙游	12.84	兰溪—武义	13.53	永康—浦江	13.73	46
永康—龙游	12.11	浦江—衢州	11.05	兰溪—武义	12.30	永康—浦江	12.82	东阳—缙云	12.33	永康—磐安	13.23	47
金华—松阳	11.92	东阳—缙云	10.97	遂昌—衢州	11.66	金华—松阳	12.55	金华—松阳	12.09	金华—松阳	12.34	48
永康—浦江	11.41	武义—丽水	10.66	金华—松阳	11.65	兰溪—浦江	12.23	遂昌—衢州	12.02	金华—遂昌	12.32	49
东阳—缙云	10.84	金华—松阳	10.64	东阳—缙云	11.12	金华—遂昌	12.18	金华—遂昌	11.90	东阳—缙云	12.11	50
浦江—衢州	9.74	遂昌—衢州	10.15	武义—丽水	10.76	兰溪—武义	11.75	武义—丽水	10.80	武义—丽水	11.23	51

续表

地区	年份 2000	地区	年份 2003	地区	年份 2006	地区	年份 2009	地区	年份 2012	地区	年份 2014	排序
遂昌—衢州	9.39	兰溪—丽水	9.86	义乌—遂昌	9.19	东阳—缙云	11.73	武义—龙游	10.24	兰溪—丽水	10.35	52
武义—缙云	9.17	义乌—遂昌	8.71	义乌—松阳	8.39	丽水—龙游	11.37	义乌—遂昌	9.74	缙云—衢州	9.91	53
武义—龙游	8.09	武义—龙游	7.55	丽水—龙游	8.21	兰溪—丽水	10.70	义乌—松阳	9.58	武义—龙游	9.86	54
义乌—遂昌	7.88	武义—缙云	6.97	兰溪—丽水	8.19	松阳—衢州	10.47	缙云—衢州	8.79	松阳—衢州	9.56	55
丽水—遂昌	7.71	武义—浦江	6.78	武义—龙游	8.18	缙云—衢州	10.34	武义—缙云	8.72	丽水—龙游	9.20	56
丽水—龙游	7.70	丽水—龙游	6.61	丽水—松阳	8.07	丽水—遂昌	10.23	丽水—龙游	8.53	义乌—遂昌	9.12	57
丽水—松阳	7.48	丽水—遂昌	6.34	缙云—衢州	7.55	义乌—松阳	10.10	兰溪—丽水	8.12	丽水—松阳	9.07	58
武义—浦江	7.23	遂昌—龙游	6.00	武义—缙云	7.54	武义—龙游	9.82	浦江—龙游	8.11	义乌—松阳	8.84	59
缙云—衢州	6.46	丽水—松阳	5.99	磐安—丽水	7.34	武义—龙游	9.16	丽水—松阳	8.04	武义—缙云	8.22	60
丽水—云和	6.41	磐安—丽水	5.96	遂昌—龙游	7.29	磐安—丽水	8.83	松阳—衢州	7.94	遂昌—龙游	8.01	61
遂昌—龙游	6.38	缙云—衢州	5.91	永康—松阳	7.27	武义—缙云	8.47	永康—松阳	7.62	浦江—龙游	7.85	62
磐安—丽水	5.80	松阳—衢州	5.53	松阳—衢州	7.18	丽水—云和	8.42	武义—浦江	7.14	永康—松阳	7.01	63
遂昌—松阳	5.51	磐安—衢州	5.52	浦江—龙游	7.02	遂昌—龙游	8.40	遂昌—龙游	6.98	磐安—衢州	6.80	64
浦江—丽水	5.35	武义—磐安	5.39	武义—浦江	6.45	遂昌—松阳	8.24	永康—遂昌	6.33	遂昌—松阳	6.78	65
松阳—衢州	5.26	永康—松阳	5.38	丽水—遂昌	6.42	永康—松阳	7.95	遂昌—松阳	6.11	丽水—遂昌	6.77	66
金华—云和	5.20	义乌—松阳	5.10	磐安—衢州	6.22	浦江—丽水	7.88	丽水—遂昌	5.91	武义—浦江	6.66	67
浦江—龙游	5.06	浦江—丽水	5.04	永康—遂昌	5.81	浦江—龙游	7.07	浦江—丽水	5.81	磐安—丽水	6.31	68
东阳—遂昌	4.84	丽水—云和	5.02	遂昌—松阳	5.78	磐安—衢州	6.28	丽水—云和	5.55	浦江—丽水	6.07	69
永康—遂昌	4.83	浦江—龙游	4.99	浦江—丽水	5.72	永康—遂昌	6.04	磐安—衢州	5.51	丽水—云和	5.97	70
义乌—松阳	4.75	永康—遂昌	4.95	丽水—云和	5.71	武义—浦江	6.04	磐安—丽水	5.46	永康—遂昌	5.78	71
武义—磐安	4.63	遂昌—松阳	4.83	武义—磐安	5.31	松阳—龙游	5.29	义乌—云和	5.05	兰溪—遂昌	5.31	72
永康—松阳	4.57	东阳—遂昌	4.77	金华—云和	4.86	磐安—缙云	4.99	金华—云和	4.83	松阳—龙游	4.94	73
兰溪—遂昌	4.30	金华—云和	4.71	磐安—缙云	4.76	武义—松阳	4.96	松阳—龙游	4.73	武义—磐安	4.76	74
武义—松阳	4.28	兰溪—磐安	4.42	浦江—磐安	4.44	缙云—龙游	4.88	缙云—龙游	4.72	金华—云和	4.70	75
兰溪—磐安	4.14	浦江—磐安	4.15	义乌—云和	4.43	武义—磐安	4.69	武义—磐安	4.61	缙云—龙游	4.62	76
磐安—衢州	4.09	武义—松阳	3.72	兰溪—遂昌	4.22	义乌—云和	4.59	武义—松阳	4.28	义乌—云和	4.44	77
永康—云和	3.81	兰溪—遂昌	3.66	东阳—遂昌	4.11	金华—云和	4.51	兰溪—遂昌	4.23	东阳—松阳	4.41	78

续表

地区	年份 2000	地区	年份 2003	地区	年份 2006	地区	年份 2009	地区	年份 2012	地区	年份 2014	排序
兰溪—缙云	3.62	义乌—云和	3.50	武义—松阳	4.08	兰溪—遂昌	4.42	东阳—松阳	4.20	武义—松阳	4.31	79
缙云—龙游	3.56	磐安—缙云	3.37	松阳—龙游	4.08	云和—衢州	4.18	永康—云和	4.09	磐安—缙云	4.25	80
磐安—缙云	3.54	永康—云和	3.37	永康—云和	4.05	东阳—松阳	4.13	磐安—缙云	4.07	东阳—遂昌	4.04	81
兰溪—松阳	3.38	东阳—松阳	3.01	兰溪—磐安	3.82	东阳—遂昌	4.12	浦江—缙云	3.80	云和—衢州	4.00	82
浦江—缙云	3.22	松阳—龙游	2.87	缙云—龙游	3.81	浦江—磐安	4.01	东阳—遂昌	3.79	兰溪—磐安	4.00	83
义乌—云和	3.20	缙云—龙游	2.83	东阳—松阳	3.65	浦江—缙云	3.88	浦江—磐安	3.62	兰溪—松阳	3.84	84
松阳—龙游	3.14	兰溪—松阳	2.80	磐安—龙游	3.36	永康—云和	3.81	云和—衢州	3.48	浦江—磐安	3.75	85
浦江—磐安	3.05	浦江—缙云	2.79	浦江—缙云	3.30	武义—遂昌	3.67	武义—遂昌	3.25	浦江—缙云	3.60	86
东阳—松阳	2.96	兰溪—缙云	2.61	云和—衢州	2.96	兰溪—松阳	3.43	兰溪—磐安	3.16	永康—云和	3.59	87
武义—遂昌	2.76	磐安—龙游	2.57	兰溪—松阳	2.91	松阳—缙云	3.32	兰溪—松阳	3.11	武义—遂昌	3.32	88
东阳—云和	2.60	云和—衢州	2.48	武义—遂昌	2.71	兰溪—磐安	3.19	磐安—龙游	2.88	磐安—龙游	3.08	89
云和—衢州	2.41	武义—遂昌	2.47	东阳—云和	2.46	磐安—龙游	3.05	兰溪—缙云	2.65	兰溪—缙云	3.06	90
磐安—龙游	2.18	东阳—云和	2.43	兰溪—缙云	2.39	遂昌—缙云	2.72	松阳—缙云	2.49	松阳—缙云	2.55	91
遂昌—缙云	2.05	浦江—遂昌	1.83	松阳—缙云	2.22	兰溪—缙云	2.65	东阳—云和	2.47	东阳—云和	2.48	92
浦江—遂昌	1.93	遂昌—缙云	1.77	遂昌—缙云	2.05	东阳—云和	2.39	遂昌—缙云	2.08	遂昌—缙云	2.15	93
松阳—缙云	1.76	松阳—缙云	1.52	浦江—遂昌	1.75	浦江—遂昌	2.27	浦江—遂昌	1.93	浦江—遂昌	1.98	94
兰溪—云和	1.71	兰溪—云和	1.39	云和—龙游	1.70	松阳—云和	2.26	云和—龙游	1.82	云和—龙游	1.81	95
武义—云和	1.51	武义—云和	1.30	松阳—云和	1.64	缙云—云和	2.02	松阳—云和	1.73	松阳—云和	1.80	96
缙云—云和	1.46	磐安—遂昌	1.28	缙云—云和	1.57	浦江—松阳	2.01	缙云—云和	1.72	浦江—松阳	1.70	97
云和—龙游	1.31	浦江—松阳	1.24	浦江—松阳	1.52	云和—龙游	1.90	浦江—松阳	1.68	缙云—云和	1.68	98
遂昌—云和	1.27	云和—龙游	1.17	武义—云和	1.35	遂昌—云和	1.71	武义—云和	1.48	兰溪—云和	1.57	99
松阳—云和	1.21	遂昌—云和	1.09	磐安—遂昌	1.35	磐安—松阳	1.52	兰溪—云和	1.33	武义—云和	1.42	100
浦江—松阳	1.18	缙云—云和	1.06	磐安—松阳	1.30	武义—云和	1.40	遂昌—云和	1.28	遂昌—云和	1.35	101
磐安—遂昌	1.07	磐安—松阳	1.06	兰溪—云和	1.22	磐安—遂昌	1.35	磐安—松阳	1.15	磐安—松阳	1.29	102
磐安—松阳	0.89	松阳—云和	1.01	遂昌—云和	1.14	兰溪—云和	1.29	磐安—遂昌	1.03	磐安—遂昌	1.17	103
浦江—云和	0.71	磐安—云和	0.76	磐安—云和	0.87	浦江—云和	0.91	浦江—云和	0.89	浦江—云和	0.86	104
磐安—云和	0.71	浦江—云和	0.75	浦江—云和	0.80	磐安—云和	0.84	磐安—云和	0.68	磐安—云和	0.73	105

六、信息联系发育程度评估

由信息联系指数可知,2000 年至 2014 年浙中城市群的信息联系指数和每个县市的信息联系总量(图 10-1-4)。2000—2004 年,浙中城市群的信息联系指数逐年增加,且增幅也不断增加,呈现出指数增长态势。义乌、金华的信息联系总量历年最大,且远高于其他县市,约占浙中城市群内信息联系总量的40%~50%。对于每个县市来讲,除去遂昌、松阳、缙云、云和的信息联系量稳步增加外,其余各县市的信息联系量增速同浙中城市群信息联系指数的增速一致,基本成"J"形增长,增长十分迅速。

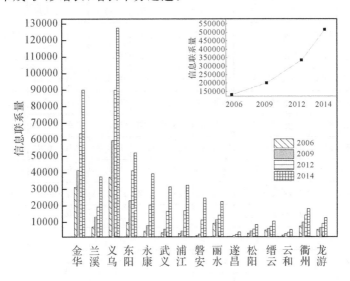

图 10-1-4　信息联系量及信息联系指数

对于各县市之间的信息联系量(表 10-1-5),金华—义乌、义乌—东阳始终最高,远高于其他县市间的信息联系。金华—义乌的信息联系量在 2012 年是义乌—东阳的 1.7 倍,在 2006 年则高达 4 倍。在 2006 年,浙中城市群的信息联系发育空间分布较分散,除去金华—义乌的信息联系最强外,衢州—龙游、义乌—东阳、义乌—兰溪、丽水—缙云等地间的信息联系也稍有发育。至2009 年,信息联系发育空间格局基本不变,但在其信息联系发育的核心区域,信息联系量迅速增加。在 2009 年至 2012 年,核心区域向周边快速扩散,使得金华、义乌的周边信息联系快速发育,浙中城市群的信息联系发育空间格局向外扩张。同时,衢州—龙游、衢州—丽水、丽水—遂昌的信息联系也不同程度发育,信息联系不断加强。到 2014 年,在浙中城市群信息联系发育的核心区域,信息联系量又有了较大幅度的增长。尤其是义乌,其与周边县市的信息联系量都远高于其他县市间的信息联系量,形成一个极核。

表 10-1-5　各县市间的信息联系强度

地区	年份 2006	地区	年份 2009	地区	年份 2012	地区	年份 2014	排序
金华—义乌	20465.78	金华—义乌	25824.50	金华—义乌	31754.23	金华—义乌	39301.01	1
义乌—东阳	4844.73	义乌—东阳	12606.39	义乌—东阳	18449.41	义乌—东阳	20079.11	2
衢州—龙游	4572.72	兰溪—义乌	6726.38	金华—东阳	10086.53	义乌—永康	14815.11	3
兰溪—义乌	3404.60	金华—东阳	5666.69	义乌—永康	8457.50	兰溪—义乌	13836.77	4
丽水—缙云	3369.97	衢州—龙游	4995.37	兰溪—义乌	7783.88	义乌—浦江	11980.34	5
金华—东阳	3077.65	义乌—永康	3886.67	义乌—浦江	6929.19	金华—东阳	11531.03	6
金华—兰溪	2162.80	丽水—缙云	3460.08	义乌—武义	6682.47	义乌—武义	11439.76	7
义乌—永康	2162.39	金华—兰溪	3023.57	衢州—龙游	6500.47	衢州—龙游	9115.24	8
丽水—松阳	1947.54	义乌—武义	2741.16	金华—永康	4623.82	义乌—磐安	8967.00	9
义乌—武义	1646.55	丽水—松阳	2434.83	义乌—磐安	4461.28	金华—永康	8508.02	10
义乌—浦江	1482.59	义乌—浦江	2172.12	金华—兰溪	4255.54	金华—兰溪	7946.18	11
金华—永康	1373.67	金华—永康	1747.09	金华—浦江	3788.28	金华—浦江	6880.07	12
丽水—云和	1180.40	义乌—衢州	1535.57	丽水—缙云	3771.09	金华—武义	6569.62	13
金华—武义	1045.98	丽水—云和	1501.59	金华—武义	3653.39	丽水—缙云	5678.12	14
金华—浦江	941.82	兰溪—东阳	1475.97	丽水—松阳	2727.36	金华—磐安	5149.57	15
义乌—衢州	922.38	义乌—磐安	1296.99	东阳—永康	2686.47	东阳—永康	4346.79	16
义乌—磐安	894.90	金华—武义	1232.18	兰溪—东阳	2472.50	丽水—松阳	4272.36	17
义乌—丽水	630.66	义乌—丽水	1010.65	金华—磐安	2439.04	兰溪—东阳	4059.75	18
丽水—衢州	587.38	金华—浦江	976.39	东阳—浦江	2201.01	东阳—浦江	3515.07	19
金华—衢州	578.33	金华—衢州	902.28	义乌—衢州	2165.75	东阳—武义	3356.46	20
金华—磐安	568.49	东阳—永康	852.85	东阳—武义	2122.64	兰溪—永康	2995.43	21
丽水—遂昌	561.43	丽水—遂昌	761.71	丽水—云和	1829.83	丽水—云和	2698.61	22
松阳—缙云	518.12	丽水—衢州	718.04	东阳—磐安	1417.10	东阳—磐安	2630.94	23
兰溪—东阳	511.98	松阳—缙云	670.78	金华—衢州	1204.22	永康—浦江	2593.55	24

续表

地区	年份 2006	地区	年份 2009	地区	年份 2012	地区	年份 2014	排序
金华—丽水	369.04	东阳—武义	601.50	丽水—衢州	1165.35	永康—武义	2476.52	25
东阳—永康	325.18	金华—磐安	583.01	义乌—丽水	1142.76	兰溪—浦江	2422.28	26
缙云—云和	314.03	金华—丽水	499.64	兰溪—永康	1133.43	兰溪—武义	2312.98	27
义乌—龙游	312.78	义乌—龙游	478.34	丽水—遂昌	1058.96	义乌—衢州	2176.96	28
义乌—缙云	264.52	义乌—缙云	477.86	永康—浦江	1008.98	武义—浦江	2002.66	29
东阳—武义	247.61	东阳—浦江	476.63	永康—武义	973.05	永康—磐安	1941.21	30
兰溪—永康	228.52	兰溪—永康	455.06	兰溪—浦江	928.62	义乌—丽水	1893.49	31
东阳—浦江	222.95	缙云—云和	413.68	兰溪—武义	895.55	兰溪—磐安	1813.02	32
金华—龙游	196.11	东阳—衢州	363.70	武义—浦江	797.22	丽水—遂昌	1736.61	33
兰溪—衢州	195.90	兰溪—衢州	342.41	义乌—龙游	778.46	浦江—磐安	1569.77	34
松阳—云和	181.48	义乌—松阳	342.02	松阳—缙云	778.44	丽水—衢州	1535.00	35
兰溪—武义	174.01	兰溪—武义	320.94	金华—丽水	671.44	武义—磐安	1498.94	36
缙云—衢州	164.32	松阳—云和	291.10	永康—磐安	649.62	金华—衢州	1374.77	37
东阳—衢州	162.15	东阳—丽水	286.92	兰溪—磐安	597.88	金华—丽水	1040.58	38
义乌—松阳	160.33	东阳—磐安	284.60	东阳—衢州	546.83	松阳—缙云	910.09	39
兰溪—浦江	156.68	金华—龙游	281.07	浦江—磐安	532.23	义乌—龙游	875.23	40
金华—缙云	154.79	兰溪—浦江	254.32	缙云—云和	522.27	义乌—缙云	779.86	41
遂昌—缙云	149.36	金华—缙云	236.24	武义—磐安	513.28	东阳—丽水	720.30	42
丽水—龙游	148.92	义乌—云和	231.04	义乌—缙云	512.68	义乌—松阳	632.28	43
东阳—磐安	134.58	缙云—衢州	216.15	兰溪—衢州	494.73	兰溪—衢州	610.02	44
东阳—丽水	133.12	遂昌—缙云	209.85	东阳—丽水	437.04	东阳—衢州	598.14	45
永康—武义	110.52	永康—武义	185.45	金华—龙游	432.85	兰溪—丽水	578.44	46
义乌—云和	101.55	金华—松阳	169.08	义乌—松阳	382.74	缙云—云和	574.85	47
永康—浦江	99.51	兰溪—丽水	167.67	松阳—云和	377.72	丽水—龙游	565.15	48
兰溪—磐安	94.57	义乌—遂昌	162.50	松阳—衢州	367.51	金华—龙游	552.72	49
金华—松阳	93.82	丽水—龙游	159.83	缙云—衢州	366.23	武义—丽水	549.59	50
武义—丽水	92.04	松阳—衢州	153.43	浦江—衢州	323.16	永康—丽水	511.11	51

续表

地区	年份 2006	地区	年份 2009	地区	年份 2012	地区	年份 2014	排序
松阳—衢州	89.78	兰溪—磐安	151.85	丽水—龙游	309.18	松阳—云和	432.53	52
遂昌—松阳	86.32	武义—丽水	149.40	武义—衢州	305.60	金华—缙云	428.58	53
武义—浦江	75.77	遂昌—松阳	147.67	遂昌—缙云	302.25	永康—衢州	425.71	54
兰溪—丽水	72.66	武义—衢州	146.98	金华—缙云	301.23	浦江—衢州	415.82	55
永康—丽水	72.39	永康—浦江	146.95	兰溪—丽水	291.35	缙云—衢州	409.80	56
兰溪—龙游	66.43	永康—衢州	143.61	永康—衢州	284.29	浦江—丽水	405.19	57
义乌—遂昌	64.20	东阳—缙云	135.66	武义—丽水	283.79	松阳—衢州	385.59	58
遂昌—衢州	60.78	永康—丽水	135.42	永康—丽水	249.18	义乌—云和	383.64	59
永康—磐安	60.07	浦江—衢州	124.13	义乌—云和	231.72	遂昌—缙云	369.93	60
金华—云和	59.42	金华—云和	114.22	磐安—衢州	225.69	武义—衢州	367.63	61
武义—衢州	58.39	东阳—龙游	113.29	金华—松阳	224.88	义乌—遂昌	353.27	62
东阳—缙云	55.83	兰溪—龙游	106.66	遂昌—松阳	218.59	金华—松阳	347.48	63
东阳—龙游	54.99	武义—浦江	103.64	义乌—遂昌	201.16	磐安—丽水	324.39	64
永康—衢州	54.17	东阳—松阳	97.10	浦江—丽水	200.88	磐安—衢州	308.35	65
遂昌—云和	52.32	遂昌—衢州	96.22	东阳—龙游	196.56	东阳—缙云	296.67	66
武义—磐安	45.74	浦江—丽水	95.28	东阳—缙云	196.07	遂昌—松阳	278.34	67
浦江—丽水	44.53	遂昌—云和	91.07	遂昌—衢州	178.54	兰溪—龙游	245.26	68
缙云—龙游	41.66	永康—磐安	87.74	兰溪—龙游	177.83	东阳—松阳	240.52	69
浦江—磐安	41.18	金华—遂昌	80.34	云和—衢州	158.17	东阳—龙游	240.48	70
浦江—衢州	39.57	兰溪—缙云	79.28	遂昌—云和	146.66	兰溪—缙云	238.24	71
武义—缙云	38.61	武义—缙云	70.64	东阳—松阳	146.38	武义—缙云	226.36	72
金华—遂昌	37.57	云和—衢州	69.37	磐安—丽水	144.22	遂昌—衢州	218.95	73
云和—衢州	36.47	东阳—云和	65.59	金华—云和	136.15	云和—衢州	215.48	74
东阳—松阳	33.84	磐安—衢州	64.81	兰溪—缙云	130.71	金华—云和	210.83	75
兰溪—缙云	30.48	永康—缙云	64.03	武义—缙云	127.32	永康—缙云	210.51	76
永康—缙云	30.36	武义—磐安	61.88	金华—遂昌	118.20	金华—遂昌	194.14	77
磐安—丽水	27.94	磐安—丽水	56.75	浦江—龙游	116.16	兰溪—松阳	193.15	78

地区	年份	地区	年份	地区	年份	地区	年份	排序
	2006		2009		2012		2014	
武义—松阳	23.40	兰溪—松阳	56.74	永康—缙云	111.79	武义—松阳	183.52	79
松阳—龙游	22.76	武义—松阳	50.56	武义—龙游	109.84	遂昌—云和	175.81	80
磐安—衢州	22.55	浦江—磐安	49.04	永康—龙游	102.19	永康—龙游	171.15	81
东阳—云和	21.43	缙云—龙游	48.11	兰溪—松阳	97.58	永康—松阳	170.67	82
武义—龙游	19.80	东阳—遂昌	46.13	松阳—龙游	97.51	浦江—龙游	167.18	83
浦江—缙云	18.68	永康—松阳	45.83	缙云—龙游	97.17	浦江—缙云	166.88	84
兰溪—松阳	18.47	武义—龙游	45.79	武义—松阳	95.05	缙云—龙游	150.88	85
永康—松阳	18.40	浦江—缙云	45.05	浦江—缙云	90.12	武义—龙游	147.80	86
永康—龙游	18.37	永康—龙游	44.73	东阳—云和	88.62	东阳—云和	145.94	87
遂昌—龙游	15.41	浦江—龙游	38.67	永康—松阳	83.46	松阳—龙游	141.96	88
武义—云和	14.82	兰溪—云和	38.33	磐安—龙游	81.12	浦江—松阳	135.30	89
东阳—遂昌	13.55	武义—云和	34.16	东阳—遂昌	76.93	东阳—遂昌	134.38	90
浦江—龙游	13.42	松阳—龙游	34.15	浦江—松阳	67.28	磐安—缙云	133.60	91
磐安—缙云	11.72	浦江—松阳	32.24	磐安—缙云	64.70	磐安—龙游	123.97	92
兰溪—云和	11.70	永康—云和	30.96	兰溪—云和	59.08	兰溪—云和	117.20	93
永康—云和	11.66	兰溪—遂昌	26.96	武义—云和	57.54	武义—云和	111.35	94
浦江—松阳	11.32	磐安—缙云	26.83	兰溪—遂昌	51.29	磐安—松阳	108.32	95
武义—遂昌	9.37	武义—遂昌	24.02	永康—云和	50.53	兰溪—遂昌	107.92	96
云和—龙游	9.25	浦江—云和	21.78	武义—遂昌	49.96	永康—云和	103.56	97
磐安—龙游	7.65	永康—遂昌	21.77	磐安—松阳	48.30	武义—遂昌	102.54	98
兰溪—遂昌	7.40	遂昌—龙游	21.42	遂昌—龙游	47.37	永康—遂昌	95.36	99
永康—遂昌	7.37	磐安—龙游	20.19	永康—遂昌	43.86	浦江—云和	82.10	100
浦江—云和	7.17	磐安—松阳	19.21	云和—龙游	41.96	遂昌—龙游	80.61	101
磐安—松阳	7.10	云和—龙游	15.44	浦江—云和	40.73	云和—龙游	79.33	102
浦江—遂昌	4.53	浦江—遂昌	15.32	浦江—遂昌	35.36	浦江—遂昌	75.60	103
磐安—云和	4.50	磐安—云和	12.97	磐安—云和	29.24	磐安—云和	65.72	104
磐安—遂昌	2.84	磐安—遂昌	9.13	磐安—遂昌	25.39	磐安—遂昌	60.52	105

七、金融联系发育程度评估

通过金融联系指数的计算公式,可以得到浙中城市群 2000 年至 2014 年的金融联系指数和各县市的金融联系总强度(图 10-1-5)。浙中城市群的金融联系强度不断增加,且增长速度不断加快。2000—2006 年浙中城市群金融联

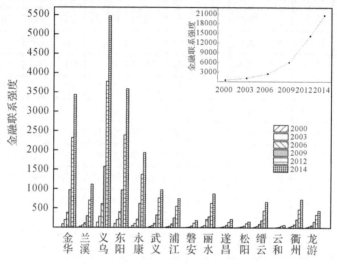

图 10-1-5　金融联系强度及金融联系指数

系强度增长缓慢,2006 年之后,增长速度显著提升。在各县市中,义乌的金融联系强度远远高于其他县市,居于其后的是东阳和金华,两者也明显的高于其他县市。具体到各县市间的金融联系(表 10-1-6),在 2000 年,浙中城市群内的金融联系较弱,只在义乌—东阳及义乌和金华的周边县市发育。至 2003 年,金华—义乌金融联系不断加强的同时,还向两个方向延伸发育,分别是金华—龙游—衢州一线和义乌(东阳)—永康—缙云—丽水一线,使得浙中城市群的金融联系发育的空间格局迅速扩张。至 2006 年,金融联系主要发育在金华、义乌及其周边县市,且丽水与周边县市的金融联系也快速扩张发育,金融联系不断加强。至 2009 年,除遂昌、松阳和磐安的金融联系较弱外,金华、义乌、丽水和衢州与周边县市的金融联系显著增加,浙中城市群金融联系空间发育格局迅速扩大。在 2012 年,义乌的金融联系发育迅猛,形成一极。到 2014年,浙中城市群的金融发育空间格局呈现出多点的放射状,义乌、金华、东阳、丽水、永康、武义、衢州即为金融联系的多个核心,浙中城市群的金融联系发育较为均衡。

表 10-1-6　各县市间的金融联系强度

地区	年份 2000	地区	年份 2003	地区	年份 2006	地区	年份 2009	地区	年份 2012	地区	年份 2014	排序
义乌—东阳	77.73	义乌—东阳	159.21	义乌—东阳	326.26	义乌—东阳	793.18	义乌—东阳	1969.23	义乌—东阳	2938.45	1
金华—义乌	20.22	金华—义乌	50.19	金华—义乌	103.18	金华—义乌	274.32	金华—义乌	670.87	金华—义乌	968.63	2
金华—兰溪	18.08	金华—兰溪	37.52	金华—兰溪	70.70	金华—兰溪	184.22	金华—兰溪	447.92	金华—兰溪	725.99	3
义乌—浦江	11.01	金华—永康	24.09	义乌—浦江	55.27	义乌—永康	159.65	义乌—永康	348.18	义乌—永康	482.55	4
金华—永康	10.46	义乌—永康	21.73	义乌—永康	47.86	义乌—浦江	156.48	义乌—浦江	346.48	义乌—浦江	459.14	5
义乌—永康	9.76	义乌—浦江	21.42	丽水—缙云	45.58	金华—永康	132.74	金华—永康	300.79	金华—永康	442.60	6
金华—武义	7.91	金华—武义	18.59	金华—永康	45.00	金华—武义	111.24	金华—武义	276.70	金华—武义	360.95	7
衢州—龙游	6.81	衢州—龙游	15.24	金华—丽水	37.40	永康—武义	101.72	永康—武义	225.65	永康—武义	282.55	8
永康—武义	6.00	丽水—缙云	12.65	金华—武义	36.93	衢州—龙游	61.07	永康—缙云	134.27	永康—缙云	204.42	9
金华—东阳	5.90	永康—武义	12.65	永康—丽水	35.86	永康—缙云	59.31	丽水—缙云	131.11	丽水—缙云	192.36	10
东阳—永康	5.31	金华—东阳	12.51	永康—武义	26.92	丽水—缙云	56.50	衢州—龙游	125.30	金华—东阳	191.07	11
永康—缙云	4.98	永康—缙云	11.99	义乌—丽水	25.48	永康—丽水	55.19	金华—东阳	120.61	金华—衢州	189.24	12
丽水—缙云	4.96	金华—衢州	11.52	衢州—龙游	24.06	东阳—永康	50.72	东阳—永康	116.69	东阳—永康	177.44	13
金华—衢州	4.72	金华—龙游	10.35	金华—东阳	21.75	金华—衢州	48.89	金华—衢州	115.69	衢州—龙游	171.22	14
金华—龙游	4.39	东阳—永康	10.10	永康—缙云	19.90	金华—东阳	46.75	永康—丽水	114.31	永康—丽水	155.60	15
金华—丽水	3.78	金华—丽水	9.22	金华—衢州	19.07	金华—丽水	45.88	金华—丽水	106.57	金华—丽水	151.12	16
永康—丽水	3.77	永康—丽水	8.25	东阳—永康	18.81	金华—龙游	40.08	义乌—武义	94.00	兰溪—义乌	120.45	17
金华—浦江	3.17	金华—浦江	6.38	金华—龙游	17.22	义乌—武义	39.26	金华—龙游	88.31	金华—浦江	113.16	18
兰溪—义乌	2.57	义乌—丽水	5.33	金华—浦江	13.97	义乌—丽水	35.34	金华—浦江	80.43	金华—龙游	113.09	19
东阳—浦江	2.32	金华—缙云	5.20	武义—丽水	13.03	金华—浦江	34.96	义乌—丽水	79.01	义乌—武义	115.50	20
义乌—丽水	2.26	兰溪—义乌	5.15	义乌—武义	11.53	兰溪—义乌	33.72	兰溪—义乌	78.90	义乌—丽水	105.21	21
义乌—武义	2.17	义乌—武义	4.92	兰溪—义乌	11.44	义乌—衢州	24.67	义乌—衢州	56.19	义乌—衢州	86.57	22
金华—缙云	1.94	义乌—衢州	4.36	丽水—松阳	10.05	武义—丽水	20.48	金华—缙云	48.56	金华—缙云	77.01	23
义乌—衢州	1.85	东阳—浦江	3.86	东阳—丽水	9.75	东阳—浦江	19.30	武义—丽水	46.57	东阳—浦江	68.83	24
兰溪—龙游	1.73	义乌—缙云	3.85	丽水—衢州	9.60	金华—缙云	19.13	义乌—缙云	46.07	义乌—磐安	65.53	25
兰溪—衢州	1.49	兰溪—龙游	3.30	义乌—衢州	8.51	义乌—缙云	18.86	东阳—浦江	45.07	兰溪—衢州	59.67	26
义乌—缙云	1.48	金华—遂昌	3.02	东阳—浦江	8.43	兰溪—龙游	15.29	义乌—磐安	39.05	兰溪—衢州	58.55	27

续表

地区	年份 2000	地区	年份 2003	地区	年份 2006	地区	年份 2009	地区	年份 2012	地区	年份 2014	排序
东阳—磐安	1.39	兰溪—衢州	2.94	金华—缙云	8.05	兰溪—衢州	14.95	兰溪—衢州	33.85	武义—丽水	56.19	28
武义—丽水	1.26	遂昌—衢州	2.83	义乌—缙云	7.02	义乌—磐安	14.60	兰溪—龙游	32.23	金华—遂昌	45.32	29
义乌—磐安	1.24	武义—丽水	2.82	丽水—遂昌	6.52	义乌—龙游	13.06	武义—缙云	28.75	东阳—磐安	45.31	30
丽水—松阳	1.22	丽水—松阳	2.72	兰溪—龙游	5.93	永康—衢州	12.88	金华—遂昌	28.61	遂昌—衢州	43.76	31
东阳—丽水	1.20	义乌—龙游	2.53	金华—遂昌	5.38	丽水—衢州	12.84	丽水—衢州	27.78	兰溪—龙游	43.63	32
金华—遂昌	1.12	丽水—衢州	2.49	兰溪—衢州	5.26	兰溪—永康	12.48	义乌—龙游	27.70	永康—衢州	42.69	33
义乌—龙游	1.11	东阳—丽水	2.41	丽水—云和	5.24	金华—遂昌	12.45	丽水—松阳	27.44	兰溪—永康	42.09	34
遂昌—衢州	1.11	义乌—磐安	2.35	义乌—磐安	5.17	丽水—松阳	12.43	永康—衢州	27.19	丽水—衢州	42.03	35
丽水—衢州	1.08	永康—衢州	2.26	义乌—龙游	4.96	遂昌—衢州	12.09	兰溪—永康	27.06	武义—缙云	38.81	36
永康—衢州	1.03	东阳—磐安	2.25	遂昌—衢州	4.79	武义—缙云	11.57	东阳—磐安	27.02	东阳—丽水	37.79	37
兰溪—永康	1.02	武义—缙云	2.15	丽水—龙游	4.58	永康—浦江	11.42	遂昌—衢州	25.89	丽水—松阳	37.13	38
东阳—武义	0.93	兰溪—永康	1.89	兰溪—丽水	4.52	东阳—丽水	10.93	东阳—丽水	25.78	东阳—武义	33.52	39
武义—缙云	0.88	东阳—缙云	1.87	东阳—磐安	4.19	东阳—武义	9.85	东阳—武义	24.86	义乌—龙游	33.41	40
永康—浦江	0.86	金华—松阳	1.86	永康—衢州	4.01	东阳—磐安	9.58	永康—浦江	23.43	永康—浦江	31.64	41
兰溪—东阳	0.85	遂昌—松阳	1.83	兰溪—永康	3.82	丽水—遂昌	7.87	永康—磐安	18.05	永康—磐安	28.12	42
东阳—缙云	0.84	东阳—武义	1.80	武义—缙云	3.80	兰溪—武义	7.32	兰溪—武义	17.43	兰溪—东阳	26.96	43
金华—松阳	0.79	丽水—遂昌	1.57	永康—浦江	3.64	永康—磐安	7.29	金华—松阳	16.86	东阳—缙云	26.50	44
东阳—衢州	0.78	东阳—衢州	1.57	东阳—武义	3.58	兰溪—浦江	7.29	丽水—遂昌	16.54	金华—松阳	24.66	45
遂昌—松阳	0.75	永康—浦江	1.55	浦江—丽水	2.97	金华—松阳	6.98	东阳—缙云	16.17	东阳—衢州	24.65	46
兰溪—浦江	0.68	兰溪—东阳	1.46	遂昌—松阳	2.96	遂昌—松阳	6.92	兰溪—东阳	16.10	丽水—遂昌	24.23	47
永康—磐安	0.66	永康—龙游	1.31	金华—松阳	2.94	永康—龙游	6.84	兰溪—浦江	16.04	兰溪—武义	24.04	48
永康—龙游	0.62	丽水—云和	1.28	东阳—缙云	2.89	武义—衢州	6.53	武义—衢州	15.12	兰溪—浦江	23.86	49
丽水—遂昌	0.62	丽水—龙游	1.18	兰溪—东阳	2.74	兰溪—东阳	6.52	遂昌—松阳	15.12	遂昌—松阳	22.84	50
丽水—云和	0.58	永康—磐安	1.16	兰溪—浦江	2.63	东阳—缙云	6.27	丽水—云和	14.68	武义—衢州	21.05	51
兰溪—武义	0.54	遂昌—龙游	1.16	东阳—衢州	2.59	兰溪—丽水	6.14	东阳—衢州	14.58	兰溪—丽水	20.47	52
丽水—龙游	0.53	兰溪—浦江	1.11	永康—龙游	2.34	东阳—衢州	6.07	兰溪—丽水	13.65	丽水—云和	19.97	53
兰溪—丽水	0.52	武义—衢州	1.05	永康—磐安	2.32	丽水—云和	5.94	永康—龙游	13.43	义乌—遂昌	18.84	54

续表

地区	年份 2000	地区	年份 2003	地区	年份 2006	地区	年份 2009	地区	年份 2012	地区	年份 2014	排序
武义—衢州	0.47	义乌—遂昌	1.04	兰溪—武义	2.19	义乌—遂昌	5.71	义乌—遂昌	12.63	金华—磐安	18.36	55
遂昌—龙游	0.47	兰溪—丽水	1.03	义乌—遂昌	2.18	丽水—龙游	5.56	金华—磐安	11.31	永康—龙游	16.51	56
金华—磐安	0.45	兰溪—武义	1.02	武义—衢州	1.99	永康—遂昌	4.60	丽水—龙游	11.20	永康—遂昌	14.34	57
东阳—龙游	0.44	松阳—衢州	0.95	遂昌—龙游	1.97	遂昌—龙游	4.51	浦江—衢州	9.47	浦江—衢州	14.22	58
松阳—衢州	0.43	缙云—衢州	0.90	金华—磐安	1.63	浦江—衢州	4.42	永康—遂昌	9.43	缙云—衢州	13.74	59
浦江—衢州	0.41	金华—磐安	0.87	浦江—衢州	1.62	金华—磐安	4.07	遂昌—龙游	8.99	丽水—龙游	13.27	60
义乌—遂昌	0.40	东阳—龙游	0.85	永康—遂昌	1.58	武义—龙游	4.00	义乌—松阳	8.85	松阳—衢州	12.97	61
永康—松阳	0.36	永康—遂昌	0.83	磐安—丽水	1.57	浦江—丽水	3.88	武义—龙游	8.62	义乌—松阳	12.20	62
缙云—衢州	0.35	浦江—衢州	0.78	松阳—衢州	1.43	武义—浦江	3.83	武义—浦江	8.61	遂昌—龙游	11.90	63
永康—遂昌	0.34	义乌—松阳	0.76	义乌—松阳	1.42	永康—松阳	3.82	松阳—衢州	8.31	永康—松阳	11.56	64
义乌—松阳	0.34	永康—松阳	0.76	东阳—龙游	1.41	义乌—松阳	3.81	永康—松阳	8.23	浦江—丽水	10.63	65
武义—龙游	0.33	武义—龙游	0.71	武义—龙游	1.34	松阳—衢州	3.70	浦江—丽水	8.17	武义—浦江	10.31	66
浦江—丽水	0.31	金华—云和	0.61	缙云—衢州	1.33	缙云—衢州	3.43	缙云—衢州	8.12	武义—龙游	9.39	67
金华—云和	0.26	浦江—丽水	0.58	永康—松阳	1.28	东阳—龙游	3.01	东阳—龙游	6.72	金华—云和	9.29	68
武义—浦江	0.26	兰溪—缙云	0.51	武义—浦江	1.19	武义—遂昌	2.64	金华—云和	6.31	兰溪—缙云	9.15	69
浦江—龙游	0.25	松阳—缙云	0.49	金华—云和	1.08	浦江—龙游	2.38	武义—遂昌	5.94	东阳—龙游	8.90	70
兰溪—缙云	0.23	武义—浦江	0.48	浦江—龙游	0.96	金华—云和	2.34	兰溪—缙云	5.45	兰溪—遂昌	8.49	71
松阳—云和	0.22	兰溪—遂昌	0.47	兰溪—遂昌	0.90	兰溪—遂昌	2.31	磐安—丽水	5.19	武义—遂昌	8.00	72
兰溪—遂昌	0.22	缙云—龙游	0.47	武义—遂昌	0.89	兰溪—缙云	2.25	兰溪—遂昌	5.07	磐安—丽水	7.80	73
松阳—缙云	0.20	浦江—龙游	0.46	兰溪—缙云	0.85	磐安—丽水	2.05	武义—松阳	4.79	义乌—云和	6.32	74
磐安—丽水	0.19	松阳—云和	0.46	松阳—云和	0.73	武义—松阳	2.03	浦江—龙游	4.75	磐安—缙云	6.16	75
松阳—龙游	0.19	武义—遂昌	0.44	义乌—云和	0.71	义乌—云和	1.75	义乌—云和	4.56	松阳—缙云	5.99	76
缙云—龙游	0.19	遂昌—缙云	0.42	东阳—遂昌	0.71	浦江—缙云	1.74	松阳—缙云	4.13	武义—松阳	5.96	77
东阳—遂昌	0.18	松阳—龙游	0.41	缙云—龙游	0.69	松阳—缙云	1.64	浦江—缙云	4.00	浦江—缙云	5.83	78
武义—遂昌	0.18	东阳—遂昌	0.40	浦江—缙云	0.69	缙云—龙游	1.62	松阳—缙云	3.96	遂昌—缙云	5.81	79
武义—松阳	0.17	武义—松阳	0.37	松阳—缙云	0.68	松阳—云和	1.61	永康—云和	3.81	松阳—云和	5.79	80
浦江—缙云	0.17	磐安—丽水	0.36	武义—松阳	0.67	永康—云和	1.58	磐安—缙云	3.67	东阳—遂昌	5.73	81

265

续表

地区	年份 2000	地区	年份 2003	地区	年份 2006	地区	年份 2009	地区	年份 2012	地区	年份 2014	排序
云和—衢州	0.16	云和—衢州	0.36	遂昌—缙云	0.66	遂昌—缙云	1.54	云和—衢州	3.58	云和—衢州	5.62	82
东阳—松阳	0.16	浦江—缙云	0.35	松阳—龙游	0.62	东阳—遂昌	1.50	缙云—龙游	3.57	浦江—龙游	5.58	83
磐安—缙云	0.15	义乌—云和	0.34	云和—衢州	0.60	松阳—龙游	1.47	遂昌—缙云	3.54	永康—云和	5.38	84
义乌—云和	0.15	磐安—缙云	0.32	永康—云和	0.58	云和—衢州	1.42	东阳—遂昌	3.50	缙云—龙游	4.73	85
遂昌—缙云	0.15	东阳—松阳	0.31	磐安—缙云	0.52	磐安—缙云	1.32	武义—磐安	3.13	武义—磐安	4.33	86
永康—云和	0.15	永康—云和	0.31	东阳—松阳	0.49	武义—磐安	1.15	松阳—龙游	3.07	兰溪—松阳	3.93	87
兰溪—松阳	0.13	遂昌—云和	0.26	遂昌—云和	0.47	兰溪—松阳	1.10	东阳—松阳	2.60	东阳—松阳	3.92	88
遂昌—云和	0.11	兰溪—松阳	0.24	兰溪—松阳	0.42	东阳—松阳	1.06	兰溪—松阳	2.54	遂昌—云和	3.75	89
浦江—磐安	0.10	缙云—云和	0.22	浦江—磐安	0.36	遂昌—云和	1.01	遂昌—云和	2.47	松阳—龙游	3.75	90
武义—磐安	0.09	武义—磐安	0.17	武义—磐安	0.36	浦江—磐安	0.96	浦江—磐安	2.41	浦江—磐安	3.59	91
缙云—云和	0.09	浦江—磐安	0.15	缙云—云和	0.34	浦江—遂昌	0.83	缙云—云和	2.04	磐安—衢州	3.27	92
磐安—衢州	0.08	磐安—衢州	0.15	浦江—遂昌	0.33	缙云—云和	0.76	磐安—衢州	1.89	缙云—云和	3.11	93
东阳—云和	0.08	浦江—遂昌	0.15	磐安—衢州	0.27	磐安—衢州	0.73	武义—云和	1.72	兰溪—磐安	2.62	94
浦江—遂昌	0.07	东阳—云和	0.15	东阳—云和	0.26	武义—云和	0.65	浦江—遂昌	1.72	浦江—遂昌	2.50	95
兰溪—磐安	0.06	云和—龙游	0.13	武义—云和	0.23	兰溪—磐安	0.57	兰溪—磐安	1.53	东阳—云和	2.16	96
云和—龙游	0.06	武义—云和	0.12	云和—龙游	0.22	东阳—云和	0.52	东阳—云和	1.42	武义—云和	2.15	97
武义—云和	0.05	兰溪—磐安	0.10	兰溪—磐安	0.21	浦江—松阳	0.50	云和—龙游	1.11	兰溪—云和	1.59	98
浦江—松阳	0.05	浦江—松阳	0.10	浦江—松阳	0.20	云和—龙游	0.47	浦江—松阳	1.09	浦江—松阳	1.46	99
兰溪—云和	0.05	兰溪—云和	0.09	兰溪—云和	0.16	兰溪—云和	0.40	兰溪—云和	1.02	云和—龙游	1.37	100
磐安—龙游	0.04	磐安—龙游	0.08	磐安—龙游	0.13	磐安—龙游	0.33	磐安—龙游	0.80	磐安—龙游	1.08	101
浦江—云和	0.02	浦江—云和	0.04	浦江—云和	0.10	浦江—云和	0.23	浦江—云和	0.56	磐安—遂昌	0.87	102
磐安—遂昌	0.02	磐安—遂昌	0.04	磐安—遂昌	0.08	磐安—遂昌	0.21	磐安—遂昌	0.52	浦江—云和	0.75	103
磐安—松阳	0.02	磐安—松阳	0.04	磐安—松阳	0.06	磐安—松阳	0.16	磐安—松阳	0.42	磐安—松阳	0.66	104
磐安—云和	0.01	磐安—云和	0.02	磐安—云和	0.04	磐安—云和	0.09	磐安—云和	0.26	磐安—云和	0.41	105

第二节 浙中城市群发育特征分析

一、经济联系发育特征

总体来说,自 2000 年至 2014 年,浙中城市群物流联系的空间发育结构保持稳定,基本不变。浙中城市群的物流联系以金华为核心,其与周边县市的物流联系最为密切,其次为义乌与周边的县市,核心区域与衢州、丽水的物流联系也有发育。所以,浙中城市群的物流空间发育结构在总体上呈现出以金华周围为核心,在衢州、丽水方向上有线性延伸发育的空间形态。在其空间结构的内部,金华、义乌及其周边的物流联系密切,形成了内部的网络状形态。而金华—衢州一线的物流联系强于金华—丽水一线,因此,金华—衢州的线性发育程度要高于金华—丽水。这使得浙中城市群物流联系的空间发育在北部最强,东边次之,在西部、南部较弱。

对于浙中城市群物流联系的空间发育结构保持稳定,分析其原因,可能与物流行业高度依赖于交通有关。而在浙中城市群内,主要的交通运输方式为公路运输,结合浙中城市群内的公路网可知,区域内的高等级公路(杭金衢高速、金丽温高速)主要集中在金华,而且连接了金华—衢州和金华—丽水,因此,浙中城市群物流联系的空间发育结构会以金华为核心并沿着金华—衢州和金华—丽水两个方向线性发育。

二、交通联系发育特征

2006 年时,浙中城市群交通联系的空间发育已经呈现出较为复杂的网络状结构,在其内部,金华—义乌及其周围的交通联系较密切,衢州—龙游以及丽水与周边县市的交通联系也较为密切。至 2009 年,金华—义乌核心区及其周围县市间的交通联系发育最为明显,使得浙中城市群交通联系发育的网络空间结构复杂。到 2012 年,除金华—义乌核心区域内部交通联系发育明显外,核心区域与衢州、丽水两个方向的联系也有明显加强,浙中城市群交通联系的空间网络结构进一步复杂化。至 2014 年,在浙中城市群交通联系网络中,金华—义乌—东阳构成的三角区域交通联系最为密切,金华与周围县市之间的交通联系强度也较强,呈现出放射状。

从 2006 年至 2014 年,浙中城市群交通联系的空间发育格局始终都呈现出网络状的空间格局,但其网络结构内部的交通联系不断加强,且发育速度不同,使得浙中城市群交通联系的空间网络结构逐渐复杂化。网络结构的内部交通联系变化从发育较为均衡到金华—义乌及周边的核心区域发育明显,再到整个网络空间结构的北部发育明显。

三、物流联系发育特征

总体来说,自 2000 年至 2014 年,浙中城市群物流联系的空间发育结构保持稳定,基本不变。浙中城市群的物流联系以金华为核心,其与周边县市的物流联系最为密切,其次为义乌与周边的县市,核心区域与衢州、丽水的物流联系也有发育。所以,浙中城市群的物流空间发育结构在总体上呈现出以金华周围为核心,在衢州、丽水方向上有线性延伸发育的空间形态。在其空间结构的内部,金华、义乌及其周边的物流联系密切,形成了内部的网络状形态。而金华—衢州一线的物流联系强于金华—丽水一线,因此,金华—衢州的线性发育程度要高于金华—丽水。这使得浙中城市群物流联系的空间发育在北部最强,东边次之,在西部、南部较弱。

对于浙中城市群物流联系的空间发育结构保持稳定,分析其原因,可能与物流行业高度依赖于交通有关。而在浙中城市群内,主要的交通运输方式为公路运输,结合浙中城市群内的公路网可知,区域内的高等级公路(杭金衢高速、金丽温高速)主要集中在金华,而且连接了金华—衢州和金华—丽水,因此,浙中城市群物流联系的空间发育结构会以金华为核心并沿着金华—衢州和金华—丽水两个方向线性发育。

四、信息联系发育特征

在 2006 年,浙中城市群的信息联系在整体上的空间发育呈现出零散状分布,主要集中于三个片区。其中发育程度最高的是金华—义乌一带,包括东阳、兰溪、永康、武义、浦江,在这一范围内,各县市间的信息联系也较密切,在内部形成了网络状的格局。此外,还有丽水与缙云、松阳、云和之间信息联系的放射状格局和衢州—龙游一线的线状格局。至 2009 年,金华—义乌区域分别与衢州、丽水方向的信息联系明显加强,使得浙中城市群信息联系的空间发育格局呈现出以金华—义乌—东阳为核心,在衢州、丽水两个方向上线性发育延伸的格局。在 2012 年时,最突出的变化是衢州和丽水之间的信息联系显著加强,发育明显。加之金华、义乌、东阳三者间的信息联系不断加深,构成了浙中城市群内信息联系发育程度最高的三角地带。因此,此时的浙中城市群信息联系发育的空间结构呈现出网络状的雏形,在简单网络状结构的东北部区域,即金华—义乌—东阳三角区域及周边,显现出较复杂的网络结构。直至2014年,浙中城市群信息联系发育的空间网络状结构稍有复杂化,而其内部东北部区域的信息联系更加密切。

从浙中城市群信息联系空间发育的历程来看,其空间发育格局很明显的经历了三个阶段:(1)整体零散分布,在金华—义乌及周边网络状发育阶段;(2)以金华—义乌—东阳为核心,在衢州、丽水方向线性延伸发育阶段;(3)整体上呈现出网络状的发育阶段,在其内部,东北部的网络状结构明显比西南部的网络状结构复杂。

五、金融联系发育特征

浙中城市群最初时(2000年)金融联系发育的空间格局呈现出"工"字形,三条线性发育带分布于东阳—义乌—浦江、义乌—金华和兰溪—金华—永康。至2003年,金华—龙游—衢州一线和永康—缙云—丽水一线的金融联系明显加强,使浙中城市群金融联系的空间格局发育为以义乌—东阳—金华为核心区域,在衢州、丽水方向上线性延伸的空间结构。至2006年,浙中城市群内偏东部区域的金融联系发育明显,联系密切,浙中城市群金融联系的空间格局发育为金华市(除磐安县)和丽水、缙云这一区域范围内的网络状结构。至2009年,浙中城市群西北部的金融联系明显加强,在西南部也稍有发育,在整体上形成了网络状的空间结构,在其网络结构的内部,东北部的联系明显强于西南部,东北部的网络复杂程度远高度西南部。至2012年,由于西南部各县市间的金融联系日趋紧密,使浙中城市群金融联系的空间发育网络化结构更加完整,更加复杂。而其内部东北部的金华—义乌及其周围区域的金融联系发育更加突出。2014年与2012年相比较,浙中城市群金融联系的空间发育格局基本不变,呈现出完整的网络状结构,不同的是网络结构内部更加复杂,联系密切。

总之,从浙中城市群金融联系的空间发育过程来看,其空间发育格局可以分为四个过程:从"工"字形分布到以义乌为核心的衢州、丽水两个方向上的线性发育;从线性发育到东部小范围的网络状分布;从东部网络状分布到全域范围内的网络分布雏形;从网络分布雏形到完整、复杂的网络化结构。

六、浙中城市群发育特征

从上述对浙中城市群的经济联系、交通联系、物流联系、信息联系、金融联

系特征的分析,可以得出浙中城市群发育的特征如下:

(1)在浙中城市群的初期发展阶段,即浙中城市群提出的2000年至2006年,浙中城市群内的经济联系、物流联系、信息联系和金融联系的发育空间格局基本相同,都是以金华—义乌为核心,并在衢州、丽水两个方向线性延伸发育。而交通联系则是除了在核心区金华—义乌显著发育外,在浙中城市群内的发育较均衡。

(2)至2009年,经济联系发育打破线性发展方向,向外围发育明显,经济联系空间发育格局呈现出均衡状态。金融联系也缓慢脱离线性发展方向,逐渐向周围发育扩张。而物流联系和信息联系的发育仍然是在衢州、丽水两个方向线性延伸发育。

(3)浙中城市群不断发育成长至2014年,经济联系、交通联系、金融联系的空间发育格局具有高度的一致性,都是在金华—义乌这个核心范围显著发育,在浙中城市群范围内的其余县市较均衡发育。而信息联系在金华—义乌、衢州和丽水的两个方向不断发育外,也增强了与金华—义乌周边县市的信息联系,开始向外围扩散发育。只有物流联系依旧不断在衢州、丽水这两个方向上不断发育。

(4)浙中城市群无论哪一种联系的空间发育现状,都有一个共同点,就是各种联系最强、关系最密切的区域都是金华—义乌这一核心区,这也导致了浙中城市群内部东北部地区的发育程度明显高于其他地区,且发育程度差异较大,总体呈现出不均衡的发育状态。

(5)在浙中城市群十几年的发育发展历程中,金华和义乌始终是浙中城市群的核心区域,两者共同在浙中城市群的发育发展过程中始终起到"双核心的作用"。而且金华、义乌这两个城市之间没有形成明显的主从关系,金华更多的是行使行政职能,而义乌更多的是体现经济职能,两者相互依存又相互制约。因此,可以判断浙中城市群的发展是双核心的发展模式。

(6)在浙中城市群发育的过程中,除了交通联系自2006年就呈现出均衡发育态势及物流联系始终保持线性发育态势外,经济联系、信息联系与金融联系的空间发育过程都经历了核心(金华—义乌)发育阶段—轴线发育阶段—均衡发育阶段。这一发育发展历程与区域经济空间结构理论中的点—轴渐进扩散理论中区域经济的发展历程相类似,由此可以推断,在浙中城市群的发育发展过程中,交通联系最先发育且发育程度最高,其次为经济联系、金融联系和信息联系,而物流联系则发育最迟发育程度最低。

第十一章 调控浙中城市群人居环境的路径与机制

第一节 市场机制主导的资源配置

在浙中城市群中,尤其是在金华市域范围内,各县市在市场经济环境下形成了各自的专业市场,专业市场群与各县市的地方产业共同发展,形成了特色鲜明的县域经济,推动了浙中城市群的不断发育。

通过对浙中城市群 GDP、人均 GDP 增长的收敛性分析(图 11-1-1),可以看出,除了兰溪市和东阳市的经济平均增长率偏低外,其余各县市都以较高的经济平均增长率快速增长,浙中城市群的发展呈现出发散性的态势。在浙中城市群培育初期的 2000 年,经济水平较高的金华市区、丽水市区、衢州市区、永康市、浦江县和武义县的经济平均增长率都在 30% 以上。同时,很明显的一点,是义乌市在 2000 年的经济水平最高而且还保持了 40% 以上的较高的经济平均增长率。义乌的经济不断快速发展,处于高位、高速发展过程中[1]。

浙中城市群的发散性的经济发展特征与各县市以较高的经济平均增长率快速发展有关,其中,义乌市的强劲发展势头起到了关键性的作用。义乌是全国乃至全球最大的小商品集散中心,从最初(1982 年)的小商品市场,在改革开放和市场经济的推动下,充分发挥市场、资本、信息和人才的积极作用,形成了与各个市场紧密相关联的工业产业链,使得市场和工业产业两者共同成为义乌市场不断发展壮大的内在驱动力[2]。至 2001 年中国加入 WTO,为义乌小商品市场走向世界搭建了平台。义乌通过市场在流通贸易活动中与世界对接、联通,并不断根据国内外市场的需求,调整产业结构,这使得义乌积极融入

---

①② 顾朝林,于涛方,李王鸣等.中国城市化格局·过程·机理[M].北京:科学出版社,2008:268-274.

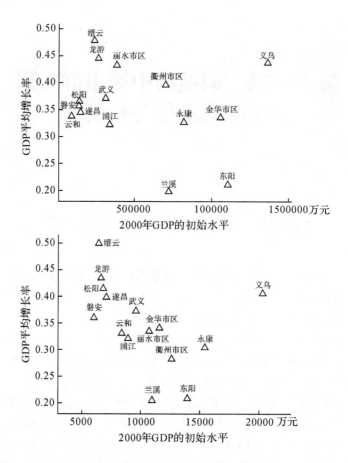

图 11-1-1　浙中城市群经济指标增长率收敛性散点分析图(2000—2004)

国际市场,深层次地参与国际分工与全球化,义乌市场的国际化程度大幅提高。参与国际市场为义乌经济注入了新的活力,是义乌经济持续发展的外部驱动力。近几年来,"一带一路"倡议提出成为义乌市场以及义乌经济发展的新契机,作为国际贸易潜力支点城市之一的义乌,已经开通了多条通往中亚和欧洲的国际班列,成为陆港联运的新起点和铁路国际运输的重要节点。目前,义乌已经形成了以小商品市场为核心,专业化市场、运输通道、产权市场等要素市场以及国内、国际市场相配合的完善的市场体系。

　　浙中城市群内部的各县市,尤其是金华市域内的永康市、武义县和浦江县,他们在浙中城市群培育初期的经济水平就较高,而且发展速度较快。这些县市之所以有如此发展态势,最重要的是因为他们受"看不见的手"—市场调节,实现了资源的优化配置。由于义乌在市场经济中迅猛发展,逐渐成为浙中城市群的经济中心,其影响力不断扩大,影响周边县市,使周边县市也共同参与到市场经济之中,接受市场机制主导的优化配置。由于义乌这个巨型市场的存在及其配套的产业链,使得义乌周边县市的市场不断缩小,在这种情况下,周边各县市只能利用各自的资源、要素、区位优势,基于比较成本和比较优势,进行区域分工,形成专业化生产。最终的结果就是:东阳市主要发展服装、建筑建材及医疗化工等产业;永康市成为全国的五金制造和交易中心;武义县被誉为"中国有机茶之乡",通用设备、金属制品产业不断壮大;浦江县在水晶、造纸、挂锁等轻工业方面具有优势;磐安县则主要发展农特产品及中草药,也形成了头花织带、相框的加工基地,形成了典型的"块状经济"。义乌周边县市的专业化生产,为义乌小商品市场提供了充足的产品来源,同时,周边县市也搭乘义乌大市场的顺风车,将各自的产品销售至国内外,有了更大的市场,形成生产—销售产业链。市场范围扩大,需求量增加,必然要扩大再生产,义乌及周边各县市扩大生产规模,就会带来规模效应和规模经济。生产—销售产业链的形成,又可以降低交易成本。这一系列经济活动的发生都是市场调节资源优化配置的结果。

此外,在市场机制调节资源配置的情况下,对于降低各县市之间的行政限制也有很好的效果,这使得义乌与周边县市不仅仅是产品(经济)之间的流动,还带动了人员的往来,物流(交通)的联系,信息的交换以及金融活动的开展。所以,在市场机制的作用下,浙中城市群内部的经济联系、交通联系、物流联系、信息联系以及金融联系不断加强,推动浙中城市群的发育发展。

第二节　政府的战略决策推动

义乌强劲的发展势头除了与"看不见的手"的推动有关,还与"看得见的手"——政府的宏观调控密切相关。义乌市的发展关乎浙中城市群的发展,浙中城市群的发展又与整个浙江省的发展息息相关,因此,浙江省政府立足于全省的持续发展,制定了一系列相关政策,为义乌经济的高速发展创造了条件,减少了制约因素。

在义乌市场不断发展扩大,国际化程度越来越高的同时,义乌面临资源瓶颈,以及由于一些体制政策不能适应义乌市场的快速发展,严重制约了义乌的进一步发展。资源瓶颈主要体现在土地资源上,而体制政策的制约体现在办理审批业务、公共基础设施、金融制度等方面。与此同时,经过浙江省两次经济强县扩权改革(1992年、1997年)的经验,义乌参与了2002年浙江省的第三次经济强县扩权改革。通过这次改革,义乌获得了313项涉及国土资源、对外贸易、基础设施建设等方面的经济事务管理权限,这些权限原本是属于金华市的。通过扩大义乌市的经济管理权限,激发了义乌经济发展的活力①。

2006年时,在浙中城市群中,义乌的经济实力最强,已经超过了金华,这使得义乌部分权限的缺失,限制了义乌的继续发展。就在此时,浙江省开启了第四轮强县扩权改革,与前三轮不同的是,义乌是唯一的试点城市。在这次强县扩权改革中,472项经济社会管理权限扩大到义乌,使义乌在金华市的领导下,除重要经济社会事务外,义乌市政府拥有和金华市同等的经济社会管理权限。第四轮的强县扩权改革进一步扩大了义乌的经济社会管理权限,为义乌的快速发展提供保障,促进了浙中城市群的发展发育。

两年之后的2008年,浙江省在全省所有县市范围内开展第五轮扩权改革,继续扩大县级政府的经济社会管理权限。在这次的扩权改革中,义乌又获得了94项权限,至此,义乌共获得618项经济社会管理权限,成为权力最大的县级市。义乌市还与省内的11个地级市共同参与到"11+1"模式之中,与地级市享受同等的计划指标分配。

通过浙江省的扩权改革,义乌和浙中城市群内的多个经济强县,如东阳、永康等百强县(市),均不同程度地获得了一些经济社会管理权限,使得各县市拥有一定程度的自主权,调动了他们发展经济的积极性。同时,各县市获得的权限越大,其职能也越大,扩权改革提高了浙中城市群内各县市的行政管理效率及社会管理能力。在一系列强县扩权改革中,浙中城市群内部县域经济快速发展,带动各县市发展,城市化水平迅速提高,最终促进了浙中城市群的发展发育。政府主导下的扩权政策的实施,激发了浙中城市群内各县市的活力,为浙中城市群的更好更快发展提供了制度保障。

第三节　基于功能区的区域整合及管治分析

强县扩权改革虽然促进了县域经济的蓬勃发展,但也存在一些问题。具

---

① 陈国权,李院林.地方政府创新与强县发展:基于"浙江现象"的研究[J].浙江大学学报(人文社会科学版),2009,39(6):25-33.

体到浙中城市群中,最突出的问题是义乌市通过三轮强县扩权改革,经济实力突飞猛进,其经济水平已经超过了作为中心城市的金华市区的经济水平,使得中心城市金华市区的经济发展有所减慢。随着各县市获得的权限扩大,自身不断发展壮大,在浙中城市群内形成了多个全国百强县(市),这造成金华市区的发展空间受限,腹地缩小,经济规模变小,导致了金华市区的辐射带动能力降低。金华市区作为区域经济中心的职能不断减弱,并让位于义乌市,浙中城市群内政治中心与经济中心分离,使得群域内的中心城市首位度降低,形成了双中心、弱中心的空间发育格局。

在浙中城市群中,作为地级市的金华,其市区的经济发展落后于义乌市,无法带动义乌以及浙中城市群的发展,加之其发展空间有限,这决定了金华市区不能作为浙中城市群的中心城市。而义乌市,本身是金华市下辖的一个县级市,虽然其经济发展水平很高,但仍在金华市的管理和领导之下,所以义乌市无法单独作为浙中城市群的中心城市。所以,为使浙中城市群能够持续协调发展,必需要整合金华市区和义乌市,突破行政区划的限制,合作共赢,达到"1+1>2"的效应,将其培育成更高层次的浙中城市群新中心,推动浙中城市群的快速发展。

对于县域经济发展迅速,对地级市的发展有影响而进行区划调整的情况在浙江省乃至全国有很多案例,采取的措施一般是撤县设区。撤县设区,即把经济发展较好的县或县级市设为经济联系密切且空间邻近的地级市的一个区,扩大了地级市的外延发展空间。但城市化虚化的问题并没有因为撤县设区而得到解决,只是将矛盾转移而已,从县市间转向地级市内部,没有从根本上解决体制内的问题[①]。

一、基于功能区的金华市区域整合

浙中城市群发展的关键在于群域内中心城市的发展培育,而作为双核心的"金华市区—义乌",两者如何整合,共同竞合发展,关乎浙中城市群的未来发展。金华市区—义乌市的整合不能是基于行政区划,把义乌市撤县设区,而可以运用功能区的思想来构思金华市区和义乌市的整合。

功能区是各要素由于相互联系,在空间上形成的与周围相异的区域,是社会组织的空间表现形式。因此,基于功能区的思想来整合金华市区和义乌市,符合客观的经济发展需求,能够达到比较理想的区域整合结果。

① 刘芳.河南省强县扩权进程中的问题与对策研究[D].郑州:河南农业大学,2009.

基于功能区的金华市区域整合，首先应该以金华市域范围内的乡镇、街道为基本单元，并查找与自然、历史沿革、方言、产业及五大类联系（经济、交通、物流、信息和金融）等的有关资料和数据，分析得出各要素的功能区；其次，在各要素功能区结果的基础上，进一步根据人口密度、人均 GDP、城市化率、重点产业企业分布等指标，运用因子分析、聚类分析等统计方法，对各要素功能区进行细分；最后，结合实际情况及实际需要，在功能分区图的基础上，综合确定金华市区—义乌市的区域整合方案[①]。

二、浙中城市群的区域管治分析

管治是一种制度性理念，它在政府与市场间能够起到权力平衡再分配的作用[②]。对于浙中城市群，金华市区的中心地位被削弱，义乌市成为经济中心，而在金华市域范围内有多个国家百强县（市），面对如此发展瓶颈，需要对浙中城市群加以管治，实现浙中城市群的跨越式发展。

针对浙中城市群中金华市区无法带动周围县市，尤其是义乌的经济发展这一问题，建议可以由金华市政府牵头，在金东区与义乌市交界处成立官方的跨县市边界的合作平台。这一跨区域的合作平台不但能够在一定程度上整合金华市区和义乌市共同发展，还能在浙中城市群内树立一个区域间合作的典范。跨区域合作示范平台的成立，有助于金东区和义乌市突破行政边界的"切变"效应，共同形成浙中城市群新的中心，有利于加强域内域外的要素流动，实现基础设施的共享共建，提高社会公共产品的供给效率，实现区域一体化发展，最终推动浙中城市群的不断发展发育。跨边界合作平台的建造，可以以位于金东区傅村镇和孝顺镇的浙江省金华经济开发区为基础，参考金华市政府提议在金东区傅村镇、孝顺镇和义乌佛堂镇、义亭镇、上溪镇规划的金义都市区。

对于浙中城市群内，尤其是金华市内块状经济现象明显，而且有多个全国百强县（市）的情况，可以考虑出台各县市间的竞合发展模式，通过制定政策法规逐渐淡化行政边界及行政区经济，逐渐过渡为经济区经济，提高跨行政区的办事效率，实现在金华市乃至浙中城市群内的区域一体化协同发展。

---

① 顾朝林，王颖，邵园等.基于功能区的行政区划调整研究——以绍兴城市群为例[J].地理学报,2015,70(8):1187-1201.

② 顾朝林，王颖.城市群规划中的管治研究——以绍兴城市群规划为例[J].人文地理,2013,130(2):61-66.

　　一项政策法规或是改革的实施,能够得到顺利推行并且得到满意的结果,除了其本身的制订要科学合理外,还需要有一系列的保障支持性措施来辅助。对于浙中城市群来讲,其发育范围已经涉及金华、丽水和衢州三个市,因此,有必要成立一个独立于三个市之外的具有权威性的工作组或机构,专门负责浙中城市群的发展建设,协调群域内的各项事宜。这一机构的工作人员的学科背景应该涉及地理学、城市规划学、经济学、社会学等可能涉及的各个方面。此外,要以统一的标准,加快浙中城市群内三个地级市内部及边界区域的基础设施建设,尤其是交通网络的建设。基础设施的完善程度是浙中城市群发展的依托。完善的基础设施建设可以促进区域内要素的流动,使区域中心的吸引和辐射带动能力增强,促使浙中城市群向更高层次迈进。

第十二章　趋向宜居的长三角城市群人居环境调控

一、主要观点

（一）城市群人居环境协调性刻画新概念模型——城市群人居环境失配度

城市群人居环境失配是指不仅包含区域整体，而且涵盖了城市之间（主要指跨界的要素流动）、单个城市以及城市内部人居环境的干支系统、系统内部要素在动态的发展过程中出现偏离协调发展、最优发展的趋势。由于对某一特定区域、特定的发展阶段，城市群人居环境的干支系统及其下属的指标存在一个最优值，也叫度量值，因而城市群人居环境失配度的值亦可以确定。因此，较以往传统的复杂系统协调性分析路径，城市群人居环境失配度提出及其测量模型是非常具有挑战性的探索。

（二）长三角城市群人居环境协调的背景值研判——经济发展与环境排放关系及其格局

由于国家环境保护政策实施的效果以及产业结构的高级化，2007—2013年中国沿海城市经济发展与环境污染之间经历了绝对脱钩—相对脱钩—未脱钩—相对脱钩—绝对脱钩的过渡过程，未来将继续保持绝对脱钩的态势。脱钩效应存在时间和空间差异，受 2008 年北京奥运会的影响，脱钩状况出现了局部波动变化；整体而言，沿海城市的中北部城市脱钩状况较好，南部沿海城市的脱钩程度不理想。

对于长江三角洲城市群而言，①各城市的 EKC 动态地存在于经济的非稳态中，虽然各城市经济增长对环境污染影响不存在单一模式（存在倒"U"型、正"U"型、正"N"型和倒"N"型），但总体存在 EKC 特征。②长三角地区多数城市的环境库兹涅茨曲线拐点已经来临，说明经济发展水平总体较高，环境质量逐渐好转，在首尾两头城市组较为显著、第二梯队城市污染加剧。③长三角市域环境污染存在显著的空间正自相关关系，表现出 EP 值之间的空间集聚格局，如泰、衢、宿等周边呈污染增长趋势、沪、杭、南周边随呈当量下降趋势但总量仍较高。长三角 25 市 EKC 存在尺度溢出效应,但是第二、三梯队城市正向吸收较高、辐射较弱。

(三)长三角城市群人居环境协调性的要素维失配与要素维复合失配

长三角城市群人居环境的要素维失配分析发现:(1)经济与环境失配度整体呈现"团状"格局,总体失配程度不断下降,但域内城际差距不断增大,失配格局呈现由中度失配趋向低度均衡发展;(2)基本公共服务失配度呈现"K"型格局,时序演变呈下降趋势,域内城际差异不断缩小,省际内部差距有扩大趋势;空间格局演化表现为由高失配趋向低失配均衡发展;(3)居住环境失配度整体呈现"N"字形格局,时序演变呈波动态格局,且波动幅度与经济发展水平左右城市居住环境失配类型。

长三角城市群人居环境要素协调度复合呈现:(1)整体呈波动上升态势,处于中度失配状态,且域内城际差距有扩大态势;(2)失配重心由中部向北部演替;(3)经济—生态环境、基本公共服务的失配度整体均呈下降趋势,但居住环境失配却高位上升,是造成人居环境失配度波动上升的主因;(4)省际三要素失配度均呈扩大趋势,且失配重心由中心向北、浙西南方向迁移。

二、政策启示

(一)长三角城市群人居环境协调的产业优化、经济发展模式响应

中国沿海城市在实现经济发展的同时,大部分城市的经济发展及其可持续性较好。经济发展——环境排放的脱钩状态的政策含义为:第一,各沿海城市应强化统筹经济发展与环境质量的协调性,提高经济发展的集约度和绿色水平,实现可持续发展;第二,各沿海城市经济发展及其环境污染的关系存在内部差异,意味着北方、南方沿海城市应追求经济增长与环境质量的"双赢",但是模式可以多样化;同时,脱钩水平较差的城市应该学习较高城市的经济结构优化政策、节能环保技术推广应用与新技术研发等实现城市经济发展可持续的技术、先进管理经验。总体而言,沿海城市应构建绿色、生态的地方发展策略,首要任务是优化产业结构和能源结构,大力发展第三产业和高新技术产业,推动经济增长模式转型;其次是加速新型节能环保技术的研发与应用,推动工业能耗降低和三废排放当量降低;再次是大幅提升终端用能的电气化水平,尤其是在城市交通、工业领域"钢铁、建材、石化"生产的煤/油改电。对于北方沿海城市而言,既要着力推进工业领域的节能改造和绿色能源替代煤炭,又要强化民生用能的去煤化和城市私家车总量控制,同时积极推进港口与旅游相关的第三产业节能环保转型;对于南方沿海城市,首要任务是全面提升城

市公共交通质量与结构以降低私家车出行增速,其次要提高产业环保准入门槛淘汰现有各种所有制高能耗企业,再次要全面推进陆海统筹和科技研发,支持海洋经济和战略性新兴产业的绿色发展,降低产业发展的环境污染水平。

对于长三角 25 市而言,大多处于"两难"阶段,总体环境与经济增长是不协调的;当然在首尾两类城市组中已经快速进入"双赢"阶段,得益于产业转型快或者产业较为轻型;中间城市组经济发展的环境治理任重道远。促进长三角地区经济与环境可持续发展建议:(1)用技术效应和结构效应改善环境,加大研发投入,推动技术进步,提高劳动生产率和资源的使用效率,降低工业生产对环境的影响;不断优化产业结构,把传统的劳动力密集型产业和能源密集型产业向低污染、低能耗的服务业和知识密集型产业转变。(2)不断完善市场机制,通过市场机制的调节,使企业使用自然资源的成本相应增加,从而迫使企业不断地提高自然资源的使用效率,促使传统企业向低资源密集的技术发展,最终达到减少自然资源使用量,起到改善环境质量的目的。(3)变革环境规制,通过制定和完善环境保护政策,健全有关污染者、污染损害、地方环境质量等相关信息,加强对污染企业或污染源的管理及处置能力,同时做好环境保护宣传工作。

(二)长三角城市群人居环境协调性的调控方向

(1)上海、南京、苏州、无锡、常州、杭州、宁波等长三角地区经济发展的核心,也是区域基本公共服务设施配置水平最高的地区,呈现明显"中心性",高水平的教育设施、医疗设施、文化娱乐设施的中心集聚。但基本公共服务的集聚引起了大量的人口集聚,交通拥堵和基础设施的重负担以及其他周边城市基础设施的闲置和浪费,与区域均衡性发展路径相左。区域基本公共服务的中心性与均衡性发展政策的失配进一步凸显。

(2)空间上看,居民居住成本较低的区域,大都在核心城市的周边城市,而丽水、衢州地区的居民成本逆势上升,造成居住环境的高失配发展态势。对特殊地域的居住环境高失配的原因亟待从过度城镇化等视角进一步诠释。

三、研究展望

城市群人居环境演变,无疑是城市群人居环境的构成要素演变与要素相互作用方式变化等。工业化与城市化高度发展的长三角城市群,是人类活动影响城市人居环境最为典型的区域之一。本书探索性提出城市群人居环境失配度概念刻画长三角城市群人居环境协调性,但是我们仍然面临诸多理论和技术问题:(1)对沿海城市人居环境演变的独特性解析不够,对城市人居环境研究大多还处于"格局"刻画阶段,对"演变机理"的讨论以定向为主,实证分析多侧重全要素遴选指标利用 EKC 模型或赋权综合定量模型刻画市域(区)的状态演变,缺少对产业结构与空间组织影响人居环境演变的实证分析;(2)影响城市人居环境演变因素的解析侧重某类要素,如产业污染排放、公共服务设施配置等,缺乏对小尺度地区的多种要素的综合作用机制的定量分析与系统阐释,更缺乏将产业空间集疏过程及其环境效应、邻避设施效应、临近社区居民感知与需求纳入沿海城市人居环境演变机理解析分析框架之中;(3)人居环境演变的微观数据采集与感知的研究才刚刚起步,有待多学科、多方法的交叉融合。最后,如何从城市人居环境演变机理解读城市产业升级趋势和空间组织形式,何以支撑宜居城市建设? 继而,如何引导相关的政策实践?

于是,产业空间系统及其演化是解读中国城市环境污染的重要视角,"环境"开始超越区位中的资源禀赋等属性,展示其中所隐含的成本、权力、福利等系列属性,成为重塑经济活动空间组织的重要力量。经济活动的环境效应成为重新认识"经济地理"的重要切入点,也是经济地理学和城市科学融合发展解决城市人居环境问题的重要抓手。产业重构语境下沿海城市人居环境演变机理既涉及城市人居环境变迁的自然要素空间格局特征、过程机理等科学问题,也关切城市人居环境变迁中人文要素的空间格局特征、过程及其社会公正之间辩证统一。其中,城市产业结构与空间组织的演变,恰恰是城市人居环境自然要素的消耗者、城市人居环境人文要素的创造者,抑或是两类人居要素的损益者,如何利用科学的定量模型解析、诠释和系统揭示城市产业(结构与空间组织形式)重构之于沿海城市人居环境演变机理问题的解决或部分解读,都将推动人文—经济地理学科的城市人居环境研究从重"格局"到重"过程"、从重"因素"到重"机理"、从重"宏观分析"到重"微观模拟"的三元辩证统一解析的一次创新与转换,推动人文—经济地理学的城市人居环境研究理论与应用的发展。

参考文献

[1] Asami Y. 2001. Residential environment: methods and theoryfor evaluation[M]. Tokyo: University of Tokyo Press.

[2] Bornstein L, Lizarralde G, Gould K A, et al. Framing responses to post-earthquake Haiti: How representations of disasters, reconstruction and human settlements shape resilience[J]. International Journal of Disaster Resilience in the Built Environment, 2013(1): 43-57.

[3] Bradlow B, Bolnick J, Shearing C. Housing, institutions, money: the failures and promise of human settlements policy and practice in South Africa[J]. Environment and Urbanization, 2011, 23(1): 267-275.

[4] Daly H E. Economics, Ecology, Ethics: Essays Toward a Steady State Economy[M]. Sanfrancisco: Freeman, 1973.

[5] Feng Z, Yang Y. A gis-based study on sustainable human settlements functional division in China[J]. Journal of Resources and Ecology, 2010, 1(4): 331-338.

[6] Georgescu-Roegen N. The Entropy Law and the Economic Process[M]. Cambridge Mass: Harvard University Press, 1971.

[7] Grossman M G, Krueger B A. Environment impacts of a North American free trade agreement[R]. NBER Working Paper, No. 3914. In PETER GARBER. The U. S. Mexico Free Trade Agreement[R]. Cambridge MA: The MIT Press, 1994.

[8] Hettelingh J P. Modelling and Information System for Environmental Policy in the Netherlands[D]. Amsterdam: Free University, 1985.

[9] Inmaculada M Z, Aurelia B M. People mean group estimation of an environmental Kuznets curve for CO_2 [J]. Economics Letters, 2004, 82: 121-126.

［10］JianzhaoZ，Pan H． Research on Basic Public Service's Policy Main Points and Space Model of Performance Evaluation：Based on Empirical Construction Under the Perspective of Government Subject［J］． Urban Planning International，2013，1-6．

［11］Kenneth A，Bert B，RobertC，et al． Economic growth，carrying capacity，and the environment［J］． Ecological Economics，1995，（15）：91-94．

［12］Kim S，Vandenabeele W，Wright B E． Investigating theStructure and Meaning of Public Service Motivation across Populations：Developing an International Instrument and AddressingIssues of Measurement Invariance［J］． Journal of Public AdministrationResearch and Theory，2013，23：79-102．

［13］Marino B，Ferdinando F，Silvia A，et al． Perceived Residential Environment Quality Indicators （PREQIs） relevance for UN-HABITAT City Prosperity Index （CPI） ［J］． Habitat International，2015，（45）：53-63．

［14］Ramon L． The Environment as a Factor of Production［J］． Journal of Environmental Economics and Management，1994，7(2)：163-184．

［15］Selden T．Song D． Environmental quality and development：is there a Kuznets curve for air pollution estimates［J］． Journal of Environmental Economics and Management，1994，（27）：147-162．

［16］Serrao-Neumann S，Crick F，Harman B，et al． Improving cross-sectoral climate change adaptation for coastal settlements：insights from South East Queensland，Australia ［J］． Regional Environmental Change，2014，14(2)：489-500．

［17］Wu Y J，Rosen M A． Assessing and Optimizing the Economic and Environmental Impacts of CogenerationDistrict Energy Systems Using an Energy Equilibrium Model ［J］． Applied Energy，1999，62（3）：141-154．

［18］柴攀峰，黄中伟．基于协同发展的长三角城市群空间格局研究［J］．经济地理，2014，34(6)：75-79．

［19］陈华文，刘康兵．经济增长与环境质量：关于环境库兹涅茨曲线的经验分

析［J］.复旦学报(社会科学版),2004,(2):87-94.

[20] 陈向阳.环境库兹涅茨曲线的理论与实证研究［J］.中国经济问题,2015,(3):51-62.

[21] 谌丽,张文忠,李业锦,等.北京城市居住环境类型区的识别与评价［J］.地理研究,2015,34(7):1331-1342.

[22] 谌丽,张文忠,党云晓,等.北京市低收入人群的居住空间分布、演变与聚居类型［J］.地理研究,2012,31(4):721-732.

[23] 谌丽.城市内部居住环境的空间差异及形成机制研究［D］.北京:中科院地理科学与资源研究所博士学位论文,2013.

[24] 丛艳国,夏斌,章家恩.城市尺度人居环境的主客观综合评价——以广州市为例［J］.热带地理,2010,30(2):183-187.

[25] 丛艳国,夏斌.广州市人居环境满意度的阶层分异研究［J］.城市规划,2013,37(1):40-44.

[26] 党云晓,余建辉,张文忠,等.环渤海地区城市居住环境满意度评价及影响因素分析［J］.地理科学进展,2016,35(2):184-194.

[27] 邓聚龙.灰色系统基本方法［M］.武汉:华中理工大学出版社,1987:1-42.

[28] 丁学东.文献计量学基础［M］.北京:北京大学出版社,1993.

[29] 杜本峰,张寓.中国人口综合因素与住宅销售价格指数的灰色关联度分析［J］.人口学刊,2011,(3):11-17.

[30] 杜婷,李雪铭,张峰.长三角优秀旅游城市人居环境与旅游业协调性分析［J］.旅游研究,2013,5(3):8-14.

[31] 段七零.江苏省县域经济—社会—环境系统协调性的定量评价［J］.经济地理,2010,30(5):830-834.

[32] 樊杰,刘毅,陈田,等.优化我国城镇化空间布局的战略重点与创新思路［J］.中国科学院院刊,2013,28(1):20-27.

[33] 封志明,唐焰,杨艳昭.基于GIS的中国人居环境指数模型的建立与应用.地理学报,2008,63(12):1327-1336.

[34] 封志明,唐焰,杨艳昭.中国地形起伏度及其与人口分布的相关性［J］.地理学报,2007,62(10):1073-1082.

[35] 符鹏.长株潭产业发展与环境污染的灰色关联分析［D］.湖南农业大学资源环境学院,2010:35-51.

[36] 谷蕾,符燕,张小磊.开封市环境库兹涅茨曲线特征分析[J].河南科学,2006,24(5):764-767.

[37] 关伟,刘勇凤.辽宁沿海经济带经济与环境协调发展度的时空演变[J].地理研究,2012,31(11):2044-2054.

[38] 韩瑞玲,佟连军,佟伟铭.经济与环境发展关系研究进展与述评[J].中国人口·资源与环境,2012,22(2):119-124.

[39] 韩瑞玲,佟连军,朱绍华,等.基于 ARMA 模型的沈阳经济区经济与环境协调发展研究[J].地理科学,2014,34(1):32-39.

[40] 何萍,李宏波.楚雄市人居气象指数分析[J].云南地理环境研究,2008,20(3):114-117.

[41] 侯爱敏,居易,袁中金.苏州人居环境建设中创业文化氛围的培育[J].地域研究与开发,2004,23(3):86-89.

[42] 侯鹏,王桥,申文明.生态系统综合评估研究进展[J].地理研究,2015,34(10):1809-1823.

[43] 胡最,邓美容,刘沛林.基于 GIS 的衡阳人居适宜度评价[J].热带地理,2011,31(2):211-215.

[44] 黄柳,伍晶.关于经济发展与环境关系研究的文献综述[J].企业导报,2012,(3):259.

[45] 黄宁,崔胜辉,刘启明,等.城市化过程中半城市化地区社区人居环境特征研究[J].地理科学进展,2012,31(6):750-760.

[46] 贾倩,黄蕾,袁增伟,等.石化企业突发环境风险评价与分级方法研究[J].环境科学学报,2010,30(7):1510-1517.

[47] 金燕.《增长的极限》和可持续发展[J].社会科学家,2005,(2):81-83.

[48] 晋培育,李雪铭,冯凯.辽宁城市人居环境竞争力的时空演变与综合评价[J].经济地理,2011,31(10):1638-1643.

[49] 晋培育.中国城市人居环境质量特征与时空差异分析[D].辽宁师范大学,2012.

[50] 晋盛武,吴鹏,金菊良.安徽典型城市环境 K 线形态及灰色关联度分析[J].环境科学学报,2013,33(7):2068-2077.

[51] 李伯华,刘沛林,窦银娣.转型期欠发达地区乡村人居环境演变特征及微观机制[J].人文地理,2012,27(6):62-67.

[52] 李伯华,谭勇,刘沛林.长株潭城市群人居环境空间差异性演变研究[J].

云南地理环境研究,2011,23(3):13-19.

[53] 李陈.中国 36 座中心城市人居环境综合评价[J].干旱区资源与环境,2017(5):1-6.

[54] 李华生,徐瑞祥,高中贵,等.南京城市人居环境质量预警研究[J].经济地理,2005,25(5):658-662.

[55] 李琳,王搏,徐洁.我国经济与生态环境协调发展的地区差异研究[J].科技管理研究,2014,(10):28-41.

[56] 李敏纳,覃成林,李润田.中国社会性公共服务区域差异分析[J].经济地理,2009,29(6):887-893.

[57] 李明,李雪铭.基于遗传算法改进的 BP 神经网络在我国主要城市人居环境质量评价中的应用[J].经济地理,2007,27(1):99-103.

[58] 李佩武,李贵才,张金花等.城市生态安全的多种评价模型及应用[J].地理研究,2009,28(2):293-302.

[59] 李倩,梁宗锁,董娟娥等.丹参品质与主导气候因子的灰色关联度分析[J].生态学报,2010,30(10):2569-2575.

[60] 李双江,胡亚妮,崔建升,等.石家庄经济与人居环境耦合协调演化分析[J].干旱区资源与环境,2013,27(4):8-15.

[61] 李王鸣,叶信岳,孙于.城市人居环境评价——以杭州城市为例[J].经济地理,1999(2):38-43.

[62] 李向,徐清.基于灰色关联分析理论的典型区域土壤重金属污染评价研究[J].安全与环境学报,2012,12(1):150-153.

[63] 李雪铭,李明.基于体现人自我实现需要的中国主要城市人居环境评价分析[J].地理科学,2008,28(6):742-747.

[64] 李雪铭,刘敬华.我国主要城市人居环境适宜居住的气候适因子综合评价[J].经济地理,2003,23(5):656-660.

[65] 李雪铭,田深圳,杨俊,等.城市人居环境的失配度——以辽宁省 14 个市为例[J].地理研究,2014,33(4):687-697.

[66] 李雪铭,晋培育.中国城市人居环境质量特征与时空差异分析[J].地理科学,2012,32(5):521-529.

[67] 李雪铭,李建宏.地理学开展人居环境研究的现状及展望[J].辽宁师范大学学报(自然科学版),2010,33(1):112-117.

[68] 李雪铭,李婉娜.1990 年代以来大连城市人居环境与经济协调发展定量

分析[J].经济地理.2005,25(3):383-386.

[69] 李雪铭,田深圳,张峰,等.特殊功能区尺度的人居环境评价[J].城市问题,2014(2):24-30.

[70] 李雪铭,张春花,张馨.城市化与城市人居环境关系的定量研究[J].中国人口资源与环境,2004,14(1):91-96.

[71] 李雪铭,张建丽,杨俊,等.社区人居环境吸引力研究[J].地理研究,2012(7):1199-1208.

[72] 李雪铭,张英佳,高家骥.城市人居环境类型及空间格局研究[J].地理科学,2014,34(9):1034-1039.

[73] 李彦明.南京市工业"三废"排放的环境库兹涅茨特征研究[J].世界科技研究与发展,2007,29(3):82-86.

[74] 李业锦,朱红.北京社会治安公共安全空间结构及其影响机制[J].地理研究,2013,32(5):870-880.

[75] 刘鹤.石化产业空间组织的演进机理与模式[M].北京:科学出版社,2013.

[76] 刘红兵.新疆绿洲城市综合规模与基础设施灰色关联时空分析[J].经济地理,2012,32(4):78-82.

[77] 刘沛林.中国乡村人居环境的气候舒适度研究[J].衡阳师专学报(自然科学),1999,20(3):51-54.

[78] 刘沛林.古村落——独特的人居文化空间[J].人文地理,1998,13(1):35-38.

[79] 刘钦普,林振山,冯年华.江苏城市人居环境空间差异定量评价研究[J].地域研究与开发,2005,24(5):30-33.

[80] 刘睿文,封志明,杨艳昭.基于人口集聚度的中国人口集疏格局[J].地理科学进展,2010,29(10):1171-1177.

[81] 刘颂,刘滨谊.城市人居环境可持续发展评价指标体系研究[J].城市规划汇刊,1999,(5):35-37.

[82] 刘彦随,龙花楼,张小林.中国农业与乡村地理研究进展与展望[J].2011,30(12):1498-1505.

[83] 刘洋,杨文龙,李陈.基于 DAHP 法的长三角城市化与城市人居环境协调度研究[J].世界地理研究,2014,23(2):94-103.

[84] 刘耀彬,李仁东,宋学锋.中国区域城市化与生态环境耦合的关联分析

[J].地理学报,2005,60(2):237-247.

[85] 刘云刚.中国城市地理学研究的统计分析[J].地理科学进展,2011,30(6):681-690.

[86] 陆林,凌善金,焦华富.徽州古村落的演化过程及其机理[J].地理研究,2004,23(5):686-674.

[87] 陆钟武.脱钩指数:资源消耗、废物排放与经济增长的定量表达[J].资源科学 2011,33(1):2-9.

[88] 罗毅,周创立,刘向杰.多层次灰色关联分析法在火电机组运行评价中的应用[J].中国电机工程学报,2012,32(17):97-103.

[89] 罗志刚.人居环境系统宏观形态的层级进化规律[J].规划师,2003,19(2):9-13.

[90] 吕红亮,杜鹏飞.灰色系统方法在县域生态区划中的应用[J].城市环境与城市生态,2005,18(3):41-43.

[91] 马慧强,韩增林,江海旭.我国基本公共服务空间差异格局与质量特征分析[J].经济地理,2011,31(2):212-217.

[92] 马婧婧,曾菊新.中国乡村长寿现象与人居环境研究[J].地理研究,2012,31(3):450-460.

[93] 马丽,金凤君,刘毅.中国经济与环境污染耦合度格局及工业结构解析[J].地理学报,2012,67(10):1299-1307.

[94] 马仁锋,张文忠,余建辉,等.中国地理学界人居环境研究回顾与展望[J].地理科学,2014,34(12):1470-1479.

[95] 马仁锋,陈佳锐.长三角地区地名通名文化景观空间格局及影响因素[J].地理研究,2022,41(03):764-776.

[96] 闵婕,刘春霞,李月臣.基于GIS技术的万州区人居环境自然适宜性[J].长江流域资源与环境,2012,21(8):1006-1012.

[97] 彭继增,孙中美,黄昕等.基于灰色关联理论的产业结构与经济协同发展的实证分析-以江西省为例[J].经济地理,2015,35(8):124-128.

[98] 祁新华,程煜,陈烈.大城市边缘区人居环境系统演变的动力机制[J].经济地理,2008,25(5):794-798.

[99] 祁新华,程煜,胡喜生.大城市边缘区人居环境系统演变的生态—地理过程[J].生态学报,2010,30(16):4512-4520.

[100] 日笠端.都市挽划(日文)[M].东京:共立出版,1977

[101] 申海元,陈瑛,张彩云,等.城市人居环境与经济协调发展[J].干旱区资源与环境,2009,23(9):29-33.

[102] 申忠宝,王建丽,潘多锋等.大豆单株产量与主要农艺性状的灰色关联度分析[J].中国农学通报,2012,28(33):75-77.

[103] 沈兵明,金艳.基于GIS的山地人居环境自然要素综合评价[J].经济地理,2006,26(s):305-311.

[104] 沈锋.上海市经济增长与环境污染关系的研究[J].财经研究,2008,(9):81-90.

[105] 史卫东,赵林.山东省基本公共服务质量测度及空间格局特征[J].经济地理,2015,35(6):32-37.

[106] 史亚琪,朱晓东,孙翔.区域经济环境复合生态系统协调发展动态评价[J].生态学报,2010,30(15):4119-4128.

[107] 宋言奇.高速城市化视域下的苏南地区生态安全一体化[J].城市发展研究,2007,14(4):59-63.

[108] 孙艳芝,鲁春霞,谢高地.北京城市发展与水资源利用关系分析[J].资源科学,2015,37(6):1125-1132.

[109] 孙玉妮.基本公共服务均等化问题研究综述[J].辽宁行政学院学报,2010,12(12):16-18.

[110] 唐宏,杨德刚,乔旭宁.天山北坡区域发展与生态环境协调度评价[J].地理科学进展,2009,28(5):805-813.吴玉鸣,田斌.省域环境库兹涅茨曲线的扩展及其决定因素[J].地理研究,2012,31(4):627-640.

[111] 唐焰,封志明,杨艳昭.基于栅格尺度的中国人居环境气候适宜性评价[J].资源科学,2008,30(5):648-653.

[112] 陶建格.基于灰色关联度模型的城市化滞后性定量分析[J].经济地理,2013,33(12):68-72.

[113] 田金平.基于情景分析的浙江沿海地区环境污染防治战略研究[J].环境科学,2013,34(1):336-346.

[114] 田晓四,陈杰,朱诚.南京市经济增长与工业"三废"污染水平计量模型研究[J].长江流域资源与环境,2007,16(4):410-413.

[115] 万鲁河,张茜,陈晓红.哈大齐工业走廊经济与环境协调发展评价指标体系—基于脆弱性视角的研究[J].地理研究,2012,31(9):1673-1684.

[116] 王崇梅.中国经济增长与能源消耗脱钩分析[J].中国人口资源与环境,

2010,20(3)：35-37.

[117] 王国印.实现经济与环境协调发展的路径选择[J].自然辩证法研究，2010,26(4):83-88.

[118] 王辉,郭玲玲,宋丽.辽宁省14市经济与环境协调度定量研究[J].地理科学进展,2010,29(4):463-470.

[119] 王卉彤,王妙平.中国30省区碳排放时空格局及其影响因素的灰色关联分析[J].中国人口·资源与环境,2011,21(7):140-145.

[120] 王夒,丁桑岚,姚建等.工业发展与环境影响相互关系研究的进展[J].四川环境,2003,22(3):53-56.

[121] 王茂军,张学霞,栾维新.大连城市居住环境评价构造与空间分析[J].地理科学,2003,23(1):87-94.

[122] 王乃江,刘增文,徐钊等.黄土高原主要森林类型自然性的灰色关联度分析[J].生态学报,2011,31(2):316-325.

[123] 王西琴,杜倩倩,何芬.湖州市环境库兹涅茨曲线转折点分析[J].生态经济,2011,(7):57-60.

[124] 许登峰,刘志雄.广西环境库兹涅茨曲线的实证研究[J].生态经济,2014,30,(2):52-56.

[125] 王益澄,颜盈媚,马仁锋.沿海石化基地对地方生态环境补偿的科学基础与系统框架[J].宁波大学学报(理工版),2014,27(4):53-59.

[126] 王益澄,马仁锋,王美,等.临港工业集聚与滨海城镇生态文明提升机制[M].北京:经济科学出版社,2014.

[127] 王重玲,朱志玲,王梅梅,等.宁夏沿黄经济区城市群人居环境与经济协调发展评价[J].水土保持研究,2014,21(2):189-193.

[128] 温倩,方凤满.安徽省人居环境空间差异分析[J].云南地理环境研究,2007,19(2):84-87.

[129] 吴丹丹,马仁锋,王腾飞.中国沿海城市经济增长与环境污染脱钩研究[J].世界科技研究与发展,2016,38(2):415-418.

[130] 吴非.宁波市住宅小区人居环境生态评价与优化研究[D].大连理工大学,2006.

[131] 吴良镛.开拓面向新世纪的人居环境学[J].建筑学报,1995,36(3):9-16.

[132] 吴良镛.人居环境科学导论[M].北京:中国建筑工业出版社,2001.

[133] 吴良镛.人居环境科学研究进展 2002-2010[M].北京:中国建筑工业出版社,2011.

[134] 吴梦,刘小晖,王得楷.青海省环境库兹涅茨验证探析[J].工业安全与环保,2013,39(8):38-41.

[135] 吴箐,程金屏,钟式玉,等.基于不同主体的城镇人居环境要素需求特征[J].地理研究,2013(2):307-311.

[136] 吴箐,程金屏,钟式玉.基于不同主体的城镇人居环境要素需求特征[J].地理研究,2013,32(2):307-316.

[137] 吴玉鸣,田斌.省域环境库兹涅茨曲线的扩展及其决定因素[J].地理研究,2012,31(4):627-640.

[138] 吴跃明,张子珩,郎东峰.新型环境经济协调度预测模型及应用[J].南京大学学报(自然科学版),1996,32(3):466-472.

[139] 邢兰芹,曹明明.西安城市人居环境可持续发展趋势研究[J].干旱区资源与环境,2011,25(8):59-63.

[140] 熊鹰,曾光明,董力三,等.城市人居环境与经济协调发展不确定性定量评价[J].地理学报,2007,62(4):397-406.

[141] 徐琳瑜,康鹏.工业园区规划环境影响评价中的环境承载力方法研究[J].环境科学学报,2013,33(3):918-930.

[142] 徐璐.西安市产业结构的环境影响研究[D].西北大学城市与环境学院,2007:47-63.

[143] 许登峰,刘志雄.广西环境库兹涅茨曲线的实证研究[J].生态经济,2014,30(2):52-56.

[144] 杨帆,杨德刚.基本公共服务水平的测度及差异分析——以新疆为例[J].干旱区资源与环境,2014,28(5):37-42.

[145] 杨锦秀,赵小鸽.农民工对流出地农村人居环境改善的影响[J].中国人口资源与环境,2010,20(8):22-26.

[146] 杨俊,李雪铭,李永化.基于 DPSIRM 模型的社区人居环境安全空间分异[J].地理研究.2012,31(1):135-143.

[147] 杨士弘.城市生态环境学[M].北京:科学出版社,2006.

[148] 杨士弘.广州城市环境与经济协调发展预测及调控研究[J].地理科学,1994,14(2):136-143.

[149] 杨艳昭,封志明.内蒙古人口发展功能分区研究[J].干旱区资源与环

境,2009,23(10):1-7.

[150] 姚士谋,陆大道,王聪,等.中国城镇化需要综合性的科学思维:探索适应中国国情的城镇化方式[J].地理研究,2011,30(11):1947-1955.

[151] 叶长盛,董玉祥.广州市人居环境可持续发展水平综合评价[J].热带地理,2003,23(1):59-61.

[152] 游德才.国内外对经济环境协调发展研究进展[J].上海经济研究,2008,(6):3-14.

[153] 余步雷,周宗放,谢茂森.新灰色综合关联度模型及其应用[J].技术经济,2013,32(1):85-89.

[154] 余建辉,张文忠,王岱,等.基于居民视角的居住环境安全性研究进展[J].地理科学进展,2011,30(6):699-705.

[155] 曾波,苏晓燕.基于灰色关联的我国工业行业能源消费对环境质量影响的实证分析[J].价值工程,2006,(9):1-4.

[156] 湛东升,张文忠,党云晓,等.2015.中国城市化发展的人居环境支撑条件分析[J].人文地理,30(1):98-104.

[157] 张东海,任志远,刘焱序.基于人居自然适宜性的黄土高原地区人口空间分布格局分析[J].经济地理,2012,32(11):13-19.

[158] 张剑光,冯云飞.贵州省气候宜人性评价探讨[J].旅游学刊,1991,6(3):50-53.

[159] 张蕾,陈雯,陈晓.长江三角洲地区环境污染与经济增长的脱钩时空分析[J].中国人口资源与环境,2011,S1:275-279.

[160] 张涛.人居环境科学视野下的韩城司马迁祠设计方法与模式[J].西安建筑科技大学学报(自然科学版),2013,45(1):79-85.

[161] 张文新,王蓉.中国城市人居环境建设水平现状分析[J].城市发展研究,2007,14(2):115-120.

[162] 张文忠,谌丽,杨翌朝.人居环境演变研究进展[J].地理科学进展,2013,32(5):710-721.

[163] 张文忠,刘旺,孟斌.北京市区居住环境的区位优势度分析[J].地理学报,2005,60(1):115-121.

[164] 张文忠,尹卫红,张锦秋,等.中国宜居城市研究报告[M].北京:社会科学文献出版社,2006.

[165] 张文忠,余建辉,李业锦,等.人居环境与居民空间行为[M].北京:科学

出版社,2015

[166] 张文忠.城市内部居住环境评价的指标体系和方法.地理科学,2007,27(1):17-23.

[167] 张文忠.宜居城市的内涵及评价指标体系探讨[J].城市规划学刊,2007(3):30-34.

[168] 张翔.西宁市生态环境与社会经济协调发展分析[J].兰州大学学报社会科学版,2013,41(4):131-139.

[169] 张小平,郭灵巧.甘肃省经济增长与能源碳排放间的脱钩分析[J].地域研究与开发,2013(5):95-98.

[170] 张正勇,刘琳,唐湘玲,等.城市人居环境与经济发展协调度评价研究[J].干旱区资源与环境,2011,25(7):18-22.

[171] 赵翠薇.欠发达地区经济发展与环境变化的协调性研究[J].贵州师范大学学报(自然科学版),2007,25(7):101-106.

[172] 赵海江,景元书,刘杰.基于热环境变化的城市化与人居环境协调发展分析[J].长江流域资源与环境 2010,19(S2):203-207.

[173] 郑敏娜,李荫藩,梁秀芝等.晋北地区引种苜蓿品种的灰色关联度分析与综合评价[J].草地学报,2014,22(3):631-637.

[174] 中国发展研究基金会.中国人类发展报告[M].中国对外翻译出版公司,2005.

[175] 周侃,蔺雪芹.新农村建设以来京郊农村人居环境特征与影响因素分析[J].人文地理,2011,26(3):76-82.

[176] 周维,张小斌,李新.我国人居环境评价方法的研究进展[J].安全与环境工程,2013,20(2):14-18.

[177] 周沂,贺灿飞,王锐,等.环境外部性与污染企业城市内空间分布特征[J].地理研究,2014,33(5):817-830.

[178] 周志田,王海燕,杨多贵.中国适宜人居城市研究与评价[J].中国人口资源与环境,2004,14(1):27-30.

[179] 庄大昌,叶浩.广东省经济发展与滨海环境污染的关系[J].热带地理,2013,33(6):731-736.